來自各方對《看得見的經驗》的讚賞

第二版

Jim Kalbach 承接了 Edward Tufte 的思想熱忱，揭開了「設計思考」或「UX 工作坊」物件背後視覺邏輯的神秘面紗。從覆蓋辦公室整面牆的巨型服務藍圖，到地上不起眼的便利貼，Kalbach 對其進行了仔細的研究，並賦予其意義。

— John Maeda
科技專家、《How To Speak Machine》作者

這是我多年前就希望能擁有的書。在與客戶和新創公司合作時，畫了數百張對焦圖表和地圖，有時容易愈做愈模糊。Jim 將圖表的優點具體化，釐清了流程，並提供了激發靈感的視覺範例，能幫助設計和商業領導人更願意為顧客提供更好的服務。

— Kate Rutter
顧問、設計師、加州藝術學院互動設計教授

你怎麼知道某個東西（音樂、電影、書）真的很棒？每次聽、每次看或閱讀時，都會發現新的想法、新的見解、新的觀點，讓你一次又一次不斷想起。這本書正是如此。它是我見過關於運用地圖和圖表來創造價值最全面的指南，也推薦給同事、學生和合作夥伴閱讀。

— Yuri Vedenin
UXPressia 創辦人

《看得見的經驗》是一本運用以人為本的方法，幫助利害關係人在組織中跨越組織毅倉效應並達成共識的基本指南。Kalbach 以自身專業提供了概念框架和實務指引，加上用心整理、實用的建議，成為好讀、好操作的工具包。這是每個人、每個團隊在 21 世紀創造產品和服務時的必讀參考書。

— Andrew Hinton
《Understanding Context》作者

在第二版中，Jim 擴展了他在第一版中成功介紹的經驗圖像化主題。Jim 的新見解讓散落四處的零星資訊變得清晰有條理。

— Leo Frishberg
Phase II Design 負責人

由內而外地處理專案很容易。當把經驗以圖表呈現出來，可以看到產品和服務使用者行為的細節，這些細節可以改變觀點，讓你有機會由外而內地看問題，帶來更加細緻、更有影響力的解決方案。

— Frances Close
Open Systems Technology 設計總監

在了解使用者和其經驗的故事之前，是無法創造 UX 的。《看得見的經驗》幫助人們選擇正確的地圖、流程和結構來完成講故事的基本工作。

— Torrey Podmajersky
《Strategic Writing for UX》作者

本書是一本圖文並茂的寶典。如果你正在尋找符合自己特定需求的圖表，先看這本書準沒錯。本書中會教你聚焦於對焦、協調的基本概念，這樣就不會陷入術語的迷宮。

— Saadia Ali
EPIC Consulting CX 顧問和旅程規劃師

第一版

《看得見的經驗》能幫助服務的設計師和消費者將經驗圖像化，並了解產品和服務身處的生態系統，以及如何將產品與服務傳遞給最重要的顧客。他的方法既廣泛又深入，書中分析與實作的章節切中了目前對策略與服務設計視覺呈現的趨勢。

— Paul Kahn
Mad*Pow 使用者經驗設計總監
《Mapping Websites》作者

當設計師漸漸接觸了複雜的服務和系統，運用圖像將之呈現出來是非常重要的。經驗的圖像化及紀錄方法有幾百種，分別散落在幾百本書和論文裡，Jim Kalbach 將這些方法蒐集整理起來，成為 UX、服務設計、商業專業人士書櫃中不可或缺的一本書。

— Andy Polaine
Fjord 設計總監

運用由外而內的視角、建立同理心，以及將思考視覺化三種手法是每間公司未來的黃金三角組合。這些手法能幫助您以更細緻、更協調的方式整合內部與外部的夥伴，並帶你看到前方新的道路，巧妙避開充滿競爭對手的紅海。本書對這個黃金三角組合做了詳盡的說明，並附上整組工具，可以立即上手使用。

— Indi Young
研究顧問、同理心指導師
indiyoung.com

在《看得見的經驗》裡，Jim Kalbach 替處理複雜、系統性設計問題的人們做了優秀的盤點，他記錄經驗圖像化最好的方法，也分享了他用心整理的經驗，對這個博大精深、不斷發展的設計專業領域做更深入的探討。《看得見的經驗》會是近年來必要的指南。

— Andrew Hinton
《Understanding Context》作者

我們身處在一個圖像比文字更強大的時代。在工作上涉及顧客經驗和策略的人們都要試圖使用圖像化的方式呈現概念，學習圖像化的能力，就從《看得見的經驗》開始。

— Victor Lombardi
《Why We Fail: Learning from Experience Design Failures》作者

本書提供了在經驗設計和執行中使用圖表工具的正確方法，而方法的重點就是，並沒有所謂「一體適用」的規則。Kalbach 提出了許多做事的訣竅、技巧和流程，而非只用一個概念來帶領團隊往更好的經驗前進，這就是我們手中一直缺少的那本踏實的使用手冊。讀者能從書中直接找到能用在自己設計問題的好方法，不需要試著把通用流程湊合改成自身狀況適用的版本。這本書對每個人都會非常有幫助！

— Jeanie Walters
360Connext 創辦人暨顧客經驗研究長、作家、講者

與搞不清楚自己定位的公司合作是一件令人頭痛的事，若能將《看得見的經驗》運用得當，就能解決那些推託責任和踢皮球的老問題，也幫助設計師和決策者在顧客經驗上更進一步。

— Lou Rosenfeld
Rosenfeld Media 出版商
《資訊架構學：網站、App 與資訊生態系統規劃》共同作者

Kalbach 為顧客導向的視覺化工具點了一盞明燈，並提供讀者實用的指南，讓大家都可以自行操作這些工具。

— Kerry Bodine
《Outside In: The Power of Putting Customers at the Center of Your Business》共同作者

細心周到、嚴謹且明確。Jim Kalbach《看得見的經驗》創造了新型態的圖表呈現方式，讓公司組織和創新者的設計流程都能順利地進行。書中的主軸「為了對焦協調而設計」與「為了設計而對焦協調」點出了企業追求 UX 優化過程中的關鍵問題。

— Michael Schrage
麻省理工史隆管理學院數位商業中心研究員
《你想要顧客成為什麼樣的人？》作者

第二版

Mapping Experiences

看得見的經驗

運用旅程圖、藍圖、圖表進行顧客經驗
對焦協調的完全操作指南

Jim Kalbach（吉姆・卡爾巴赫）　著

吳佳欣　譯

Beijing · Boston · Farnham · Sebastopol · Tokyo　

謹以此書獻給我的父母

Contents 目錄

PART 1　讓價值看得見

第二版前言

我繪製對焦協調圖表的經驗始於 2005 年左右，在 LexisNexis 工作時。當時，我們想要了解法律專業人士的工作流程。那時關於圖表的主題只有零星的文獻，我不得不自己摸索不同的方法。在很多方面，第一版的《看得見的經驗》是我一路走來所犯的錯和各類觀察的總結。

在過去十幾年間，圖表的運用已經成為主流。利害關係人現在都指定要做「顧客旅程圖」，即使他們不清楚自己到底要的是什麼。展現經驗的圖表方法和經驗設計、服務設計和顧客經驗管理等相關領域，正在迅速成熟，以跟上時代的需求。

持續關注著這一領域，自 2016 年《看得見的經驗》出版以來，我注意到了五個趨勢。

第一，圖表的運用正從一種以產出成果為目標的活動轉變為一種行動。也就是說，重點不再是為了要把圖畫出來，而是重視畫圖的過程。畫圖的人成為引導者，而圖表本身則是幫助大家對人的經驗進行共同討論、理解的跳板。第二版將第八章與第九章重新寫過，以回應這樣的趨勢，此版本中許多案例也都聚焦在如何使圖表更易操作。

第二個趨勢是對多管道經驗設計和生態系統的關注提升。在第一版中雖有提及這些主題，但現下需求已大大增加了。這版將第十四章完全重整，以提供更多有關多重對焦協調的詳細資訊。

第三，我看到圖表慢慢被應用至非商業的領域。圖表的概念已在社會領域、政府公部門、以及其他領域中被使用。

例如，在第一章末尾，總結了我參與前暴力極端主義者經驗圖表的繪製。但我也看到圖表被應用於幫助無家者、龍捲風受難者、甚至用來打擊家暴。畢竟，經驗圖表不僅限於軟體設計或商業場域使用，而是用來了解人類的狀態。

第四，我們看見圖表的用途被擴展了，用來進行管理。顧客經驗（CX）的量測已相當成熟，市場上也有不少工具，這一進展將在第三章提及。我在《看得見的經驗》中主張的對焦協調圖表類型是一種生產型的手法，以團隊對焦協調和創造性的機會探索作為起點。相較於 CX，CX 管理則著重於對經驗的量化和長時間的追蹤。

最後，對員工經驗（EX）的關注大大增加，這也是創造良好顧客經驗的原動力。由於圖表在 EX 中有了角色，因此這版加入了相關主題的新章節。這是一個內容豐富的領域，文獻和研究不斷發展，多到足以填滿整本書。因此，在此僅聚焦於展現 EX 的一些核心概念：特別是 CX 與 EX 對焦協調。

此外，2020 年的新冠肺炎疫情改變了我們的工作方式，經驗圖表的性質也隨之改變了。首先，圖表的研究和工作坊變成需要遠距進行。作為遠端協作的長期倡議者，我在第一版的書中已有涵蓋一些遠距作業的觀點。在後疫情的世界中，線上圖表和遠距主持工作坊將成為一種新常態；我們在工作中進行協作的方式將會永遠地改變。

更重要的是，從員工管理到找尋成功的新途徑，疫情也讓企業在許多方面都更具有韌性。因此，圖表可以幫助團隊重新確認現有顧客旅程的優先順序，並創造全新的體驗。例如，超市可以運用圖表來規劃和加速新的線上取貨旅程；大公司可以用圖表設計新的工作空間和互動方式，以達到更安全的員工經驗。

第二版《看得見的經驗》已進行大幅更新，加入了最新資訊以回應這些新趨勢，以及新案例和延伸參考。

第一版前言

「然後乒乓球比賽就開始了。」

這是我在一間公司擔任顧問時，一位顧客向我描述的付費流程經驗。在深入探究並與更多顧客對談後，我終於知道那句話是什麼意思。

顯然這間公司常常寄錯帳單，而這對顧客來說是很難解決的事。他們首先會立即撥打客服專線，但客服人員卻沒辦法替他們解決帳單錯誤的問題。接著，顧客會打給業務代表，但帳單問題並不屬於他們的業務範疇。不用多久，顧客就會陷入與公司溝通不良的惱人迴圈裡。

更糟的事還在後頭。

收款單位並沒有暫停提醒通知，也不曉得顧客可能帳單有誤。因此，顧客除了處理煩人的帳單問題外，他們還會收到逾期通知。

這不但對顧客雪上加霜，還讓整件事加倍複雜：這樣把三方或四方牽扯進來，顧客夾在中間，真的是在打乒乓球啊！

在我多做幾場顧客訪談後便發現不少類似的狀況，看來這並不罕見。其中一位受訪者就回想起那次事情發生時她有多不高興。她幾乎要失去原則，把一個對公司極為重要的服務給取消掉了。

身為一名設計師，聽到這種故事總是令人沮喪，但真的不意外。這類事情一而再、再而三地發生：在大公司組織裡，一方根本不知道另一方在做什麼。

這份研究是我的一個大型經驗圖像化專案的一部分，專案的產出為幾張描繪顧客現況的圖表：從開始到結束的旅程圖以及一系列工作流程圖，展示一步步的經驗。

在專案的最後，我舉辦了一場工作坊，邀請不同部門的利害關係人，包括業務代表、行銷專員、業務經理、設計師和程式開發者一同參與。帶領大家一起檢視圖表能讓我們理解顧客經驗的細節。

我特別把自己放到檢視帳單工作流程的小組裡，想看看大家會怎麼做。一切都很順利，直到我們寄出錯誤的帳單和逾期警告後，隨即引來了一陣眾怒：「怎麼可能會這樣？」大家都不曉得公司居然對顧客造成這麼多痛苦。

接著，一個清楚的解法浮現了：顧客提出質疑的帳單要能先被暫緩。這樣就能在問題解決之前，防止收款通知被寄出。工作坊結束前，客服中心的主管手上已握有一份流程的初版提案。本來是要採用人工作業，但後來發現他們需要自動暫停的機制。

當然，真正的問題出在一開始錯誤的帳單，但即使這件事能被修正，大家在小組討論中仍然提出了更大也更基本的問題，也就是公司本身並沒有能力處理跨部門的客訴和顧客需求。

從這個事件就可以看到，業務經理其實很容易就能對顧客說明各類非業務相關的問題，但這卻不是他的職責所在。而客服代表則表示他們無法在電話中提供立即的協助，卻要首當其衝地接收對方的憤怒。

藉著共同參與並討論顧客真實的經驗，我們才有機會思考除了此特定事件外，公司作為跨部門服務提供者的表現。很明顯地，組織面臨更大、系統性的問題，而這些問題是在我們從顧客視角對經驗聚焦後才清楚地顯現出來。

對焦協調，創造價值

很少有公司是故意創造不好的經驗給使用者，但像前面提到的經驗卻屢見不鮮。

我相信問題的根源在於組織內部對於使用者真實的經驗缺乏同步的理解。

這樣的不協調影響著整個公司：團隊缺乏共同目標、提出的解決方案和現實脫節、只聚焦技術而不在乎經驗，也造成短視的策略。

對焦協調良好的組織中，每個人對自己要達成的目標有共同的願景，一心要為使用者提供最棒的經驗。

漸漸地，人們傾向依據整體經驗感受來選擇產品和服務，為了符合市場期待，讓整體（end-to-end）的經驗能協調整合是非常重要的。

要達到協調整合，有三件事是公司組織一定要遵守的當務之急：

1. 由外而內檢視服務，而非由內而外。

   就我個人與許多公司合作的經驗來說，有很多理念良善的團隊太過專注於內部流程，關起門來紙上談兵，也根本不清楚顧客的經驗究竟如何。

   他們需要的是改變視角—從由內而外轉變成由外而內。組織對自己打造的經驗一定要清楚了解，而且不受限於第一線員工，每個人都要試著對使用者建立同理心。

   在這個意義下，同理心並不只是去感受對方的情緒，它指的是去領會對方正在經驗些什麼，是一種設身處地了解他人感受的能力。對他人同理，同時也是去認同對方的觀點，即使和你自己的觀點不同。但光是一點同理是不夠的，團隊一定要非常地在乎顧客和他們的經驗。

   組織成員也必須將人們的需求和動機內化，從每個層面替人們主張。他們要能將同理心化為同情，採取行動以創造更好的整體經驗。

2. 內部跨越團隊、跨階層各部門的對焦協調。

組織的穀倉效應讓對焦協調很難落實。讓組織協調良好，而非讓各部門跨越彼此界線合作。要努力不懈，竭盡所能地確保使用者獲得良好的經驗。

協調不只是表面的進展而已，它是整個組織、不同階層的集體行動。組織後台流程對整體經驗的影響和前台使用者接觸的互動一樣重要。

名廚 Gordon Ramsay 在節目上藉由整頓組織來拯救面臨倒閉的餐廳。他通常會從廚房開始，為了錯誤的食物儲藏方式或髒兮兮的抽油煙機而厲聲斥責廚師，因為廚房裡發生的事會影響用餐者的經驗。

協調整合良好的組織是有條不紊的。大家一起朝著同樣的方向前進，也同樣為了打造優良經驗而努力，也不只專注於一小段的經驗，而是重視整體的互動。畢竟局部的優化並不保證能帶來整體的優化。

「對焦協調」是商業策略不可或缺的一部分。通常管理者想的是向上的協調，也就是由上而下讓組織內的每個人都朝向某個既定的策略前進。我自己的解讀則比較關注價值的對焦協調：先從使用者的角度弄清楚組織要創造什麼樣的價值，接著才決定要用什麼樣的策略和技術來達到那個價值。

3. 建立圖表，作為共同參考資料。

協調的挑戰在於組織間很難看見彼此的相互依賴性。每個部門獨自運作可能沒什麼問題，但從使用者的角度看來，這樣的經驗互動卻像是補丁，他們還得自我導引，沒人能幫忙。

圖像化是打破穀倉效應思維的關鍵方法，使用者的經驗圖表能作為一種實質有型的模式，幫助在場的團隊聚焦討論。更重要的是，視覺化的內容也能讓觀者一次掌握彼此連動的關係。

在前言的一開始，業務經理和客服人員都向他們的主管表達了自己遇到的困難和效率低下的狀況。但直到決策者真正看見兩邊相連的因素之後，問題和解決方案才浮出檯面。這是報告和簡報沒有的因果效應，只有圖表才能做到這點。

但視覺化並不能直接提供解答，而是輔助對話。圖表是一種相當引人注目的工具，能引起大家的興趣和注意力，它是一種讓他人參與討論的手法，也能指引機會，作為創新的跳板。

廣義來說，視覺化能作為策略的參考，是一種從顧客角度檢視市場的關鍵方法。本書並不是一款好用設計工具，而是策略對焦協調的必用武器。

最後，隨著精實產品開發的方法在公司裡展露頭角，對焦協調的需求只會有增無減。小型的機動團隊必須和公司其他部門彼此協調整合，一張漂亮的視覺化圖表能讓所有人基於同樣的理由，朝著相同的方向前進。公司敏捷靈活，全靠那些共同目標。

> **本書談的是各種可能性。**
> **我希望這本書能拓展你的思維和做法，**
> **往對焦協調更加進一步。**

本書範疇

本書描述的是一種類型的工具，這類工具能提供組織洞見。我將這些工具統稱為對焦協調圖表 —— 統稱任何用來對焦使用者與系統本身及其服務提供者的互動關係的圖表。這部分會在第一章詳加說明。

本書討論了許多展現經驗的工具，而非單一方法或產出，並聚焦於用來描述人們經驗的圖表類型。書中亦涵蓋了其他相關的手法。

這些圖表早已是創意設計領域數十年來的必備工具，事實上，你可能早就在工作中運用過對焦協調圖表。

重新界定這些方法讓組織能落實協調整合，實則強化了方法在策略上的意義。這些方法能幫助組織翻轉視角，把看事情的角度從由內而外轉變成由外而內，如此一來，就能幫助建立同理心，並提供一種模式讓組織做決策時能將人們的狀態考慮進去。

對焦協調圖表也能提供整個組織共同願景，協助跨部門保持想法和行動的一致性，而這種內部的一致性則是決定成敗的關鍵。

首先澄清，對焦協調圖表並非靈丹妙藥，它只是組織對焦協調的其中一環而已。但我相信，圖表所闡述的內涵能在達成對焦的過程中帶來莫大的幫助，特別對大型組織來說更是如此。

圖像化這個概念能讓我們了解複雜系統裡的互動，尤其當我們在處理像是經驗這類抽象的事物，但經驗的圖像化並非受限於單一種圖表的單一活動，還是有許多其他的觀點和方法可運用。

因此，我們在此談的是各種可能性。我希望這本書能拓展讀者的思維和做法，往對焦協調更加進一步。

書中涵蓋許多不同類型的圖表，各自有不同的命名及來歷，但別糾結在名稱上，因為許多其中的異同關係到歷史背景，或只是差在提出的先後而已。試著把重點放在價值協調，而不是工具的選擇上。我也非常鼓勵你自行創造新的圖表，在實務中持續不斷地應用發展下去。

本書不談的事

本書談的不是顧客經驗管理、服務設計、或使用者經驗設計本身，而是圖表─也就是跨越這些實務領域的關鍵工具。我在此描述的方法並不是一個設計流程，而是將某個特定議題用圖像來說明的流程。

本書也不是綜合介紹平面設計、資訊設計或插畫等設計方法的書，對於具體討論平面設計和插畫等的豐富資源坊間應比比皆是。

最後，我發現「圖（map，描繪事物的分布）」和「圖表（diagram，描繪事物的運作方式）」這兩個詞有個技術上的差異，但在本書裡，我們並不打算將兩者做明顯區分。像是業界裡常用的「顧客旅程圖（customer journey map）」和「經驗圖（experience map）」等詞其實都沒那麼精確，但仍被人們廣為使用，久而久之「圖」和「圖表」之間的差異就變得不太重要了。

本書適用對象

本書適用於任何參與產品和服務全程企劃、設計和開發的工作者。從設計師、產品經理、品牌經理、行銷專員、策略師、創業者到企業主，只要你需要了解產品所在生態系統的整體樣貌，都能夠從本書中獲益。

無論你是否對經驗圖像化熟稔，你都能在書中找到合用的方法。書中描述的步驟和流程相當簡易，能讓新手很快地理解並著手建立圖表，相關方法中提供的新見解也值得專業人士參考。

圖表說明

書中的圖表是我花費心思整理出來的，以說明經驗圖像化各種不同的方法。我希望能提供各位完整的範例以利參考，雖然已盡量注重每個圖的顯示和清晰度，但仍然有一些文字不清楚的狀況，因此請參照書中的圖片出處連結至原始圖檔。同時我也鼓勵各位自行尋找和蒐集更多範例。

本書架構

第二版《看得見的經驗》分成三個部分。

第一部分：讓價值看得見

第一部分提供了對焦協調圖表的整體概念和背景介紹。

- 第 1 章介紹「對焦協調圖表」一詞，用視覺化手法呈現使用者的經驗，並與組織提供的服務相互對照。本章節關注價值對焦和價值導向的設計。

- 第 2 章聚焦經驗圖像化的關鍵元素，將其拆解為單獨的元件。

- 第 3 章廣泛地討論經驗設計的主題，也特別關注員工經驗。

- 第 4 章討論一般策略的主題，以及視覺化在策略建立時所扮演的角色。

第二部分：經驗圖像化的流程

第二部分細部描述了建立對焦協調圖表的概括流程，大致分為四個階段：啟動、訪查、繪製、對焦。在理解並對目前經驗建立同理心後，我們就可以創造未來的經驗願景。

- 第 5 章詳細說明如何啟動圖像化專案，包括有效設定工作架構的關鍵考量因素。

- 第 6 章概述如何在建立圖表之前進行研究。

- 第 7 章提供圖表繪製的概述。

- 第 8 章討論如何運用圖表在工作坊中讓團隊達成對焦協調，在發展解決方案之前，對問題進行探索與了解。

- 第 9 章提出一系列配合對焦協調圖表一起使用的補充方法，用來創造未來的經驗願景，並透過測試、設計、開發的過程，讓經驗圖像化更具執行性。

第三部分：細說各類型圖表

本書的最後一個部分特別針對一些特定類型的圖表做詳細的說明，包括每類圖表的簡短歷史回顧。

- 第 10 章介紹服務藍圖，這個歷史最悠久的圖表。

- 第 11 章聚焦顧客旅程圖，也探討決策與轉換漏斗。

- 第 12 章討論經驗圖，亦討論任務圖以及工作流程圖。

- 第 13 章探討由 Indi young 首創的心智模型圖。亦討論紮根理論、資訊架構、和相關圖表。

- 第 14 章討論生態系統圖，這是將廣大系統內，單位彼此互動視覺化的圖表。

關於作者

Jim Kalbach 是一位在使用者經驗設計、資訊架構和策略領域著名的作家、講者及講師。目前擔任 MURAL 公司的客戶成功主管（Head of Customer Success），MURAL 是線上白板工具的龍頭，客戶包括 eBay、Audi、SONY、Citrix、Elsevier Science、LexisNexis 等。Jim 擁有美國羅格斯大學圖書資訊學碩士和音樂理論與作曲碩士學位。

在 2013 年回到美國之前，Jim 旅居德國 15 年，他曾擔任歐洲資訊架構研討會（European Information Architecture conferences, EuroIA）的共同創辦人及召集人，亦在德國共同創辦了首屈一指的 UX 設計活動 IA Konferenz。Jim 曾任《Boxes and Arrows》網路期刊副編，此期刊為使用者經驗資訊領域傑出的期刊。他亦於 2005 年與 2007 年擔任了美國資訊架構協會（Information Architecture Institute）顧問委員。

2007 年間，Jim 發表了他的第一本長篇著作《操作介面設計模式》，並於 2020 年時出版了《The Jobs To Be Done Playbook》一書。

部落格 *experiencinginformation.com*

Twitter 帳號 @JimKalbach

JTBD 工具包的工作坊和線上課程 *www.jtbdtoolkit.com*

誌謝－第二版

寫作是孤獨的；出版書籍是集眾人之力的。其中所參與的人之多，真是令人感到不可思議。謝謝你們。希望我接下來的誌謝詞沒有漏掉任何一位。

首先，我想要感謝歐萊禮的好夥伴們，是你們讓這個案子成真，特別是 Angela Rufino、Kristen Brown、Ron Bilodeau、以及 Rachel Head。

感謝各方的指教。首先，我要特別感謝主要的技術審核人員：

- Leo Frishberg 在第一版和第二版的《看得見的經驗》中都提供了周延、嚴謹的回饋，這對本書帶來了很大的影響。
- Kate Rutter 對第二版的仔細分析，幫助本書增加了新的觀點和想法。
- Nathan Lucy 提供了非常詳盡且精確的回饋，在撰寫第二版時，給了我很多思考方向。

謝謝大家對本書的詳細閱讀！

我也從其他許多評論者那裡獲得了重要意見。感謝 Andrew Hinton、Victor Lombardi、Ghulam Ali、Saadia Ali、Yuri Vedenin、Torrey Podmajersky、Ellen Chisa、Frances Close、以及 Christian Desjardins。

第二版中的案例有了大幅擴展和翻新。非常感謝這些優秀的夥伴願意為這本書貢獻一己之力：

- 感謝 Matt Sinclair 出色的消費者介入圖像化，以及第二章中的案例。
- 感謝 Seema Jain 在第三章的案例中為 CX 和 EX 對焦協調所做的貢獻。
- 感謝我前同事在第四章中進行的案例：Jen Padilla、Elizabeth Thapliyal、Ryan Kasper。
- 感謝 Amber Braden 在第六章中從 Sonos 進行的案例。
- 感謝 Paul Kahn 和 Mad*Pow 在第七章中所做的優秀案例和精美的圖表。
- 特別感謝 Leo Frishberg 在第八章中對推測設計的描述。
- 感謝 Christophe Tallec 在第九章中進行的「旅程遊戲」案例。
- 感謝 Erik Flowers 和 Megan Miller 在第十章中介紹了他們的實務服務藍圖方法。

- 感謝 Michael Dennis Moore 在第十一章中向我們介紹了價值故事圖像化。

- 特別感謝 Karen Wood 博士在第十二章中使用經驗圖像化幫助打擊家庭暴力的驚奇故事。

- 再次感謝 Indi Young 在第十三章中對心智模型圖的描述。

- 感謝 Cornelius Rachieru 在第十四章提供關於生態系統的案例。

這些圖表和圖片使《看得見的經驗》變得好讀且引人入勝。非常感謝圖表的設計者同意讓我在本書中使用這些圖表。包括：

- 第一部分：
  Susan Spraragen、Carrie Chan、Chris Risdon、Indi Young、Andy Polaine、Gianluca Burgnoli、Tyler Tate、Gene Smith、Trevor van Gorp、Booking.com、Accelerom AG、Matt Sinclair、UXPressia、Chris McGrath、Rafa Vivas、Martin Ramsin、Sofia Hussain、Claro Partners、Clive Keyte、Michael Ensley、Alexander、Osterwalder、Elizabeth Thapliyal、Seema Jain、以及 Emilia Åström。

- 第二部分：
  Jim Tincher、Yuri Vedenin、UXPressia、Chris Risdon、Indi Young、Amber Braden、Eric Berkman、Sofia Hussain、Hennie Farrow、Craig Goebel、Jonathan Podolsky、Ebae Kim、Paul Kahn、Samantha Louras、Jess McMullin、Scott Merrill、Brandon Schauer、Erik Hanson、Jake Knapp、Christophe Tallec、Deb Aoki、Steve Rogalsky、以及 Leo Frishberg。

- 第三部分：
  Brandon Schauer、Erik Flowers、Megan Miller、Susan Spraragen、Carrie Chan、Pete Abilla、Adam Richardson、Effective UI、Marc Stickdorn、Jakob Schneider、Kerry Bodine、Jim Tincher、Michael Dennis Moore、Sarah Brown、Diego Bernardo、Tarun Upaday、Gene Smith、Trevor van Gorp、Stuart Karten、Jamie Thomson、Megan Grocki、Karen Wood、Beth Kyle、Indi Young、Chris Risdon、Patrick Quatelbaum、Andy Polaine、Lavrans Løvlie、Ben Reason、Kim Erwin、Mark Simmons、Aaron Lewis、Wolfram Nagel、Timo Arnall、Paul Kahn、Julie Moissan Egea、Laurent Kling、Jonanthan Kahn、以及 Cornelius Rachieru。

特別感謝 Hennie Farrow 在第七章中貢獻了精美的圖表，並為這兩個版本的《看得見的經驗》提供了視覺風格。謝謝你！

最後，我要感謝在線上或在工作坊中對第一版《看得見的經驗》提供回饋的每個人。受到如此正面的接納，並能夠出版第二版，這是我的榮幸。謝謝！

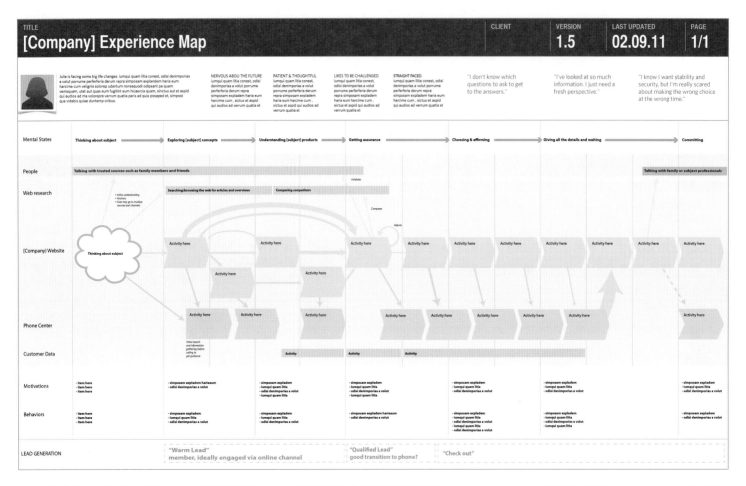

以上圖表是一份空白版本的多管道經驗圖，由經驗圖像化的業界領導者 Adaptive Path 顧問公司 Chris Risdon 及同仁所繪製。（經同意使用，取自 Anatomy of an Experience Map）

在本書中，我們將會帶你了解如何完成這份圖表及其他相關的經驗繪製，幫助你將團隊的視角從由內而內轉為由外而內。

PART 1
讓價值看得見

我看過同樣的情況一再發生，組織過於糾結於自身的流程而忽略了他們所服務的市場。組織運作效率的重要性高過於顧客滿意度。也就是說，他們根本不清楚顧客所經歷的一切。

但是我們曾見證了哥白尼 [1] 提出太陽為宇宙中心，而非地球的理論：在這個以顧客為中心的今日，不再是顧客圍繞商機運轉，而是商機要融入顧客生活裡。這樣的心態必須要轉換一下。

第一部分會涵蓋一些基本的圖像化流程。

第一章會介紹對焦協調圖表（Alignment Diagrams），這類圖表能幫組織重新定位，也讓組織觀察市場的角度從原本由內而外的方式，轉為由外而內。

第二章主要在敘述經驗圖像化的方法，雖然「經驗」這樣的概念並不明確，但我們可以用一個系統化的方法捕捉經驗，將之展現至圖表上。

創造優良顧客經驗的最佳方法是致力於培養卓越的員工經驗。這也是第三章的主題，討論如何使用圖像化的方法進行改善和創新，超越單純的滿意度，並在員工之間建立共同目標。

第四章探討圖表如何指出新的機會點，作為策略的參考。這是一種看待市場、組織和市場地位的新方式。

---

[1] 見 Steve Denning《Why Building a Better Mousetrap Doesn't Work Anymore》（富比世 2014 年二月號）

「你必須要從顧客經驗開始，
　然後再回推到技術面去。」

—— 史蒂夫‧賈伯斯（Steve Jobs）

本章內容

- 對焦協調圖表的介紹

- 以價值為中心的設計

- 圖像化的原則和效益

- 案例：用對焦協調圖表對抗暴力極端主義

CHAPTER 1

讓價值看得見：由外而內的對焦協調

人們往往預期使用某個產品或服務後會獲得一定的效益，也許是能夠幫助自己把任務完成、解決問題，或是感受一段體驗。如果他們能從中獲得他們認為有價值的效益，就會願意付出金錢、時間或關注。

為了獲得成功，公司組織必須要能從自身提供的產品或服務中獲取價值，像是獲得收益、擴展觸及度，或是提升形象。這樣的價值的創造是雙向的。

但是，我們該如何在這樣的關係下找到價值的來源呢？簡單來說，價值建立於人們與服務提供者之間的互動交集，也就是人們的經驗與產品或服務的交會之處（圖 1-1）。

圖 1-1

價值存在於人們與服務提供者之間的互動交集處

幾年前，我曾經在一個專案裡糾結於不知道要使用哪一種圖表：顧客旅程圖、心智模型圖、服務藍圖，還是其他類型。在比較許多例子之後，發現了相似的原則：這些圖表其實都以某種方式呈現了價值創造的公式。

查看各種圖表的共通性開啟了可能性。我並沒有受限於特定一種方法，也意識到重點應該是對焦協調的概念，而不是一種特定的方法。

更重要的是，我將以人為本的設計與商業目標之間的關係連結得更好。專注於「對焦協調」讓我能與公司領導人和利害關係人討論如何用經驗的具體展現來幫助他們實現目標。在很短的時間內，我與高層領導人一起舉辦工作坊，並向執行長展示圖表。

聚焦在人與公司組織之間的互動以創造解決方案即為「價值導向的設計」。服務設計專家 Jess McMullin 的一篇文章〈Searching for the Center of Design〉將以價值導向的 設計定義為：

價值導向的設計是人與公司組織間理想互動的故事，以及彼此從中互惠的經驗。

在這個章節中，我會介紹對焦協調圖表的概念，描述一系列的圖表，來呈現人們與公司組織間互動的故事。在本章末尾，你應該會對價值對焦協調有清晰的概念，各種圖表中的共通點與主要的差異，以及價值協調帶來的效益。

建立經驗的模型

1997 年，Steve Jobs 回到蘋果擔任執行長。在一次會議上，他回答了一位蘋果公司員工關於公司技術的問題，他說：「你必須要從顧客經驗開始，然後再回推到技術面去。」[2]

這樣的概念說明了他翻轉蘋果的方式，反轉了提供軟體的標準模式。與其先發明一種技術後賣給客戶，他希望先建構一段理想的經驗，再將技術融進這個經驗裡。

這個策略成功了！至少對蘋果是成功的。其他公司的心態轉換有些緩慢，但也有公司仍在朝著這個方向努力。儘管從原理上講很簡單，但要傳統組織採用新的創造價值觀點多半很困難。

難的部分原因是「經驗」的概念不能精確的定義，畢竟組織並不擅長管理這類模糊的概念。那麼，團隊應該如何從經驗開始，再回推到技術去呢？

建立一個用視覺化呈現經驗的模型，是理解「經驗」的關鍵方法。模型已是創新和設計的常態，例如，用人物誌代表特定市場中的人，而商業模式則表示組織如何獲利。

著名的設計師和商業顧問 Hugh Dubberly 認為，模型是現代商業營運中複雜性的解藥。可以同時說明所有活動狀態，幫助組織更容易了解其競爭環境和市場。他說道：

> （在互聯網時代，）幾乎有無限的行為組合，而且沒有一位顧客的行為與另一位顧客完全相同。這些事情永無止盡，一直增長和變化，持續不斷進行動態更新。模型可以將所有事件和活動全都放在一個視角中以了解狀況，這是管理團隊的好工具。[3]

因此，經驗的模型理應能幫助經驗的提供者保持對焦一致的觀點。這就是展現經驗的功用：以視覺化講故事的形式，讓團隊一起找到解決方案。

---

[2] 見 YouTube 影片 "SteveJobs CustomerExperience" *https://www.youtube.com/watch?v=r2O5qKZll50.*

[3] 取自 David Brown 對 Hugh Dubberly 的訪談。見 David Brown, "Supermodeler: Hugh Dubberly," *GAIN: AIGA Journal of Design for the Network Economy* (May 2000).

總體而言，圖表幫助在公司內部創造產品和服務以滿足市場需求的團隊看見來自外在世界的想法見解。換句話說，模型可以作為重要樞紐，幫助我們從問題空間轉換到解法空間。

對焦協調圖表

對焦協調圖表這個名詞可以指涉任何用圖、圖表或視覺化的方式，以單一的總覽同時呈現出雙方的價值。這是一種用來描繪人與公司組織間互動的模型，使原本看不見的抽象情況（人們的經驗）變得具體可行。

對焦協調圖表包含兩個部分（圖 1-2）。一邊描繪人的經驗，也就是各類使用者的集體行為；另一邊則反映公司組織的產品服務及流程。兩者間的互動就是價值交換的手法。

這些圖表並不是新概念，也在許多實務中被使用。所以這裡對於對焦協調圖表的架構比較不著墨在它是一個特別的方法，而是如何將一個現有的方法用新的、具建設性的方式運用得當。你可能有用過以下一些常見的例子：

- 顧客旅程圖

- 服務藍圖

- 經驗圖

- 心智模型圖

以顧客旅程圖（CJM）為例，CJM 描繪了個人身為公司顧客的經驗。CJM 通常包括三個關鍵階段：認識了解產品、決定購買、然後保持忠誠或停止使用。

圖 1-3 是一份搜尋全球建築師服務的簡易 CJM。呈現出尋找國際建築師的服務，修改自我幾年前的一個實際案例，隱藏了公司和產品名稱，用來描繪顧客使用此服務的現況經驗。

圖 1-2　對焦協調圖表包含兩個部分：經驗的描述及組織產品服務的描述，中間的交集是雙方的互動。

顧客旅程圖：國際建築師資料庫

	認識	成為顧客	開啟服務	輸入資料	搜尋 個人資料	更新 個人資料	支付款項	續訂 / 升級
行動	- Learn at school - See in first Firm - Hear from others	- Consider ROI - Sign contract	- Gain access - Learn basics	- Enter info - Check accuracy	- Find partners - Make contact	- Print profile - Make changes	- Compare to contract - Send to Finance to pay	- Re-consider ROI - Renew (or cancel)
感受	+ curious - unsure	+ belonging - unconvinced	+ optimistic - doubtful	+ eager - confused	+ confident - uncertain	+ proud - bothered	+ careful - judgmental	+ loyal - resigned
預期成果	Increase presence	Maximize ROI	Maximize effectiveness	Minimize effort	Reduce risk of sub-standard partners	Maintain image	Ensure correct payment	Expand service
痛點	- Brand confusion - High cost	- Marketing not primary job	- Time for training - Speed, formatting	- Slow system - Publishing time	- Teaching others - Marketing "spam"	- Verifying changes - No notice	- Incorrect invoices - Warning notices	- Unaware of services
接觸點	MEDIA ADS	SOCIAL	EMAIL / PHONE / F2F	ADMIN	SEARCH / EMAIL	CALENDAR	EMAIL / PHONE	BROCHURE
部門活動	MARKETING initiates campaigns SALES promotes service	MARKETING gives leads to SALES SALES prospects, makes first contact DIRECTOR signs contract	SALES sends contract to central ORDER ENTRY activates account CUSTOMER SERVICE provides access	ACCOUNT MGNT helps get most from system ACCOUNT MGNT approves info	ACCOUNT MGNT suggests partners	SALES demo new features MARKETING promotes new services DIRECTOR promotes new features	BILLING sends invoice SALES responds to billing issues CUSTOMER SUPPORT responds to issues COLLECTIONS sends warnings	MARKETING sends renewal notices SALES contacts CUSTOMER to renew DIRECTOR signs contract
優勢	Well-known name	CRM database	Quick order entry	Ease of use	Quality of listings	System deadlines	Electronic invoices	Clear reminders
劣勢	Brand confusion	Too many contacts	Long publishing time	Unaware of services	SEO in diff languages	No reminders	Wrong invoices	Educating others
機會	Increase reach	Better coordination	Streamlining process	Update process	Who-knows-who	Automation	Better coordination	ROI calculations
威脅	Perceived value	Free solutions	Profile data integrity	Infrequent use	Other search engines	Customers forget	Time to troubleshoot	Marketing noise

個人　互動　組織

圖 1-3　一份簡易顧客旅程圖，對照呈現個人的經驗與整個組織內的活動

最上方列出互動的各個階段，從「認識」開始，然後到「續訂／升級」。每一排顯示了顧客經驗的各面向：動作、感受、期待的結果和痛點。

圖表下半部呈現了回應和支持顧客經驗的各種活動。下方則是優勢、劣勢、機會和威脅的分析。主要的互動方式在中間的欄位列出。

總體而言，要按時間順序從左向右排列，將顧客經驗以及與這些經驗交會的流程相互對照。當時共事的團隊用這張圖找到了旅程中創新和改進的機會點。我們解決了一些以前未知的消費上的重大障礙。

服務藍圖是另一種類型的圖，以時間的前後順序呈現服務的互動。圖 1-4 是 Susan Spraragen 和 Carrie Chan 建立的「表達型服務藍圖」例子，描繪了一位病人去看眼科的互動。

目的是明確呈現人在接觸服務時發生的情緒。在這個例子中，病人對醫師的說明感到困惑，而他的困惑是由分心和焦慮這兩種情緒狀態所引起的。

我們又再次把模式分成兩半：個人的前台經驗（粉紅色和紫色）和組織的後台流程（綠色和藍色）。圖表可以作為診斷工具，找出服務效率低下之處和可改善的地方。

相較於 CJM 和服務藍圖，經驗圖是一種比較新的對焦圖表。圖 1-5 呈現了由經驗圖像化領域的作者兼思想領袖 Chris Risdon 所建立的經驗圖範例。它描繪的是人們在一個特定領域中的經驗，此案例是搭乘火車遊歐洲的經驗。

圖的上方顯示了人們旅行時的體驗，下方則是服務提供者的機會點，兩者之間的互動呈現在圖的中間，團隊可以透過這份圖來了解整體服務如何切合人們的這類目標。在這個案例中，我們將 Rail Europe 的新服務對應至旅行者的經驗。

對焦協調圖表的類型有很多。例如，心智模型圖是用來廣泛地探索人們的行為、感受、以及動機。這個方法由 Indi Young 首先提出，在她的《Mental Models》一書中有詳盡的說明。心智模型圖通常是很大的一張圖，印出來可以覆蓋整面牆。

> 重點應該是對焦協調的概念，而不是一種特定的方法。

眼科就診　表達型服務藍圖

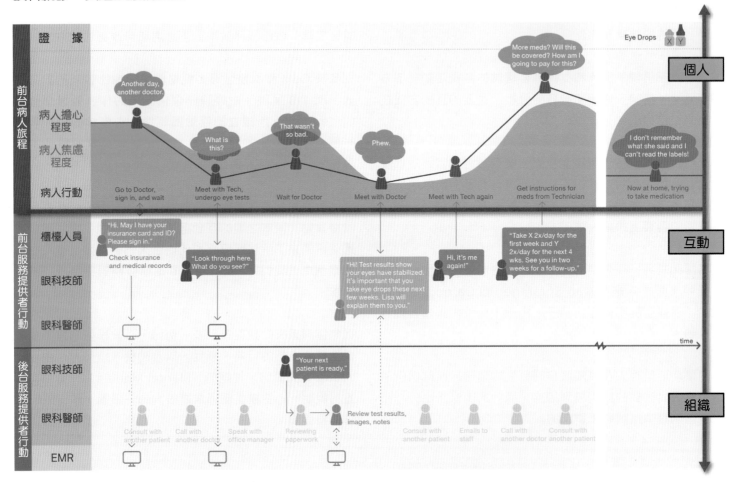

圖 1-4　Susan Spraragen 和 Carrie Chan 建立的表達型服務藍圖例子，描繪了病人看眼科的互動。

歐洲鐵路經驗圖

指引原則

| 人們會選擇鐵路旅行是因為它很方便、容易且有彈性 | 訂車票只是人們整個旅行過程中的一部分 | 人們是慢慢地規劃旅行計畫 | 人們重視有尊重感、有效且能個人化的服務 |

顧客旅程

| 階段 | 做功課與計畫 | 查找資訊 | 訂購 | 訂購完成，準備旅行 | 旅行 | 旅行後 |

歐鐵

| Research destinations, routes and products | Enter trips / Review fares / Select Pass(es) | Confirm itinerary / Delivery options / Payment options / Review & Confirm | Wait for paper tickets to arrive | Activities, unexpected changes | Share experience / Follow-up on refunds for booking changes |

做什麼

- Destination pages
- Look up time tables
- raileurope.com
- Plan with interactive map
- Map itinerary (finding pass)
- Live chat for questions
- Talk with friends
- Blogs & Travel sites
- Google searches
- Kayak, compare airfare
- Research hotels
- May call if difficulties occur
- Print e-tickets at home
- Paper tickets arrive in mail
- Change plans
- Check ticket status
- E-ticket Print at Station
- Get stamp for refund
- Buy additional tickets
- View maps
- web/apps
- Look up timetables
- Arrange travel
- Plan/confirm activities
- Share photos
- Web
- Share experience
- Request refunds
- Mail tickets for refund

互動 / 個人 / 組織

想什麼

- What is the easiest way to get around Europe?
- Where do I want to go?
- How much time should I/we spend in each place for site seeing and activities?

- I want to get the best price, but I'm willing to pay a little more for first class.
- How much will my whole trip cost me? What are my trade-offs?
- Are there other activities I can add to my plan?

- Do I have all the tickets, passes and reservations I need in this booking so I don't pay more shipping?
- Rail Europe is not answering the phone. How else can I get my question answered?

- Do I have everything I need?
- Rail Europe website was easy and friendly, but when an issue came up, I couldn't get help.
- What will I do if my tickets don't arrive in time?

- I just figured we could grab a train but there are not more trains. What can we do now?
- Am I on the right train? If not, what next?
- I want to make more travel plans. How do I do that?

- Trying to return ticket I was not able to use. Not sure if I'll get a refund or not.
- People are going to love these photos!
- Next time, we will explore routes and availability more carefully.

感受什麼

- I'm excited to go to Europe!
- Will I be able to see everything I can?
- What if I can't afford this?
- I don't want to make the wrong choice.

- It's hard to trust Trip Advisor. Everyone is so negative.
- Keeping track of all the different products is confusing.
- Am I sure this is the trip I want to take?

- Website experience is easy and friendly!
- Frustrated to not know sooner about which tickets are eTickets and which are paper tickets. Not sure my tickets will arrive in time.

- Stressed that I'm about to leave the country and Rail Europe won't answer the phone.
- Frustrated that Rail Europe won't ship tickets to Europe.
- Happy to receive my tickets in the mail!

- I am feeling vulnerable to be in an unknown place in the middle of the night.
- Stressed that the train won't arrive on time for my connection.
- Meeting people who want to show us around is fun, serendipitous, and special.

- Excited to share my vacation story with my friends.
- A bit annoyed to be dealing with ticket refund issues when I just got home.

經驗

| Enjoyability / Relevance of Rail Europe / Helpfulness of Rail Europe (each stage) |

機會點

全球

| Communicate a clear value proposition. STAGE: Initial visit | Help people get the help they need. STAGES: Global | Support people in creating their own solutions. STAGES: Global |

| Make your customers into better, more savvy travelers. STAGES: Global | Engage in social media with explicit purposes. STAGES: Global | |

計畫、查找、訂購

| Enable people to plan over time. STAGES: Planning, Shopping | Visualize the trip for planning and booking. STAGES: Planning, Shopping | Arm customers with information for making decisions. STAGES: Shopping, Booking |

| Connect planning, shopping and booking on the web. STAGES: Planning, Shopping, Booking | Aggregate shipping with a reasonable timeline. STAGE: Booking | |

訂購後、旅行、旅行後

| Improve the paper ticket experience. STAGES: Post-Booking, Travel, Post-Travel | Accommodate planning and booking in Europe too. STAGE: Traveling |

| Proactively help people deal with change. STAGES: Post-Booking, Traveling | Communicate status clearly at all times. STAGES: |

Information sources: Stakeholder interviews / Cognitive walkthroughs / Customer Experience Survey / Existing Rail Europe Documentation

Ongoing, non-linear / Linear process / Non-linear, but time based

adaptive path

Experience Map for Rail Europe | August 201

圖 1-5 Chris Risdon 建立的歐洲鐵路經驗圖，呈現在歐洲旅遊的整個脈絡

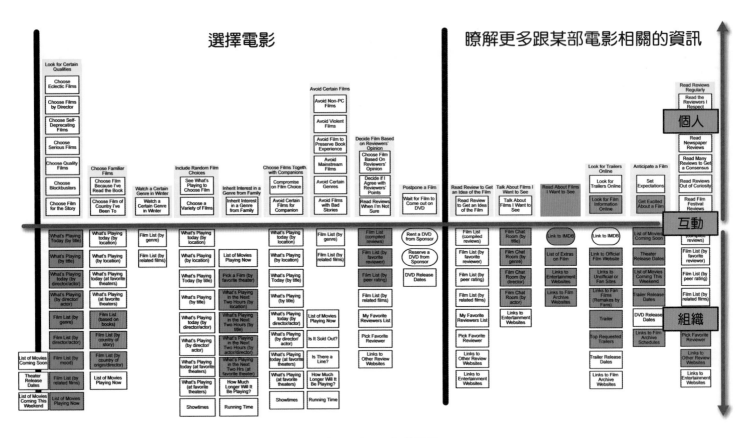

圖 1-6　心智模型圖以階層來將顧客行為對應至公司產品服務，以上下兩部分呈現

圖 1-6 的例子呈現看電影的心智模型圖特寫。

中間的水平線將圖分為兩部分，上半部呈現人們的任務、感受、思考哲學等。這些資訊被分類為不同主題的「塔」，每個塔會再被群集為目標空間（如「選擇影片」和「了解更多影片內容」）。在中線以下的這些框框則顯示了幫助達成這些目標的產品或服務。

對焦協調圖表描述一群相似的人的典型行為和情緒綜合的故事。講故事的方式因圖表而異。顧客旅程圖呈現一段時間內的各段接觸點，有助於改善顧客經驗；服務藍圖詳細說明了服務階段中的各步驟，適合用來優化服務提供的流程；經驗圖呈現更廣泛的脈絡，以確定產品服務如何整合；心智模型圖則呈現未滿足的需求，作為全新解決方案的動力。

在這邊的用語可能與實務中使用的不一致。顧客經驗圖可能其他人口中叫做經驗圖或藍圖，界線常是模糊的，不必太在意這些用語，試著把重點擺在經驗呈現的成果上，也就是對焦與協調。

我們可以在書中的範例間看到對焦協調圖表的共通點，在顧客經驗、使用者經驗及服務設計等領域逐漸融合與交疊，為了因應新的挑戰，準備好解決獨特問題的方法變得愈來愈重要。

最後，對焦協調圖表代表了一系列用來呈現經驗的方法。當以由外而內的角度建立圖表時，可以帶來同理心，幫助決策對焦。就像民族誌學家一樣，試圖觀察外部世界並對其進行解讀。但是，與民族誌研究人員不同的是，我們產出的結果不是長篇書面報告，而是相對簡潔精練的視覺化成品，為後續行動鋪路。

你可以根據自己的情況選擇最合適的方法。本書就是希望能幫助你做到這一點，接下來的章節將會引導你如何呈現出與你最切身相關的經驗。

> "
> 建立一個用視覺化呈現經驗的模型，
> 是理解「經驗」的關鍵方法。
> "

多重對焦

經驗的對焦通常關注一種角色和一段經驗。然而，現代商業的複雜性促使我們在對焦工作的範疇更具包容性。可以進行多重對焦（即多個角色／多個接觸點的對焦），但方法仍在發展中。

我發現對焦多個角色經驗的一種方法是為每個目標族群建立幾組相關但獨立的圖表。例如，eBay 服務兩個不同的使用族群：買家和賣家，因此，可以將單獨的互動以交錯的經驗呈現，如圖 1-7 所示。瀏覽圖表中每列的上半部和下半部，就能在視覺上比較這兩種經驗（例如，比較圖 1-7 中的「接收訂單」與「下訂單」）。

我們也可以在單張圖表中呈現超過三個角色間的互動，將重點放在整個過程上，而不是某個人的經驗上。服務設計專家 Andy Polaine 曾透過對照多個角色的經驗來擴展服務藍圖。他的方法很簡單：在圖中為服務生態系統中的每個新角色加上一行欄位，如圖 1-8 所示。

多重對焦的另一個問題是如何呈現多個接觸點之間的互動。例如，Gianluca Brugnoli 在他的文章〈Connecting the Dots of User Experience〉中，提出了一套接觸點矩陣，如圖 1-9 所示。他按時間順序（不是從左向右，而是在接觸點上以畫圓的方式）將角色的互動疊加在可能的接觸點上，透過互動的順序和位置，呈現旅程中接觸點的脈絡。

賣家經驗	決定販賣	商品上架	收到訂單	寄出商品
行動				
想法				
感受				

買家經驗	搜尋商品	購買商品	等待出貨	使用物品
行動				
想法				
感受				

圖 1-7　建立相關但獨立的圖表，同時呈現並對焦協調多個角色的經驗

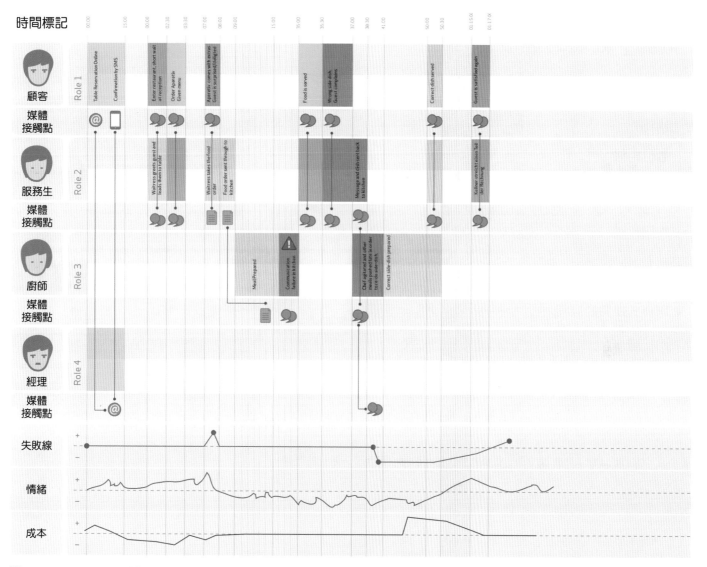

圖 1-8　Andy Polaine 擴展的服務藍圖涵蓋多個角色，每個角色以單獨的欄位呈現。

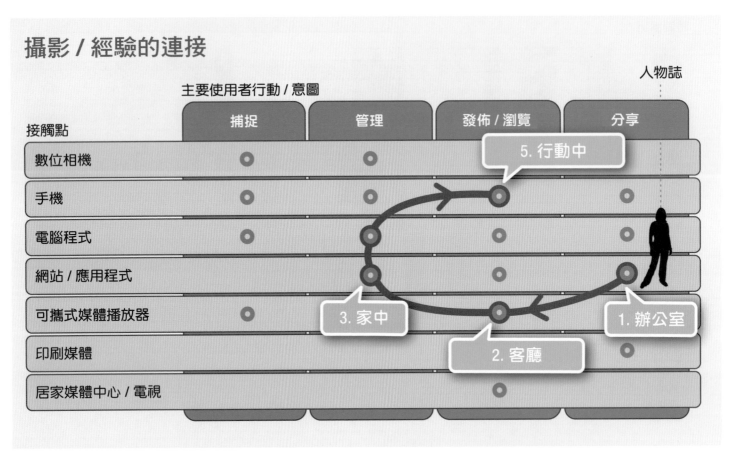

圖 1-9　Gianluca Brugnoli 建立的這張攝影多通路經驗圖表呈現了一系列的互動。

Brugnoli 相信系統本身即是經驗，是接觸點的總和，也是彼 此之間的連結。他寫道：

> 設計連結，是必然的挑戰。在系統的情境之下，設計應該要聚焦於在整個網絡中找尋對的連結及關係，而不是創造自給自足且封閉的系統、工具及服務。

參考創業家及搜尋系統設計專家 Tyler Tate 建立的跨通路藍圖（圖 1-10），這份圖表看起來或許沒有其他類型的圖表那麼豐富，但它將使用者的行為（圖表最上方）及通路（垂直方向的左側）、和組織中的支援（最下方一排）相互對照。在這個簡單但卻充滿洞見的例子中，產品的分類橫跨所有的通路，突顯了跨部門協作的需求。

無論採用哪種方法，相同的對焦協調核心原則仍然適用，目標是在視覺上協調所處環境的內部和外部因素。產出的結果能幫助要落實預期體驗的團隊對焦彼此的觀點。第十四章會更詳細地討論多通路設計和生態系統的對照。

" 價值，是被人們感受到的效益。 "

聚焦價值創造

商業巨頭巴菲特（Warren Buffet）曾經說過，「你付出的是價錢，獲得的是價值。」換句話說，以個人的角度來看，價值是較為珍貴的，概念上也較成本來得更為流動，涉及人類的行為及情感。價值，是被人們感受到的效益。

現有的架構幫助我們了解這個概念主觀的本質，Jagdish Sheth、Bruce Newman、與 Barbara Gross [4] 提出了五種顧客價值：

- 功能價值：意即具備某些功能，並能滿足一些實際的目的。性能與可靠性是這類價值的關鍵考量點。

- 社交價值：指人與人之間的互動，強調生活型態及社會意識。舉例來說，Skype in the Classroom 這個計畫的目的在啟發學生與遠端授課的講者互動。

- 情感價值：著重在人與產品或服務互動時的感受或情感回應，例如，個人資料安全服務的發展是由於人們害怕身分被盜用或是資料遺失。

---

[4] Jagdish Sheth、Bruce Newman 與 Barbara Gross。Consumption Values and Market Choices (South-Western Publishing, 1991)

跨通路藍圖
規劃多通路使用者任務的工具

	查找	探索	比較	整理	購買
紙本型錄	低重要性 目次 索引	高重要性 漂亮的照片	低重要性 可翻頁	不適用 可翻頁	高重要性 電話下單 信件下單 網路下單
網站	高重要性 搜尋欄位	高重要性 按類別瀏覽	高重要性 選定品項瀏覽	高重要性 我的最愛 願望清單 / 禮物紀錄	高重要性 一般結帳 快速結帳 電話下單
平板 App	高重要性 搜尋欄位 聲控輸入	高重要性 瀏覽目錄般的體驗	中重要性 選定品項瀏覽	中重要性 我的最愛 願望清單	高重要性 快速結帳 一般結帳
手機 App	高重要性 搜尋欄位 聲控輸入 條碼掃描	中重要性 按類別瀏覽	不適用 因螢幕較小	低重要性 可以將品項加到我的最愛及願望清單，但無法編輯	高重要性 快速結帳
實體店面	高重要性 清楚的指標 店址地圖 親切專業的店員	高重要性 店內瀏覽	中重要性 兩兩做比較 詢問店員	低重要性 願望清單 / 禮物紀錄	高重要性 店員服務 自助結帳 刷了就走服務
共享資源	產品分類 所有通路用同一種分類		比較引擎 網路及平板由同一套元件啟動	共用我的最愛 網路、平板、手機共用我的最愛清單	結帳流程 網路、平板、手機共通結帳流程

圖 1-10　Tyler Tate 建立的跨通路藍圖，將使用者的行為及通路和組織中的支援相互對照。

- 認知價值：從好奇心或學習的欲望中產生。這類價值著重在個人成長及知識的獲取，像是 Khan Academy 提供線上課程，讓人們以自己的步調學習。

- 條件價值：在特定情況下帶來的效益。例如，在美國，南瓜和怪物扮裝服飾的價值每年都會特別在萬聖節前增加。

在這些價值之外，設計策略師暨教育家 Nathan Shedroff 指出「意義」是一種「頂級價值」的形式 [5]。這超越了不僅是新奇及喜悅的感受，並關注產品和服務在我們生活中所扮演的角色及目的。具備有意義經驗的產品或服務能夠帶領我們理解世界，並給予我們身分認同。

Shedroff 與共同作者 Steve Diller 及 Darrel Rheas 在《Making meaning》一書中定義出十五類頂級價值：

1. 成就感：因達成目標而自豪的感覺。

2. 美：對美感的欣賞，帶給感官上的喜悅。

3. 社群：與身邊的人連結的感覺。

4. 創造：創造出東西的滿足感。

5. 義務：達成一項責任的滿足感。

6. 啟蒙：學習到新事物的感足感。

7. 自由：生活不受限的感覺。

8. 和諧：各部之間平衡所帶來的喜悅。

9. 正義：確保得到正義及公平的對待。

10. 合一：與我們身邊的人事物凝聚在一起的感覺。

11. 救贖：從過去的失敗感到平復。

12. 安全感：免於擔心失去的感受。

13. 真實：對於誠實及正直的承諾。

14. 肯定：一個人的價值被外界認可。

15. 神奇：獲得一段超乎常理的體驗。

圖表闡釋出價值創造各種程度的流動性，容納了價值的主觀本質，並提供組織由外而內的角度，檢視他們實際創造出的價值。圖表希望能納入一個人看待價值的角度。

協調圖表是一種強化價值導向設計的方法，讓你能將價值具體視覺化，並在整個產品服務生態系統中找到定位。自此你可以自問，在經驗中每個接觸點上的價值主張是什麼？或是說，組織對顧客有什麼特別的意義？你能為顧客創造什麼意義？

---

[5] 見 Nathan Shedroff 於 Interaction South America 的演講，談論設計與價值創造：Bridging Strategy with Design: How Designers Create Value for Businesses (Nov 2014)

對焦協調的原則

了解對焦協調圖表的共通性能幫助我們開啟更多的可能性，不再受限於一種操作方法。以下是幾個對焦協調的原則：

呈現整體方向願景

協調圖表聚焦在人的行為上，將行為視為大生態系統的一部分。這不只是產品研究。

協調圖表聚焦在人的行為上，將行為視為大生態系統的一部分。這不只是產品研究，而是在個特定的脈絡下，盡可能地關注這個人在做什麼、想什麼，以及感受如何。

納入多面向資訊

對焦協調圖表同時展示出多面向的資訊，這就是此種類法中「對焦協調」的意義。一些使用者面向的常見元素包括了行動、想法、感受、心態、目標及痛點。在公司組織面向來說，典型的元素包括流程、行動、目標、指標，以及參與的角色。

呈現價值的交換

對焦協調圖表揭露出接觸點以及這些接觸點的情境脈絡，以多重資訊的結合呈現出價值的交換。因此，對焦協調圖表展現了經驗的原型，讓大家可以很容易地以慢動作檢視所有的接觸點，分析每個互動情境的狀況。

經驗視覺化

對焦協調圖表以圖像的形式呈現經驗的複合視角。這樣一次將內容一覽無遺的視覺化方式，是對焦協調圖表之所以強大的原因。相同的內容以十頁的報告或是條列式的投影片呈現都沒有辦法達到同等效果。圖像化能讓像是「使用者經驗」這種抽象無形的概念變得有形。

要能自我展示

對焦協調圖表應不需要太多的解釋，一般人就可以上前自行觀看並快速了解內容。但要記住，圖像並不代表就簡單易懂：你還是要努力將內容簡化至最必要顯著的資訊呈現。

確保與組織相關

對焦協調圖表必須要能夠與企業組織高度相關。製圖者一定要研究並了解組織的目標、挑戰，以及未來的計劃。

做功課

對焦協調圖表的基礎是訪查探索，無法憑空捏造而來。需要與實際生活中的人們接觸，透過研究及觀察而來。

對焦協調圖表的效益

對焦協調圖表絕對不是萬靈丹,它無法提供立竿見影的答案。它是一種引人注目的圖像說明,讓人們展開對談與互動,討論價值創造。你的最終目標是要在組織中創造出獨特的對話,而不只是創造圖表本身。從這個角度來看,經驗的圖像化有許多效益:

對焦協調圖表能培養同理心

許多組織對他們所服務對象的實際經驗根本不太了解。對焦協調圖表能夠反映出真實世界的狀況,透過這樣的方式,不僅能夠將一些同理心帶進組織之中,更重要的是,能引導組織用更貼近人心的行動來滿足人們的需求。

顧客經驗管理的領導者 Bruce Temkin 強調了經驗圖像化的活動對組織的相關性及重要性。他在他的部落格中寫道:

公司需要運用工具及流程來加強他們對真實顧客需求的了解。在這個領域裡的一項關鍵工具稱為顧客旅程圖…若運用得當,這些圖表能夠轉換公司的觀點,由原本的由內而外,變為由外而內。[6]

由外而內的檢視組織能夠改變看待事物的角度,從而更能洞悉人們的想法及感受。由外而內的檢視組織能夠改變看待事物的角度,從而更能洞悉人們的想法及感受。

協調圖表能提供共同的「願景」

圖表能提供共同的參考,幫助組織建立共識。在這個意義上來說,對焦協調圖表是一種策略工具:在不同層級間影響決策的制定,並確保行動的一致性。

舉例來說,Modernist Studio 共同創辦人 Jon Kolko 相信圖表能夠回應他稱為「對焦協調摩擦(alignment attrition)」的問題,也就是彼此間觀點不同步、想法不一致的問題。他寫道:

視覺模型是減少對焦協調摩擦最有效的工具。它能抓住即時的想法,藉由共同建立視覺模型,大家可以把對焦的想法「關在」圖表裡。想法、意見及觀點會改變,但是圖表不會。因此,這就如同替想法加上了界限,也能用來具體展現產品願景的改變。[7]

---

[6] 見 Bruce Tempkin《It's All About Your Customer's Journey》(Customer Experience Matters, 2010)

[7] Jon Kolko, "Dysfunctional Products Come from Dysfunctional Organizations," Harvard Business Review (Jan 2015).

這種對焦協調方式對於大型資訊架構和共享資訊環境的設計至關重要。對焦協調圖表可以提供一種概念上的框架，讓組織在一定的規模下設想服務。

此外，圖表也能在組織內部人事變動時，幫助我們保留共同的願景。團隊成員來來去去，但圖表讓專案能繼續運作下去。在這個意義上來說，圖表也扮演著知識管理的角色。

對焦協調圖表能破除穀倉效應

人們是以一種整體的方式來體驗一項產品或服務。理想的解決方案很可能需要橫跨組織中各部門的界線。圖像成像出的顧客經驗通常能顯示出組織中跨部門連結的需要，因此，就這些圖表來討論可以激發更多跨部門的合作。

但請注意：對焦協調圖表通常會引出大家不願意面對的事實，而穀倉的破壞很少是一件簡單的事情。指出缺失和未知現象可能會遇到阻力，要達成對焦協調，首先要揭露矛盾之處，然後說服他人願意接受，讓大家了解這不見得是為了自身的利益，而是為了顧客好。

對於大型企業而言，從個人的角度檢視跨部門的狀態，對於創造出色的顧客經驗是至關重要的。

> 對焦協調圖表是一種引人注目的圖像說明，讓人們展開對談與互動，討論價值創造。

對焦協調圖表能聚焦

在 2011 年 Booz and Company [8] 的一項研究指出，受訪的 1,800 位高階主管中，絕大多數指出他們無法聚焦於公司的營運策略：方向太多，導致許多公司內部缺乏連貫性。

商業策略中的連貫性（coherence）或是常見的「不連貫」狀況是《為什麼我的企業長不大？》一書中的主題，這本書的作者 Paul Leinwand 及 Cesare Mainardi 在研究多年的企業策略後，作出以下總結：

要獲得連貫性的效益，必須要採取謹慎的做法：要重新檢視目前的策略、克服對外及對內運作之間的傳統隔閡，並且帶領組織聚焦。

---

[8] Booz and Company, "Executives Say They're Pulled in Too Many Directions and That Their Company's Capabilities Don't Support Their Strategy" (Feb 2011).

對焦協調圖表能展現出這樣謹慎的步驟：它本質上就具備著能連結對外及對內的意圖，也正因如此，就能幫助組織聚焦並維持連貫性。

對焦協調圖表能揭露機會所在

圖像化能提供立即的理解，並觀察出先前沒被注意到的價值創造機會。Indi Young 在她的利害關係人心智模型圖中，用一個共同的回應描述出這個潛在的效用：

我邀請了幾位主管在簡報的 15 分鐘前先到達，讓他們站在圖表的最前排，由左至右進行瀏覽，邊看邊問問題。當回覆他們問題時，我試著解釋如何運用圖表來引導產品設計。這樣邊走邊看的方式很快速又能精準地切入主題，並且著重在「被忽略的」及「未來的」機會上。許多主管都向我反應，他們從來沒有見過這麼多的資訊能夠這樣一次清楚簡潔地呈現。[9]

圖表本身其實沒有辦法帶來立即的解決方案，但當在向團隊展示的時候，往往能得到靈光一現的效果。因為它們能夠同時指出運作效率及經驗設計需要改善的地方，並揭露成長的機會點，好的圖表是容易理解且引人注目的，提供由外而內檢視組織的角度。

對焦協調圖表經得起時間的考驗

經驗的圖像化是一項基礎的工作。因為對焦協調圖表探索的是人們根本的需求及情感，這些資料基本上並不多變。一旦完成後，圖表不太會很快地有所變化，因此通常能夠使用數年之久。從這個角度來看，最好將圖像化工作視為具有持續、長期效益的投資，而不是專案層次的活動。

對焦協調圖表跨越了商業領域

廣義上來說，「經驗」反映的是人的狀況，不僅僅是顧客與服務提供者的關係。雖然本書著重在商業領域，但圖表方法可以運用於各種情境，包括社交場域、政府公部門、以及其他場域。我曾看過在學習設計、都市規劃和改善、以及環境保護領域中使用圖表。它的應用充滿無限的可能。

---

[9] Indi Young, Mental Models (Rosenfeld Media, 2009).

小結

本章介紹了對焦協調圖表的概念，這類圖表以圖像的方式將個人經驗與組織相互對照。它也是許多當代方法的涵蓋用語。因此，對焦協調圖表並不是一個特定的方法，而是既有領域的重新定義。

對焦協調圖表的例子包括顧客旅程圖、服務藍圖、經驗圖、以及心智模型圖。書中還有更多範例，像是商業模式設計中使用的其他模型（例如人物誌）一樣，對焦協調圖表使抽象的事物變得具體化。

對焦協調圖表有許多效益：

- 圖表做得好，能建立同理、引出情感，並讓組織的視野從原本的由內而外轉至由外而內。

- 對焦協調圖表能提供團隊共同的願景方向。

- 經驗圖像化的過程能夠破除組織穀倉效應。

- 視覺化能幫助組織聚焦。

- 對焦協調圖表能指出進步及創新的機會點。

對焦協調圖表同時也經得起時間的考驗。因為是依人們需求及情感的基礎所建立，一旦完成後，就不太會很快改變。最後，對焦協調圖表跨越了商業領域，只要是需要理解經驗的情況，都可以派上用場。

協調圖表是很基本的，無法直接提供答案或解決方案，但是能夠引導對話及刺激更深的內省。隨著商業的複雜度增加，這樣的方法對組織來說已不再只是加分工具，而是相當必要的工具，有助於組織向自己創造的經驗及關係中學習。

延伸閱讀

Chris Risdon and Patrick Quattlebaum, *Orchestrating Experiences* (Rosenfeld Media, 2018)

這本書透過大量範例和實務演練使整體服務設計具有可行性。雖然建立圖表在此過程中扮演著重要角色，但作者的方法似乎遠遠超出現代組織的複雜對焦。強烈推薦閱讀此書。

Gianluca Brugnoli, "Connecting the Dots of User Experience," *Journal of Information Architecture* (Apr 2009)

Brugnoli 提供了一些將系統圖像化的實用技巧。文章的重點是他的顧客旅程矩陣。他觀察到：「顧客經驗在許多互連的裝置上形成，並透過許多不同的脈絡和情況下的各種介面和網絡來形成。」

Jess McMullin, "Searching for the Center of Design," *Boxes and Arrows* (Sep 2003)

在這篇文章中，McMullin 請大家超越使用者導向的設計，並接受價值導向的設計。這些原則都是對焦協調圖表的基本概念。

Jim Kalbach and Paul Kahn, "Locating Value with Alignment Diagrams," *Parsons Journal of Information Mapping* (Apr 2011)

Jim Kalbach, "Alignment Diagrams," *Boxes and Arrows* (Sep 2011)

作者的這兩篇文章是本書定義的關於對焦協調圖表的第一批具體著作。內容是以 2010 年在巴黎舉行的歐洲資訊架構研討會的演講為基礎。第一篇是與 Paul Kahn 共同撰寫，對焦協調圖表的概念也是由他鼎力相助所開發。

Harley Manning and Kerry Bodine, *Outside In: The Power of Putting Customers at the Center of Your Business* (New Harvest, 2012)

這是一本關於顧客經驗設計價值的好書。作者寫道：「顧客經驗是一切的核心—也就是公司運作方式、員工對待顧客以及彼此的態度和互動方式、你提供的價值。」經驗圖像化是一項重要活動，目的是深入了解顧客與組織互動的真實經驗。

案例：用對焦協調圖表對抗暴力極端主義

2016 年 11 月，一家位於阿布達比，參與打擊暴力極端主義（CVE）的非政府組織（NGO）Hedayah 邀請我主持一場經驗圖像化工作坊。這個專案主要是要了解人稱「脫仇者」的前極端主義分子脫離仇恨團體後的經歷。

脫仇者對於 CVE 的工作很有價值。他們可以聽到「狗哨」（或對一般民眾看起來正常的編碼資訊），並由內而外看待極端分子。此外，希望離開仇恨團體的人們經常與脫仇者傾訴，因為他們了解脫離是什麼樣的一件事情。

我的專案贊助人想要透過脫仇者的經驗圖像化，來了解如何讓更多人脫離仇恨。他們搜尋「經驗圖像化」找到了我的資訊，邀請我來主持這場工作坊。我無償接受了這份委託，並著手開始計劃前往阿布達比和工作坊的行程。

設定正確的範疇

在對暴力極端主義一無所知的情況下，我在活動前對脫仇者做了一些初步研究。至少要先了解到一個程度，好在現場跟上專家的討論，也勾勒出一份假設的經驗圖，以便在工作坊上進行驗證和完成。

但是我的初步探索偏離了軌道。我誤解了專案摘要，定義了錯的經驗層級。圖 1-11 的上半部顯示了一開始弄錯的總體經驗，從激進到脫離，然後重新融入社會，基本上是整段的暴力極端主義。

我突然意識到，對於工作坊來說，這個範圍太廣了，我也無法引導如此廣泛的主題。我的預感是正確的，於是後續在電話中與利害相關人釐清了範疇。

圖 1-11 的下部顯示了更新後的焦點。範疇限縮許多，主要集中在為什麼一些脫仇者會參與打擊仇恨而有些人不參與的原因。與主要利害相關人設定正確的範疇對於專案的成功至關重要。

進行工作坊

在阿布達比的工作坊上，有來自不同團體的七名脫仇者，包括前白人至上主義者，前蓋達組織成員和前幫派成員，他們都選擇參與仇恨打擊。此外，還有來自包括美國國務院和其他 NGO 等幾個 CVE 組織的九名參與者，包括美國國務院和其他非政府組織。這令人無比緊張，因為我實在不確定方法是否行得通。

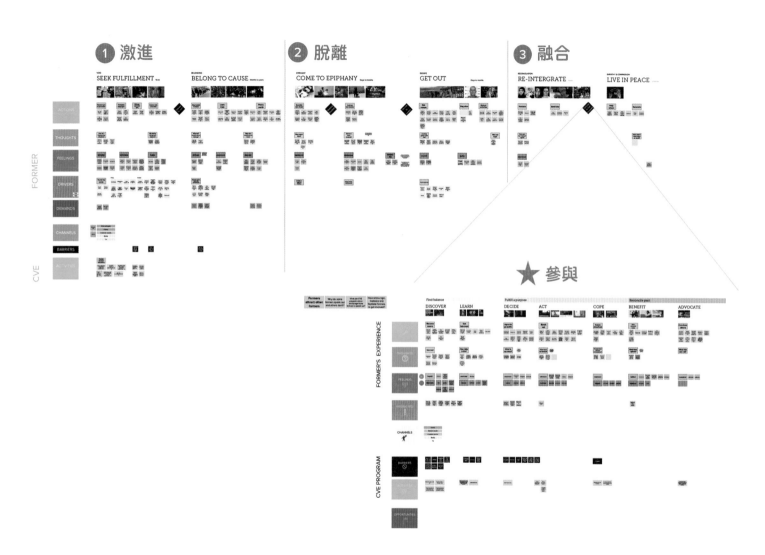

圖 1-11　兩份初步的經驗圖顯示了不同的細節層級。

我用一般經驗圖像化工作坊的方式規劃了這場工作坊。當然，重點是帶領小組演練對焦，激發關於脫仇者如何進入 CVE 參與行動的討論（見圖 1-12 中的照片）。他們表明了自己在參與行動時所做的事、想法和感受。我們一起找出了關鍵時刻，接著進入發想階段，發展具體的解決方案。

總體而言，這場工作坊很成功，並獲得了非常正面的回饋。一位代表 NGO 的參與者表示：「這是我參加過的最棒的實作工作坊。」一位脫仇者在參與了工作坊後說：「經驗圖像化改變了我看待反暴力極端主義的方式。透過經驗

的對焦來培養同理心，讓這個方法不僅能幫助公司提升績效，也是建立和平世界的資產。」

最終成果

為期多天的工作坊的主要成果是一張脫仇者參與行動的旅程圖，爾後也納入 Hedayah 進行的深入分析中。圖 1-13 顯示了從「罪惡感」（離開極端主義團體後的常有情緒）到「贖罪」的途徑，就是參與 CVE 行動的主要動機。

總體而言，工作坊是對新領域的探索：從未有人調查過脫仇者參與行動的途徑。從這個意義上來說，這個專案讓我們對為什麼有些人願意參與 CVE 行動而有些人不想參與有更廣泛、長期的了解。

從我的角度來看，這次的工作重申了以下主張：經驗圖像化的方法可以在商業場域之外有更廣泛的應用。確實，在研討會和活動小聚上的演講分享了這個故事後，這個例子激發了不少人開始思考將創意方法應用在社會議題上，像是在自己的工作和生活中進行經驗圖像化。

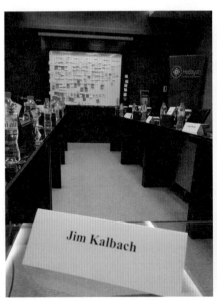

圖 1-12　在工作坊上與前暴力極端主義者一起運用經驗圖像化的各種方法。

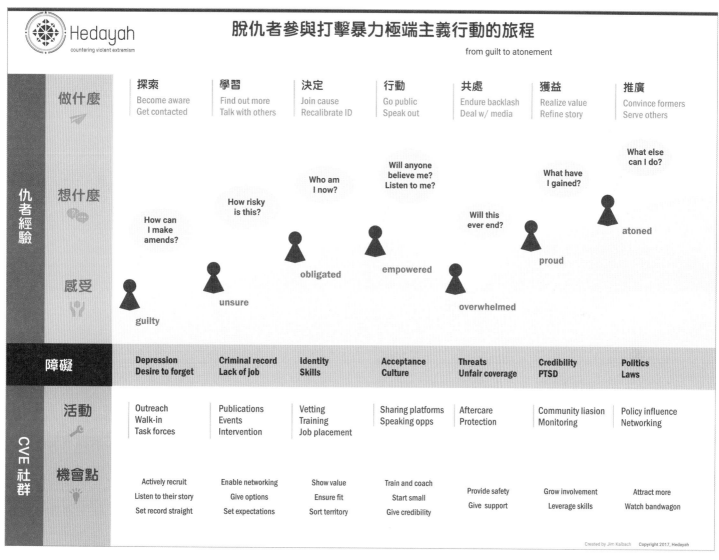

Hedayah countering violent extremism

脫仇者參與打擊暴力極端主義行動的旅程

from guilt to atonement

	探索	學習	決定	行動	共處	獲益	推廣
做什麼	Become aware Get contacted	Find out more Talk with others	Join cause Recalibrate ID	Go public Speak out	Endure backlash Deal w/ media	Realize value Refine story	Convince formers Serve others

仇者經驗

想什麼

How can I make amends?

How risky is this?

Who am I now?

Will anyone believe me? Listen to me?

Will this ever end?

What have I gained?

What else can I do?

atoned

obligated

empowered

proud

感受

guilty

unsure

overwhelmed

障礙	Depression Desire to forget	Criminal record Lack of job	Identity Skills	Acceptance Culture	Threats Unfair coverage	Credibility PTSD	Politics Laws
活動	Outreach Walk-in Task forces	Publications Events Intervention	Vetting Training Job placement	Sharing platforms Speaking opps	Aftercare Protection	Community liasion Monitoring	Policy influence Networking
機會點	Actively recruit Listen to their story Set record straight	Enable networking Give options Set expectations	Show value Ensure fit Sort territory	Train and coach Start small Give credibility	Provide safety Give support	Grow involvement Leverage skills	Attract more Watch bandwagon

CVE 社群

Created by Jim Kalbach   Copyright 2017, Hedayah

圖 1-13　脫仇者參與打擊暴力極端主義的最終版旅程圖，呈現了從罪惡感到贖罪感等不同階段的過程。

圖表與圖片出處

圖 1-3：根據 Jim Kalbach 繪製的顧客旅程圖修改而來，在 Proxima Nova 以 MURAL 白板建立。

圖 1-4：Susan Spraragen 與 Carrie Chan 繪製的表達型服務藍圖，經同意使用。

圖 1-5：Chris Risdon 的歐洲鐵路之旅經驗圖。出自〈The Anatomy of an Experience Map〉一文，經同意使用。

圖 1-6：Indi Young 所建立的心智模型圖其中一部分，收錄於她的《Mental Models》一書中，經同意使用。

圖 1-8：Andy Polaine 繪製的圖表，出自〈Blueprint+: Developing a Tool for Service Design〉一文，經同意使用。

圖 1-9：Gianluca Brugnoli 所製作的接觸點矩陣，經同意使用。首次出現於 Gianluca Brugnoli 所著的〈Connecting the Dots of User Experience〉。

圖 1-10：Tyler Tate 的跨通路藍圖，取自於〈Cross-Channel Blueprints: A tool for modern IA.〉創用 CC 相同方式分享。

圖 1-11：Jim Kalbach 繪製的經驗圖草稿，以 MURAL 白板建立。

圖 1-12：Jim Kalbach 提供的照片，版權所有。

圖 1-13：Jim Kalbach 繪製的脫仇者經驗圖，以 Figma 建立。

「圖像化的目的在於洞見，而非圖片。」

—— 班・施奈德曼（Ben Shneiderman）
《Readings in Information Visualization》

本章內容

- 規劃經驗圖像化工作
- 接觸點
- 關鍵時刻
- 價值創造
- 案例：消費者介入圖像化 – 設計循環經濟的策略

CHAPTER 2

經驗圖像化的基礎

1854 年倫敦霍亂大爆發的原因起初並不清楚。在 Louis Pasteur 提出發酵的細菌理論之前，許多人認為這種疾病是存在於空氣中。倫敦的執業醫師 John Snow 則有不同的解釋，他認為霍亂存在於水中。在顯微鏡檢驗不出所以然之後，Snow 醫師轉而分析霍亂的傳播以證明他的想法。

為了分析狀況，斯諾將倫敦蘇活區的霍亂病例標示在圖上（圖 2-1）。得出的模式證明了因果關係：水泵浦距離與霍亂病例有關，並具有高度可預測性。霍亂疫情的降低，歸功於 Snow 醫師建議將泵浦關閉。

Snow 醫師的圖包含多層資訊：街道、霍亂病例和水泵浦，這剛好足以揭露先前未被發現的證據（在這個案例裡指的是疾病的成因）。這個方法雖簡單但有效，Snow 醫師以一張簡單的地圖產生一個假設：假如我們把城市裡特定的水泵浦關閉，那麼霍亂的病例就會下降。

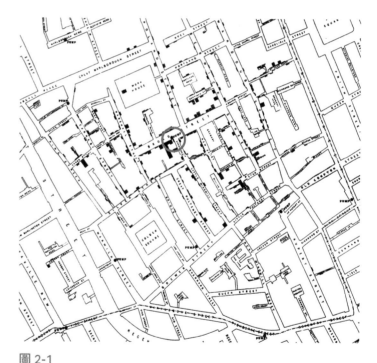

圖 2-1

John Snow 醫師在 1854 年霍亂大爆發時製作的倫敦地圖。紅色圈圈標示出的水泵浦就是疫情的源頭

視覺化提供了即時的理解，並幫助我們得出結論。地圖則呈現出生態系統中的相互關係。

這可能不是立即且顯而易見的，但我認為，在上述的例子中具有對焦的功用：水（由水利部門提供的服務）、水泵浦（系統的接觸點）以及在蘇活區罹患霍亂的家庭（個人）。Snow 要表達的是，遠處水源的處理和儲存手段影響了倫敦市中心的人們。這個結論一般被公認為是世界各地公共衛生落實的開端。

這就是為什麼我愛用各式各樣地圖的原因：圖能提供概述，加上一些創意的想像力，就能呈現新的關係，帶來新的洞見。只憑著一張地圖和幾個資料點，John Snow 醫師看見了當時最好的顯微鏡所看不見的事實。這是多麼強大。

同樣地，經驗圖像化要帶來的也是新的洞見。它始於對人類狀況的調查和描繪，然後產出滿足人們需求的方式。

圖表對人們的經驗提供了系統性的總覽。透過強化組織中的對話，對焦的過程幫助避免相互脫節的互動，並促進連貫性。本章會提到不論是哪一種圖表，繪製時需要注意的地方，這些要素包括：

1. 在一開始就規劃好內容。決定觀點、範疇、焦點和圖表的結構，以及你打算怎麼運用這個圖表。

2. 找出系統中不同的接觸點，包括關鍵的充電點，稱之為「關鍵時刻」。

3. 聚焦價值創造。運用圖表來改善、創新服務及商業模式。

到了本章末尾，你可以更了解在進行經驗圖像化時，有哪些關鍵決策要做。

規劃經驗圖像化工作

經驗這個詞很難有精準的定義。不過我們還是能夠舉出一些共通點來幫助理解：

經驗是全面的

經驗的本質是包羅萬象的，包括一段時間的行動、想法及感受。

經驗是個人的

經驗並不是產品或服務的客觀屬性，而是一個人的主觀認知。

經驗是情境的

我喜歡坐雲霄飛車，但不喜歡在剛吃飽的時候坐。有時候這個經驗相當刺激，但有時候卻會讓人感到一陣噁心。雲霄飛車的本質是不變的，只是情境改變了。經驗會跟著每個情境的變化而有所不同。

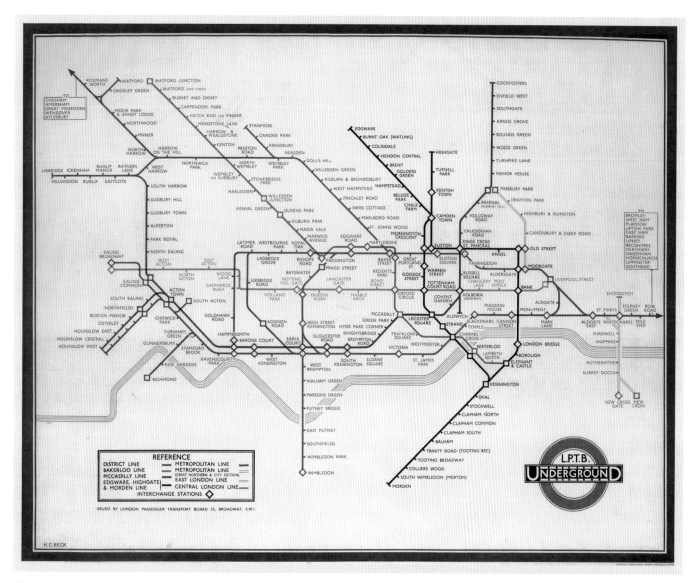

圖 2-2　Harry Beck 在 1933 年發表的著名倫敦地鐵圖

那麼，我們要如何進行對焦，讓經驗能具體呈現呢？簡單來說，這是一種選擇。圖的目的是幫助人們聚焦，身為製作圖表的人，你可以自行決定哪些東西要放，哪些不放。

像是地形圖的繪製就是選擇性的。以 Harry Beck 於 1933 年發表的著名倫敦地鐵圖為例（圖 2-2），圖上只有地鐵路線、站名、轉乘站及泰晤士河而已，沒有別的資訊。

這張地圖也調整了地鐵的路線，讓線路主要以水平、垂直或 45 度角的方式呈現，站和站之間也儘量以等距的方式呈現，即使每站之間實際上的距離差很多。這是 OK 的，因為地圖是現實世界的抽象版。

倫敦地鐵圖至今已沿用 70 年之久，期間僅有一些微調。這張圖最聰明的地方就是它沒有顯示街道、建築物、路線彎彎曲曲的地方，以及每站之間的實際距離。Beck 的地鐵圖之所以能為人長久使用，就是因為它非常的合用，也就是說，非常貼近實際使用的需求。

同樣地，經驗的對焦也必須做選擇：需要仔細考慮要放什麼，失真必然會發生，但是如果內容的定義符合目標，那麼總體資訊就會是有效的。當然，專案的框架必須與組織密切相關，並能回應組織目標。

在開始進行對焦協調之前，要先定義三個基本面向，以圖 2-3 所示：

1. 觀點：要呈現誰的經驗？哪些經驗？

2. 範疇：這段經驗何時開始？何時結束？

3. 焦點：要涵蓋什麼樣的資訊？

4. 此外，最好事先確認圖表的結構以及預期用途。

圖表製作者有責任與作為圖表受眾的關鍵利害關係人就上述這些面向進行協調。以下將詳細討論。

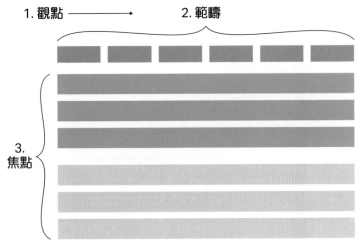

圖 2-3　以三個關鍵標準來定義每場對焦工作

觀點

圖表的觀點要能回答：圖中是採用誰的觀點？在某些情況下，可能滿顯而易見的。但是在其他情況下（例如，更複雜的 B2B 情境），在一段經驗中可能有五六名以上角色參與各種彼此依賴的互動。請先釐清要對焦的誰的經驗。

觀點由兩個條件所組成：涉及的人及聚焦的經驗類別。舉例來說，新聞雜誌可能主要鎖定讀者及廣告商兩類受眾，這兩類受眾與出版商的互動是截然不同的。

一旦決定了目標族群，假設以讀者為例，那麼，就有不同的經驗可以選擇。以下以這三種新聞雜誌讀者可能有的經驗為例：

購買行為

其中一種觀點是觀察讀者如何購買新聞雜誌：他們如何知道這個雜誌、為什麼會買、有沒有回購等。如果有改善銷售的需求，依這個觀點來對焦經驗就很合理。使用顧客旅程圖也是滿合適的。

新聞閱讀吸收

另一個觀點可以是檢視讀者如何閱讀吸收這些新聞。這有助於讓雜誌在廣大人類資訊行為中擁有更合適的定位，若希望能拓展服務內容，從這個觀點切入會很有效益。心智模型圖在此就能派上用場。

每日生活

你也可以檢視典型讀者的每日生活，例如，他們如何將新聞雜誌融入日常生活中？他們在哪裡接觸到這些雜誌？什麼時候？他們除了尋找及閱讀新聞外，還做了些什麼？經驗圖最適合描繪這類的經驗。

以上每一種觀點所分析的事物不同；像是分析購買、新聞閱讀或每日生活習慣。不同觀點也各自有它的效益，完全取決於組織的需求。了解圖表的觀點對於決定方法和後續產出的資訊是相當重要的。

一般來說，一張圖表應該聚焦於單一觀點上。清晰的觀點更能強化圖表想要傳達的訊息。我們也常在經驗圖的右上角加入人物誌的參考，幫助圖表讀者了解觀點。

> 身為製作圖表的人，你可以自行決定
> 哪些東西要放，哪些不放。

然而，如第一章所述，一張圖也可以對焦多重觀點。不過，你還是必須決定要納入誰的經驗和什麼經驗。我們通常會定義一個主要觀點，再將第二個觀點則與此相對照。

在對焦協調中如何決定觀點並沒有對或錯的答案。呈現的內容取決於利害關係人的需求，請盡力讓圖的觀點呼應組織的目標。

範疇

範疇滿容易理解，要回答以下問題：「這段經驗何時開始？何時結束？」把範疇看成時間軸的左側和右側。有時，經驗圖像化工作的範疇可能很明顯、不需多做解釋，但多方考量可以擴展最終定義的起點和終點。

想想前述的雲霄飛車例子。經驗是從搭上雲霄飛車開始，或從排隊等待時開始？還是在進到遊樂園前、在家的時候就開始？還是更早？經驗什麼時候結束？走下雲霄飛車時，

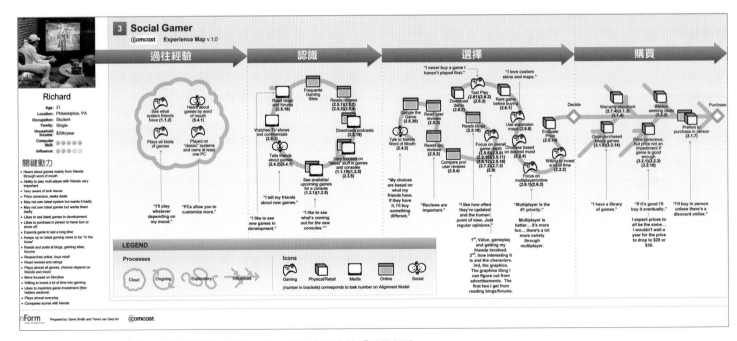

圖 2-4　經驗圖可以包括主要經驗開始之前的元素，例如此圖中的「過往經驗」

或在看自己被拍的紀念照時結束？還是一個月後看照片時才結束？

這些都由製作圖表的你來決定要呈現的經驗範疇，沒有對或錯的答案，完全取決於專案的需求。我一般的做法是先找到一個明顯的時間點作為起點，然後回過頭一步，涵蓋在經驗開始之前的前導階段。

例如，在一個專案中，希望協助組織的員工培養以顧客為中心的思考模式。我們起初將員工經驗的範圍定為從工作的第一天開始，但透過往回走一步，將招募階段涵蓋進來，我們發現更多提升以顧客為中心的機會（例如，在招募過程中灌輸期望的心態，或在徵才文中加入這些期待）。

圖 2-4 中的圖是 Gene Smith 與 Trevor van Gorp 建立的不同類型遊戲玩家的經驗圖，第一部分的特寫（完整圖表見圖 12-4）。此圖將經驗的開始定義為「過往經驗」，清楚呈現人們如何將過去的經驗帶入。這張圖表的範疇不僅限於玩遊戲，可以幫助指出過去未曾考慮過的機會。

但是範疇不只有定義經驗的開始和結束，還需要拿捏精細程度。一張呈現整體經驗的圖表可以揭露整體狀況，但省略細節；另一方面，充滿細節的圖表則描繪特定的互動，但就無法涵蓋大範圍的資訊。

在上述倫敦地鐵圖（圖 2-2）中，站和站之間的等距化讓整個系統能呈現在單一頁面上。如果按照實際的空間距離繪製，最終站就不知道要放到哪裡去了。若一開始的範疇就是要呈現整個地鐵系統，精細度的犧牲就有其必要。

舉例來說，想像你接受美國一個都市觀光局的委託，協助改善旅客觀光的體驗，其中一個目標是要增加行動服務。

你可以界定出整個觀光的範疇，從在家開始計劃到抵達這個都市旅遊，包含到後續的活動。這樣將能夠帶來廣泛的視野，跨越不同的接觸點類型和整個服務生態，並涵蓋多位利害關係人。

你也可以把範疇限縮在都市裡使用行動服務的經驗。這樣的旅程也許是從機場或是車站開始到結束，但能對特定使用者類型的行動服務接觸點有更深入的了解。

這兩種方式都是有用的，取決於組織的需求及知識的缺口。希望著重在某個特定的問題，還是要獲得對整個系統的全面觀察？重點是一開始就要有明確的取捨，設定正確的期待。設定合適的範疇有助於後續對經驗的理解，也能指出策略機會點的方向。

> 了解圖表的觀點對於決定方法和後續產出的資訊是相當重要的。

焦點

要在圖表中涵蓋什麼樣的資訊？圖表是要呈現什麼？將焦點視為圖中的資訊欄位，就能定義希望涵蓋的內容。這些也是由製作圖表的你來決定要聚焦的面向，請盡力讓內容符合組織和利害關係人的需求。

要考慮的元素有很多種，選擇的元素取決於你規劃的工作內容（見第五章）以及對組織而言最重要的是什麼。

我基本上會預設用一個人的行動、想法、和感受來描述經驗。你的專案也許會要強調其他重點。為了讓你的圖表與團隊切身相關，可以考慮納入以下幾種典型的面向：

- 實體的：物件、工具、裝置
- 行為的：行動、活動、任務
- 認知的：想法、觀點、意見
- 情緒的：感受、欲望、心態
- 需求：目標、成果、待辦任務
- 挑戰：痛點、限制、障礙
- 脈絡：設置、環境、地點
- 文化：信念、價值、哲學
- 事件：觸發點、關鍵時刻、失敗點

> " 設定合適的範疇有助於後續對經驗的理解，也能指出策略機會點的方向。 "

描述組織的元素包括：

- 接觸點：媒介、裝置、資訊
- 提供的：產品、服務、功能特點
- 流程：內部活動、工作流程
- 挑戰：問題、議題、缺口
- 營運：角色、部門、回報結構
- 指標：流量、財務、資料統計
- 評估：優勢、劣勢、心得
- 機會：缺口、劣勢、多餘步驟
- 目標：盈餘、節省支出、口碑
- 策略：政策、設計、原則

如何將上述的元素平衡運用也是重要的。我建議先從上述挑選一些與你的對焦工作內容最相關的目標面向，然後，將元素排列在圖表草稿中，看看要怎麼結合以符合目標。

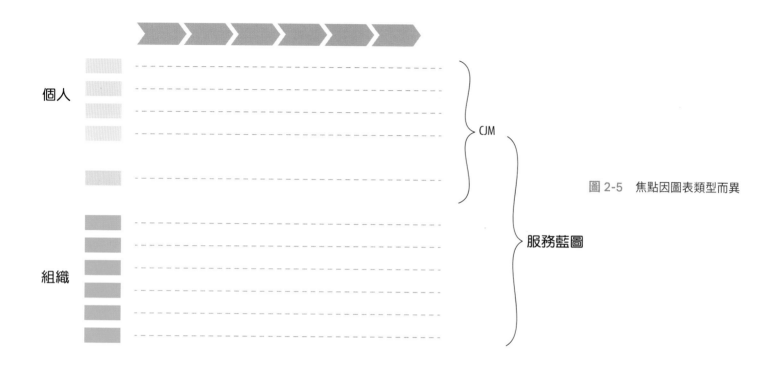

個人

組織

CJM

服務藍圖

圖 2-5　焦點因圖表類型而異

請記住，不同的圖表具有不同的焦點（見圖 2-5）。例如，顧客旅程圖主要聚焦的經驗，很少有對組織的描述。而服務藍圖則會為了突顯跨通路的服務提供流程，犧牲使用者經驗的詳細描述。

結構

對焦協調圖表的結構各有不同。最常見的是時序性的（圖 2-6a），本書中許多的例子也都用這樣的時序方式編排。然而，別種排列方式也是可以的，有階層性、空間性，以及網絡式的結構（圖 2-6b 到 2-6d）。

圖 2-7 是 Booking.com 訂房網站住客經驗的圖表。這是一個很棒的例子，呈現如何以網絡式的結構呈現一段經驗，焦點放在帶給顧客正面或負面經驗的接觸點上。

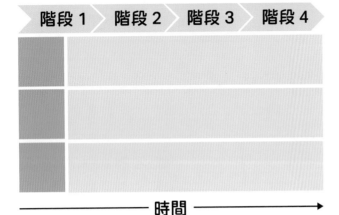

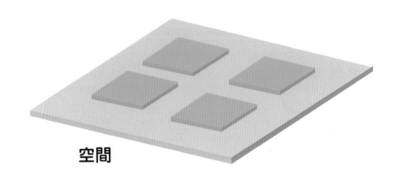

空間

圖 2-6a　**時序性**：由於經驗是即時發生的，按時間排列符合人們行為的自然順序。時間表類的表現方式是架構對焦協調圖表最普遍的方式，見第十至十二章關於服務藍圖、顧客旅程圖和經驗圖的討論。

圖 2-6c　**空間性**：我們也可以用空間的方式描繪經驗。當互動在實體地點（例如面對面的服務接觸）中發生時，這種方式就滿適合的。但這種形式也可以用來隱喻性地加強經驗，讓經驗好像存在 3D 空間一樣。

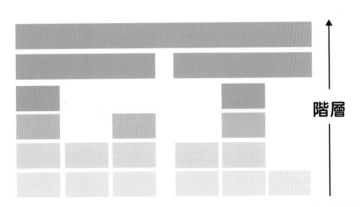

階層

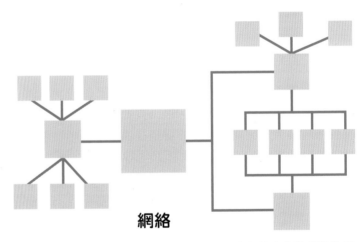

網絡

圖 2-6b　**階層性**：以階層的方式做經驗圖像化排除了時間的維度。當有許多方面同時發生，很難按時間順序顯示時，這種方式就具有優勢。第十三章將討論心智模型圖和其他階層性的資訊編排。

圖 2-6d　**網絡式結構**：網絡式結構以非時序性也非階層性的樣式呈現經驗元素間彼此的相互關係。

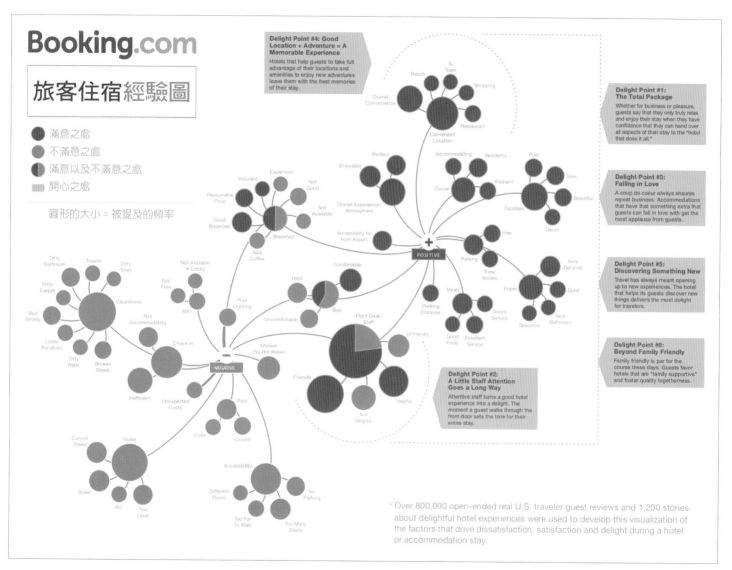

圖 2-7　角色和概念以網絡式的編排呈現 Booking.com 的正反面經驗

運用

從一開始就要時時提醒自己要如何運用對焦協調圖表。

首先，要考慮誰是這張圖表的讀者。先前提到的倫敦地鐵圖，主要閱讀的對象就是每日通勤的乘客們。他們用這張圖來了解怎麼由甲地抵達乙地，但是對維護操作轉換訊號的工程師而言，一定會認為這張圖缺乏細節，因為他們需要更精細的圖才能完成工作。Beck 的地鐵圖並不是為這些受眾所設計的。

同時必須要考量到這張圖表的用途，要根據團隊的需求來架構合適的工作。這張圖能夠回應哪些組織想要探討的問題？可以填補哪些知識上的缺口？哪些問題能夠用圖表協助解決？

最後，問問自己要如何使用這張圖表。是要用來找問題或是改善現有的設計？要用來制定策略及開發計劃？或是你的受眾希望透過對焦協調圖表來找到創新成長的機會點？

本書提倡的對焦協調類型最適合產出型活動。也就是說，團隊可以使用現況經驗圖，共同創造性地尋找機會點。從這個角度來看，圖表能激發對未來願景的討論。至於是否需要繪製未來經驗圖，則根據產出的解決方案而定。

經驗圖像化也可以達到總結的功能。旅程管理是一個快速發展的領域，能將即時資料（例如滿意度分數、使用率指標）與顧客經驗中的接觸點進行對焦協調，以便持續監測。團隊可以在旅程的每個階段即時檢視人們真實經驗的資料。

定義接觸點

規劃工作內容，如前所述，是描繪整段經驗的基礎。在這段經驗 中，你也必需考量到人及組織之間的關係。接觸點的概念，也就是價值交換的手法，讓你可以呈現出雙方的互動。

一般來說，接觸點有：

- 電視廣告、紙本廣告、DM

- 行銷 email、電子報

- App、軟體程式

- 電話、客服熱線、線上聊天

- 服務櫃檯、結帳櫃檯

- 實體物件、建築物、道路

- 包裝、運送材料

- 帳單、發票、付款系統

一般來說，接觸點分成三種主要的形式：

靜態的
　　這些接觸點不會與使用者進行互動。包括紙本行銷物、招牌或是廣告。

互動的
　　網站和 App 是互動的接觸點，通常有行動呼籲（CTA）和操作流程。

人與人的
　　這類包括人與人之間的互動，像是業務代表或是電話客服人員，以及社群、論壇。

能以生態的宏觀角度來看待這些經驗的組織就具有競爭優勢。以商業營運來說，這衝擊了底線，一份 2013 年 Alex Rawson 及同仁所做的研究指出，各接觸點優化是健全企業的強力指標。[1] 研究者發現這種方式與進步的成果有高達百分之二十到三十的關聯，如更高的生收益、更高的客戶留存率及正面的口碑。減少摩擦並提供連貫的經驗是有所回報的。

參考圖 2-8 的接觸點範例。這張圖是由一個瑞士的行銷公司 Accelerom 所繪製，Accelerom 為蘇黎世一家國際顧問研究公司，這張圖為其 360°接觸點管理流程的一部分 [2]，呈現出一間公司與顧客間相當全面的接觸點清單。

但也有人追求較廣泛的觀點，像是 Chris Risdon 將接觸點定義為互動周遭的脈絡。在〈Unsucking the Touchpoint〉一文中，他寫道：

> 接觸點就是一個互動的點，包含人在特定時間及地點的特定需求。

顧客經驗顧問專家 Jeanie Walters 也推崇廣義的定義，她對接觸點清單有諸多批判：

> 這樣看待接觸點的困難在於這種方式往往假設（1）顧客與組織的關係是線性且直接的；以及（2）顧客會主動去認識這些接觸點並與其互動。簡單來說，這種接觸點的檢視基本上完全是公司導向的（有時幾乎是以行銷、營運、財務等公司的組織圖來分類了。）[3]

[1] 見 Alex Rawson、Ewan Duncan 與 Conor Jones。〈The Truth About Customer Experience〉，哈佛商業評論 (Sep 2013)

[2] 見 Christoph Spengler、Werner Wirth 與 Renzo Sigrist 的〈360° Touchpoint Management – How important is Twitter for our brand?〉，Marketing Review St. Gallen (Feb 2010)

[3] Jeannie Walters, "What IS a Customer Touchpoint?" Customer Think blog (Oct 2014)

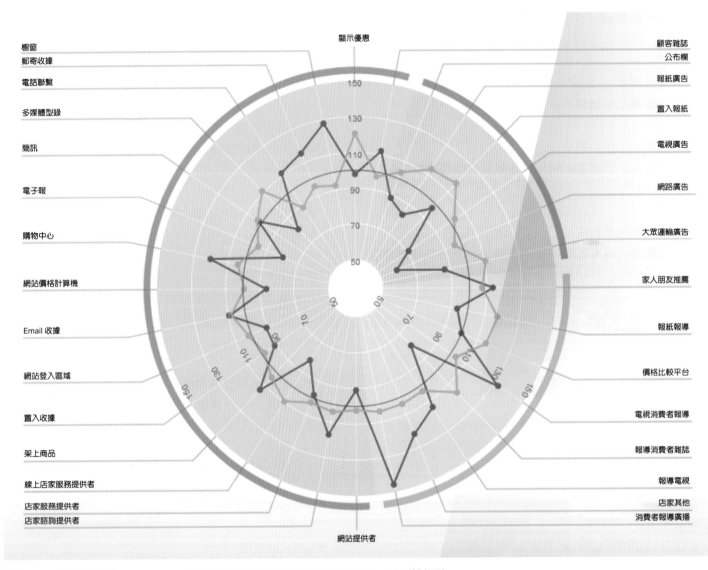

顯示優惠

顧客雜誌
公布欄
報紙廣告
置入報紙
電視廣告
網路廣告
大眾運輸廣告
家人朋友推薦
報紙報導
價格比較平台
電視消費者報導
報導消費者雜誌
報導電視
店家其他
消費者報導廣播

櫥窗
郵寄收據
電話聯繫
多媒體型錄
簡訊
電子報
購物中心
網站價格計算機
Email 收據
網站登入區域
置入收據
架上商品
線上店家服務提供者
店家服務提供者
店家諮詢提供者

網站提供者

150
130
110
90
70
50

圖 2-8　瑞士行銷公司 Accelerom 所建立的 360° 接觸點矩陣圖範例呈現一系列接觸點

但是，接觸點視覺化的概念在希望優化品牌感受和利潤的商業場域中是有幫助的。Matt Sinclair、Leila Sheldrick、Mariale Moreno 與 Emma Dewberry 開發了一套獨特的工具，用來查看整個生態系統中的接觸點。在循環設計領域中，跳脫為了單一使用者創造單一生命週期的產品，他們希望呈現生態系統中的重點，讓利害相關人可以介入產品生命週期，以延長其使用壽命。關於循環設計和消費者介入圖像化的更多資訊，請見本章末尾的案例。

對焦協調圖表強化了以生態觀點來看待顧客之間的互動。這不只描繪個別的接觸點，也同時提供整體的經驗總覽。對焦協調產出的洞見不僅僅在於取悅顧客、促進消費，它也具有策略基礎，帶來生產方式、產品生命週期、和永續設計的創新。

關鍵時刻

對焦協調圖表並不只是彙集接觸點，並同時提供了洞見，以找出並了解顧客經驗的關鍵點，也就是所謂的關鍵時刻（Moments of Truth）。這些富有情感的事件，能幫助我們聚焦在最重要的事物上。

關鍵時刻可以被視為一個特殊的接觸點類別，他們是相當關鍵、滿載情緒的互動，往往會發生在有人投入了高度力量並期待有所回報的時候。而關鍵時刻往往決定了關係的成敗，是互動的關鍵。例如，在購買新屋時，選擇要購買的物件可能就是一個關鍵時刻。

關鍵時刻一詞是由北歐航空公司前總裁 Jan Carlzon 於同名著作中提出。為了說明他的觀點，Carlzon 在書中用一位顧客到了機場卻忘記帶登機證的故事作為開場，由北歐航空的工作人員親自開車回到飯店取得，再將登機證送回機場給他，讓這名顧客留下了極佳的印象。

關鍵時刻可以為創新和成長的機會引路。舉例來說，在《精實創新學》一書中，商學院學者暨商業顧問 Nathan Furr 與 Jeff Dyer 建議組織要建立「旅程線」，或是將顧客經歷的步驟做個簡單的圖像化。他們寫道：

> 在找到痛點時建立一份視覺圖像，以了解顧客當下如何完成任務，以及在做的時候感覺如何。將顧客達到目標所採取的步驟用圖像化的方式呈現出來，這樣可以將顧客情緒對應至每一步上，了解顧客的感受。

他們也建議找尋「點燃情緒」的時刻，也就是關鍵時刻。他們表示，能夠回應關鍵時刻的解決方案較有機會變現：人們通常對於能解決他們重要需求的服務比較願意付錢。在這個意義上說，關鍵時刻就是組織的機會點。

聚焦在關鍵時刻讓你能把力氣專注在重要的經驗之上。產品與服務帶給人們的感受與連結，取決你如何處理關鍵時刻。圖表可以持續帶來洞見，幫助組織設計出一套整合連貫的經驗，並降低過渡時期的不確定性。

小結

從歷史上看，視覺對焦協調能幫助人們理解世界。以 John Snow 於 1854 年在倫敦繪製的霍亂病例地圖為例：他在圖中分層配置不同元素，釐清了疫情爆發的原因。經驗的視覺化可以達到類似的效果。

但是與實體空間不同，經驗往往是無形不可捉摸，且廣泛到難以掌握。身為一名製圖者，你就必須將希望繪製的圖表和經驗設定框架。這包括一連串的決策取捨：觀點、範疇、聚焦、結構及運用。第五章將會討論更多關於選擇的過程細節。

接觸點是讓人及組織互動發生的方式。通常透過像是廣告、App、網站、一項服務接觸、一通電話等。

廣義來說，接觸點其實涵蓋了整個脈絡裡的互動，也就是一個人與組織在某個特定時間、特定環境下的互動。能夠針對接觸點的連貫性做出設計及管理的組織往往能獲得最大的效益，像是更高的滿意度、忠誠度，以及更大的收益。

關鍵時刻是相當重要、情緒張力極大的時刻，這些時刻決定了關係的成敗。找到關鍵時刻，就是找到潛在創新的機會點。

從個人的角度出發，價值是主觀且複雜的。也要考量到許多類別的價值：功能的、情感的、社交的、認知的，以及條件的。頂級價值超越了這些種類，包含更深一層的意義及身分認同。

延伸閱讀

Matt Sinclair, Leila Sheldrick, Mariale Moreno, and Emma Dewberry, "Consumer Intervention Mapping—A Tool for Designing Future Product Strategies within Circular Product Service Systems," *Sustainability* (Jun 2018)

> 這篇期刊文章介紹了發展循環設計策略的一項手法 — 消費者介入圖像化。即使內容的風格和格式都滿學術的，但內容平易近人且容易理解。作者提供了許多範例，也在線上提供了更多圖表（見 *https://repository.lboro.ac.uk/articles/Consumer_Intervention_Map/4743577*），也在幾個工作坊中驗證了此手法，文中也分享了成果。

Megan Grocki, "How to Create a Customer Journey Map," *UX Mastery* (Sep 2014)

> 這是一篇簡短但很有啟發性的文章，介紹了旅程對焦的整個過程。Grocki 將過程分為九個步驟。文中包括一個簡短的影片，清楚說明了方法。

Marc Stickdorn、Markus Edgar Hormess、Adam Lawrence、與 Jakob Schneider。《這就是服務設計！》（O'Reilly, 2018）

> 這本書淺顯易懂，五百多頁內容由服務設計領域知名專家詳細介紹了服務設計的方法。書中附帶 54 種方法的描述，包括一系列概念發想和主持手法，可從 *https://www.thisisservicedesigndoing.com/methods* 獲得。另請見本書的前身，Marc Stickdorn 和 Jakob Schneider 撰寫的《這就是服務設計思考》（BIS 出版社，2012 年）。

Harvey Golub et al. "Delivering value to customers," McKinsey Quarterly (Jun 2000)

> 這是一篇很棒的文章摘要，內容涵蓋近三十年來關於顧客價值創造及提供的討論。此文摘彰顯出麥肯錫員工的工作成果，對每個主題也有列出完整的參考文獻資料。

案例：消費者介入圖像化－設計循環經濟的策略

作者：Matt Sinclair

循環設計是一種創造產品和服務的概念的手法，目的是跳脫為了單一使用者創造單一生命週期的產品，並將產品視為系統中的一部分，擁有多方使用者和多元用途。

當我們的研究團隊參與工程與物理科學研究委員會（EPSRC）的專案時，提出了消費者介入圖像化的想法，在專案中探索循環設計要如何與重新分配製造進行整合，重新分配製造就是當生產機械變小、更便宜、更易於本地化時產生的製造形式，像是 3D 列印機就是最為人所知的例子。

我們發現大多數循環經濟的策略願景都認為消費者對除了消費以外的任何事都不感興趣。但是，也有另一種消費者參與度相當高，無論如何都要對產品進行額外的設計、製作、維修、和轉售，即便其生命週期與傳統商品的模式完全搭不起來。

商業環境中的接觸點圖表通常僅關注品牌在價值鏈中能影響的經驗。購買後修改、維修、出借、和轉售等消費者介入的活動，則通常很少受到關注，因為品牌無法將其變現。我們發現整個活動的生態系統正在由對循環經濟感興趣的人們進行著，而這些行動對循環經濟至關重要，卻從未出現在品牌的接觸點圖表上。

我們運用消費者介入圖表嘗試擷取這些活動，部分原因是我們覺得這些事本身很有趣，同時也認為把注意力放在它們身上也許會鼓勵品牌思考為這些活動發展一些設計。圖 2-9 呈現了消費者介入圖像化的基礎框架。

圖的設計遵循傳統的品牌接觸點輪，在最高層次將接觸點定義為購買前、購買、或購買後的經驗，再細分為新產品開發（品牌很少認為消費者應參與的領域）等六大類，然後又分為維護和處置（又是品牌不會放在接觸點圖上的領域）等 18 大類別。

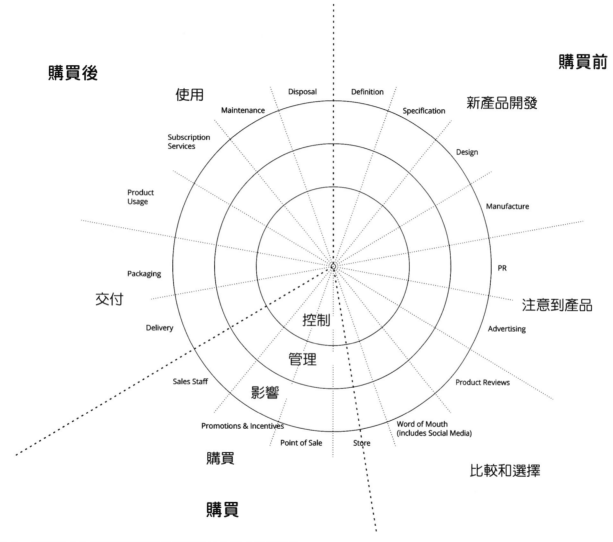

購買後

使用

購買前

新產品開發

注意到產品

比較和選擇

交付

購買

購買

控制

管理

影響

Disposal
Definition
Maintenance
Specification
Subscription Services
Design
Product Usage
Manufacture
Packaging
PR
Delivery
Advertising
Sales Staff
Product Reviews
Promotions & Incentives
Word of Mouth (includes Social Media)
Point of Sale
Store

圖 2-9　消費者介入圖表將更廣泛的循環設計生態系統視覺化

接著,進一步在圖表上加上同心圓,表示當消費者介入產品生命週期時,品牌所施加的控制程度(例如,當消費者去授權的經銷商進行維修,而非購買水貨零組件來自行維修產品,品牌就擁有更大的控制權)。

圖上的接觸點是指利害關係人積極刻意介入產品的預期顧客旅程的事件。排除不涉及消費者介入的被動接觸點(例如,看到廣告)。我們用顏色編碼系統在適當的階段顯示接觸點:製造(橘色),溝通(粉紅色),供應(藍色)和使用(綠色)。顏色的深淺表示品牌允許消費者在此接觸點進行介入的程度。

從新產品開發的定義階段開始,用一條線將接觸點連接起來,以描述產品從購買前到購買後的生命週期。圖2-10顯示了一份假想的、大規模訂製產品的產品生命週期例子,其中處置階段包括在再製造過程中提取材料,並將材料送回給新產品開發。

圖中涵蓋許多接觸點,內容是從文獻、以及與工業界和學術界的專家進行的三場工作坊上所整理出來的,其中一場工作坊在倫敦的機械工程師協會舉行,另一場在台夫特的產品生命週期與環境研討會上舉行。我們在工作坊中讓參與者提問、重新定位接觸點、並新增以前未發現的新接觸點。這樣一來,便能對最終的圖表(如圖2-11)進行驗證和改進。

此外,我們進行了演練,要求參與者想像未來循環經濟中產品服務系統的方案,並使用〈消費者介入圖表〉把想法畫出來。

在這些演練所引起的討論中,很大程度上已經顯現該工具的價值,並且出現了產品策略和商業模型的新願景。許多參與者評論說,被要求思考可能性而不是只考量限制,這樣的方式令人感到耳目一新,而此工具對使用者的關注,帶給許多人以前未曾考慮過的觀點。隨著工具的發展,我們希望透過進一步的合作來讓工具持續進展。

如果你想使用本案例研究中提到的素材,可以在Institutional Repository取得線上的內容:

- 消費者介入圖表:
  https://doi.org/10.17028/ rd.lboro.4743577

- 工作坊素材與互動牌卡:
  https://doi.org/10.6084/m9.figshare.4749727

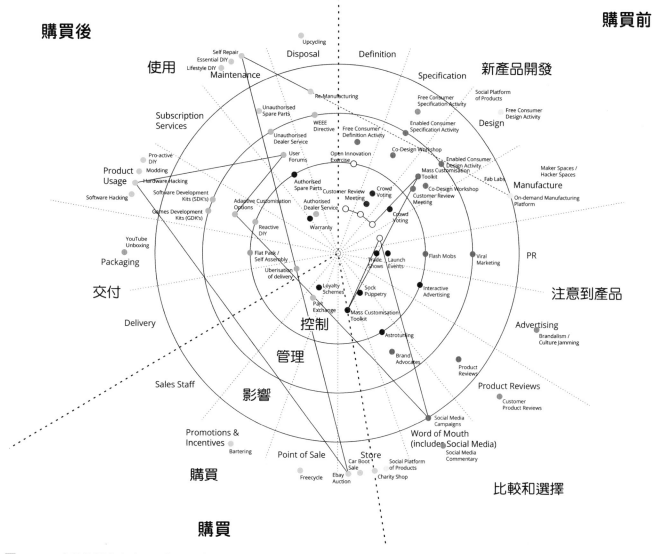

購買後　　　　　　　　　　　　　　　　　　　　　　購買前

使用　　　　　　　　　　　　　　　　新產品開發

Upcycling
Disposal　　Definition
Self Repair
Essential DIY　　　　　　　　　　Specification
Lifestyle DIY
Maintenance　　　　　　　　　　　　　Social Platform
of Products
Re-Manufacturing　　　　　　Free Consumer　　　　Free Consumer
Specification Activity　　　Design Activity
Unauthorised　　　　　　　　　　　　　　Design
Spare Parts　　WEEE　　　Enabled Consumer
Directive　　Free Consumer　Specification Activity
Subscription　　　Unauthorised　　　　Definition Activity
Services　　　Dealer Service　　　　　　Co-Design Workshop
Open Innovation　　　　　　Enabled Consumer
User　　　Exercise　　　　　Design Activity　　Maker Spaces /
Pro-active　　Forums　　　　　　　　　Mass　　Fab Labs　Hacker Spaces
DIY　　　　　　　　　　　　　　Customisation
Product　Modding　　　Authorised　　　　　Toolkit　　　　Manufacture
Usage　　　　　　Spare Parts　Customer Review　Co-Design Workshop
Hardware Hacking　　　　　Meeting　Crowd　Customer Review　On-demand Manufacturing
Software Hacking　Software Development　Authorised　Voting　Meeting　Platform
Kits (SDK's)　Dealer Service　　　　Crowd
Games Development　　　　　　　　　Voting
Kits (GDK's)　　Adaptive Customisation
Reactive　Options
YouTube　DIY
Unboxing　　　　　　　　　　　　　Launch　Flash Mobs　Viral　PR
Packaging　　　Flat Pack /　Trade　Events　　　Marketing
Self Assembly　Shows
交付　　　　　Uberisation　　　　　　　　　　　注意到產品
of delivery
Loyalty　　Interactive
Delivery　　　　Schemes　Sock　Advertising
Part　Puppetry
控制　Exchange　Mass Customisation　　Advertising
Toolkit
管理　　　　　　　　　　Astroturfing　　　　Brandalism /
Culture Jamming
影響　　　　　Brand
Advocates
Product
Reviews　　Product Reviews
Sales Staff
Customer
購買　　　　　　　　　　　　　　　　Product Reviews
Promotions &　　　　　　　Social Media
Incentives　　　　　　　　Campaigns
Bartering　　　　　Word of Mouth
Point of Sale　　Store　(include Social Media)
Car Boot　Social Platform　Social Media
購買　　　Sale　of Products　Commentary
Freecycle　Ebay　Charity Shop　比較和選擇
Auction

購買

圖 2-10　完整的消費者介入圖揭露了各種關係，為循環設計指引了新的機會點

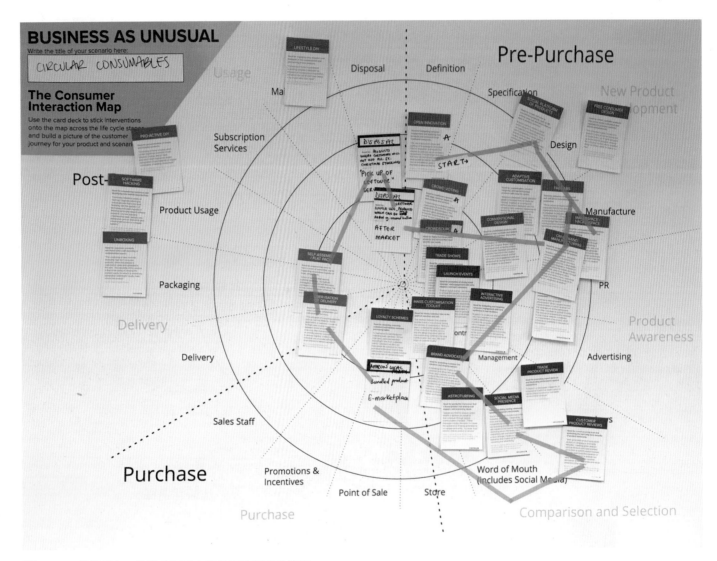

圖 2-11 　參與者在工作坊中運用未來的產品服務系統圖

了解更多循環設計相關資訊

- Royal Society of Arts, "The Great Recovery Report" (2013), *https://www.thersa.org/discover/ publications-and-articles/ reports/the-great-recovery*

- Ellen MacArthur Foundation 與 IDEO, The Circular Design Guide (2017), *https://www. circulardesignguide.com*

- Kersty Hobson 與 Nicholas Lynch, "Diversifying and De-Growing the Circular Economy: Radical Social Transformation in a Resource-Scarce World," Futures (Sep 2016), *https://doi.org/10.1016/ j.futures.2016.05.012*

關於本文作者

Matt Sinclair 博士是英國羅浮堡大學設計與創意藝術學院的工業設計學程主任。他的研究領域包貨設計責任與未來、運用使用者經驗設計的研究方法,將使用者、消費者、民眾、和人們放在變革運動的中心。更多相關工作案例請參考 no-retro.com。

圖表與圖片出處

圖 2-2：Harry Beck 的倫敦地鐵圖。由倫敦大眾傳輸博物館收藏 © TfL 授權使用

圖 2-4：經驗圖摘錄，由 Gene Smith 與 Trevor von Gorp 建立（完整圖表見第十二章），經同意使用

圖 2-7：Booking.com 圖表，取自 Andre Mannig 所著的〈The Booking Truth: Delighting Guests Takes More Than a Well-Priced Bed〉，經同意使用

圖 2-8：三百六十度接觸點矩陣，由蘇黎世 Accelerom AG 國際顧問及研究公司（*www.accelerom.com*）所建立，經同意使用。Accelerom 結合了數十年的管理實務、跨媒體行銷研究及先進的分析、圖像化科技。更多內容請參考 *http://bit.ly/1WM1QyU*

圖 2-9：消費者介入圖表，由 Matt Sinclair、Leila Sheldrick、Mariale Moreno、與 Emma Dewberry 所建立，經同意使用

圖 2-11：照片由 Matt Sinclair 提供，經同意使用

「文化把策略當早餐吃掉。」

—— 彼得・杜拉克（Peter Drucker）

本章內容

- 員工的經驗是什麼，為什麼很重要

- 讓員工經驗看得見

- 使顧客經驗與員工經驗對焦協調

- 組織設計與顧客經驗

- 旅程管理

- 案例：透過 CX 與 EX 對焦協調來發展策略

CHAPTER 3

員工的經驗：內部對焦協調

我旅居德國漢堡時，住處附近有一家賣高級肉品和特色料理精緻熟食店，我偶爾會去光顧，買一些平常不容易找到的食材。但他們的服務常常不太客氣，有時與店員互動時會讓人有點緊張，像是當詢問有什麼不同種類的薩拉米香腸時，他們可能就會口氣不太好，好像我本來就應該知道一樣。

我太太在那區工作，認識很多附近的商家。當我跟她提到這家店服務很糟時，她馬上說：「不意外！那家店老闆也是這樣，人很難相處。」可想而知，他們的員工離職率也一定很高。

顧客經驗，就是公司的一面鏡子。如果員工在後台受到不好的對待，要怎能期待他們為顧客提供優質服務？如果管理層樹立了與顧客互動的壞榜樣，員工的表現要怎麼有所不同？

電腦工程師馬爾文・康威（Melvin Conway）觀察到，組織提供的解決方案反映了他們自己的溝通結構。他的觀察被稱為「康威定律」，凸顯了組織設計的力量：公司的運作方式與提供的產品一樣重要。

如果良好的顧客經驗是由外而內產生，更要靠跨組織的內部對焦才能建立。這是一個兩步驟的過程，如圖 3-1 所示。首先，組織必須深度理解所服務的人。接著，團隊不僅必須與理想的顧客經驗有共識，也要對彼此有共識。

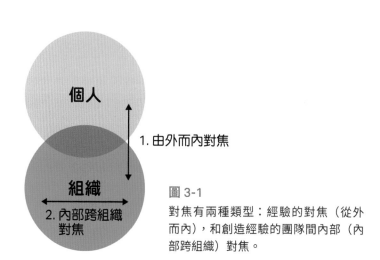

圖 3-1
對焦有兩種類型：經驗的對焦（從外而內），和創造經驗的團隊間內部（內部跨組織）對焦。

本章從員工經驗的角度，討論內部對焦的概念。隨著顧客經驗（CX）對於公司成長變得越來越重要，員工經驗（EX）對於成功也變得至關重要。換一種說法，CX和EX有著緊密的連結，因此，若公司要更加顧客導向，就要更加員工導向地為員工創造良好的經驗。經驗的圖像化可以提高這兩個面向的對焦，有助於彼此的整合。

員工的經驗

EX是一個相對新的領域，不僅包含順暢的新進員工到職流程、理想的工作空間配置、公司福利等。這不止關乎員工滿意度，更關係著員工的向心力。

EX重視員工在組織中一段時間內所經歷的體驗，他們的想法、行動、和感受，如何理解和內化組織的願景與策略，以及員工為了達成公司使命而展現出的行為。

員工經驗與公司既有的部門（例如人資或人力營運部門）相互重疊。在很多方面，EX是人資領域的延伸，也代表了一種透過整體經驗視角來管理勞動人力的現代方法。但EX比人力資源的管理範疇要更加廣泛。

EX更與公司組織文化的概念相互重疊，但有著重要的區別。文化是一群人有默契的信念和哲學，是大家對世界的集體看法。EX則是員工實踐公司組織文化的經歷。

歸根究底，EX是對員工能自由換工作的一種明確的認可。在一般工作場合中，大部分人基本上會被某個角色綁住，無法輕易離職，而EX的重點則是能自由選擇。換句話說，只有快樂的勞工是不夠的（例如，擁有好的薪資和福利），開明優良的組織也要能創造歸屬感，讓人們想要加入它的行列。EX的重點是創造招聘後的目標，也就是讓人擁有跟賺錢一樣強烈（或比賺錢更強烈）的工作理由。

要達成這一點，便要通盤考量以下的影響因素：

- 實體和數位空間，包括工具和設備

- 內部系統、功能、支持

- 靈活性、自主性、和透明度

- 受重視並具有主宰能力

- 工作指導與導師協助

- 個人與職涯成長

- 團隊合作與工作中的社交面向

- 工作流程

- 對品牌的熱忱

- 多元性與包容性

- 生理健康

- 情緒與心理健康

不同組織考量的點會有所差異，觀點可能會因為要突顯出當下對組織來說最重要的事而有所差異。例如，新創公司可能更注重品牌熱忱和工作流程，而大公司則更重視工作指導和職涯發展。

《The Employee Experience Advantage》的作者 Jacob Morgan 提出了一種全盤掌握 EX 的方法。他將員工經驗的關鍵面向分為三類：

文化環境

這是對員工經驗的影響最大、也是最重要的面向。包括以下因素：目標感、員工認知自己對組織的價值、多元性和包容性、公平待遇、成長和指導、健康幸福感受等。

技術環境

技術環境是員工使用的軟體和硬體。易取得性和消費等級的選項是提供優良員工經驗的重要因素，也有助於了解員工需求和商業需求。

實體環境

指的是員工工作的地點，包括辦公室、遠距、或在家工作。在考量實際工作環境時，靈活度和工作空間的多樣性是關鍵的因素。Morgan 指出，想要帶朋友來辦公室是實體環境良好的徵兆。

> " EX 是員工實踐公司組織文化的經歷。 "

重點是，EX 是多面向的，同時考慮了許多特性。EX 不止是錦上添花，更是成長的必要條件。Morgan 透過嚴謹的研究，呈現了在 EX 上投入最大的組織有以下共通點：

- 登上 Glassdoor「最佳公司」榜單的機會增加 11 倍

- 登上 LinkedIn 北美「最受歡迎雇主」列表的機會增加 4 倍以上

- 被 Fast Company 評為「最具創新力的公司」的機會增加 28 倍

- 被《富比士》評為「世界上最具創新力的公司」的機會增加 2 倍

- 出現在〈美國客戶滿意度指數〉的機會增加 2 倍

此外，Morgan 表示，「體驗型組織的平均利潤是一般組織的 4 倍以上，而平均營收則是 2 倍以上。這類組織的規模也比一般組織小了 25%，意味著它們擁有更高的生產力和創新能力。」

這樣的說法也不是新聞。早在 1998 年，作者：約瑟夫・派恩與詹姆斯・吉爾摩就表明，我們已經進入了一個被稱為「體驗經濟」的新時代。[1] 我們正在朝著網絡化企業的時代發展，在這樣的時代裡，公司傳統的階層結構將被數位平台上協作的自我管理系統所取代。

最重要的是，公司的運作方式與生產的產品一樣重要。這包括從招聘到組織結構圖，即至於協作、與組織文化等種種因素。有太多因素需要全盤思考，經驗的概念就成為一種統一的力量。換句話說，在不考量員工經驗的情況下檢視顧客經驗，其實只做了一半。

讓員工經驗看得見

關心員工經驗的組織不會只進行觀察和報告；而會希望能積極地塑造經驗。跟所有經驗一樣，我們可以將 EX 呈現為一段時間內發生的互動。從邏輯上講，EX 的圖表是促進對話與成果的關鍵第一步。

建立員工經驗圖的過程與建立顧客經驗圖的過程相同。我們可以運用顧客／使用者經驗的所有知識來理解整體員工經驗。

在決定參與經驗圖像化過程的團隊成員後，先以確認觀點、範疇、聚焦做為起頭，確定要繪製誰的員工經驗，畢竟不是每個人（例如，管理層／基層）都會擁有相同的經驗。首先，定義與問題最相關的觀點。

但是，單是定義要繪製的經驗也會很快變得複雜。例如，你應該要探索自由接案者如何融入組織，和與員工經驗相關的脈絡。雖然可能會想將外包人員排除在 EX 圖表範疇之外，但這些人還是會對正職員工的工作經驗產生影響。隨著零工經濟型態的蓬勃發展，組織聘用自由接案者的機會愈來愈高，將自由接案者與組織對焦就變得至關重要。

決定好經驗的主軸後，要決定經驗的範疇。圖 3-2 中的圖顯示了線上圖表工具 UXPressia 提供的員工經驗範例。這份圖表的形式和格式與顧客旅程圖幾乎相同。

[1] B. Joseph Pine II and James H. Gilmore, "Welcome to the Experience Economy," *Harvard Business Review* (Jul–Aug 1998).

在這個案例中，此圖的範疇很廣，涵蓋了招聘到職涯發展。這種高層次的觀點可以幫助組織優先考慮整體員工經驗中需要優先改善的方面有哪些。例如，解決招聘階段的問題，可能對後面的階段產生影響。從這張圖還可以清楚地看到，相較於其他階段而言，新進員工到職流程是一個弱點。

也可以放大和繪製其中一個區塊，例如從求職到完成試用期這樣的階段。整個旅程中的任何階段都可以進一步深探，更詳細地描繪經驗。確保資訊以合適的精細度呈現，並根據團隊最重要問題來規劃內容。

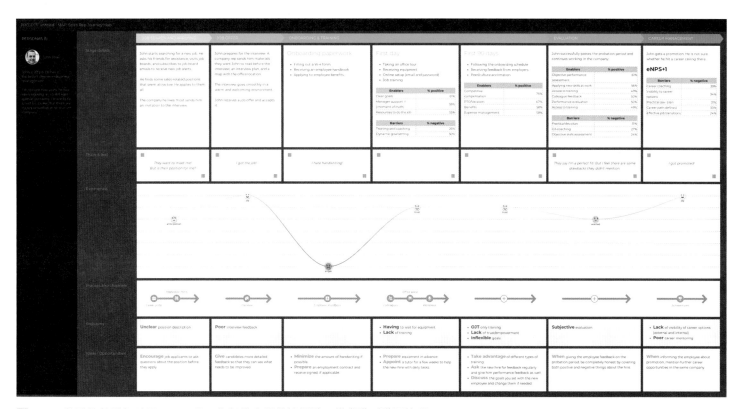

圖 3-2　整體的整體經驗圖顯示了員工與組織之間的接觸點，從求職到職涯管理。

例如，Chris McGrath 為他的數位轉型顧問公司 Tangowork 繪製了員工的一日生活圖。圖 3-3 圖表的頂部顯示了員工一天中的工作流程，中間包括員工的共同想法以及情感高低點。下方的彩色方框是解決員工痛點的具體策略。

雖然這樣的一日圖表內容只能帶來小範圍的解決方案，但是在這樣的層級進行經驗圖像化，也是創造良好員工經驗的一部分。這類精細度的內容可以延伸至員工的整體經驗。

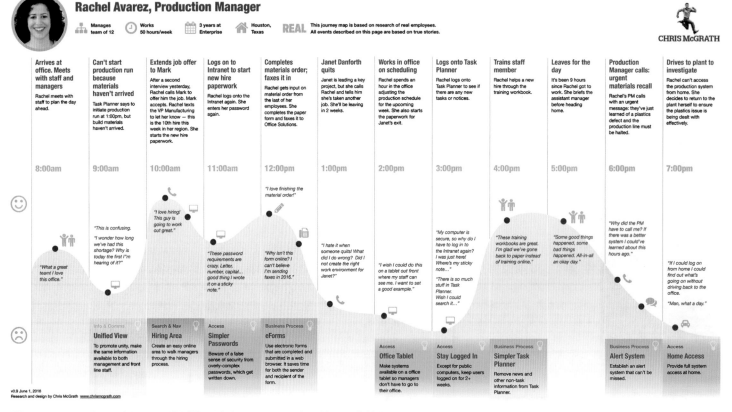

圖 3-3　EX 圖表可以採用一日生活的形式來呈現，不一定要仿照顧客旅程圖。

員工經驗 旅程圖

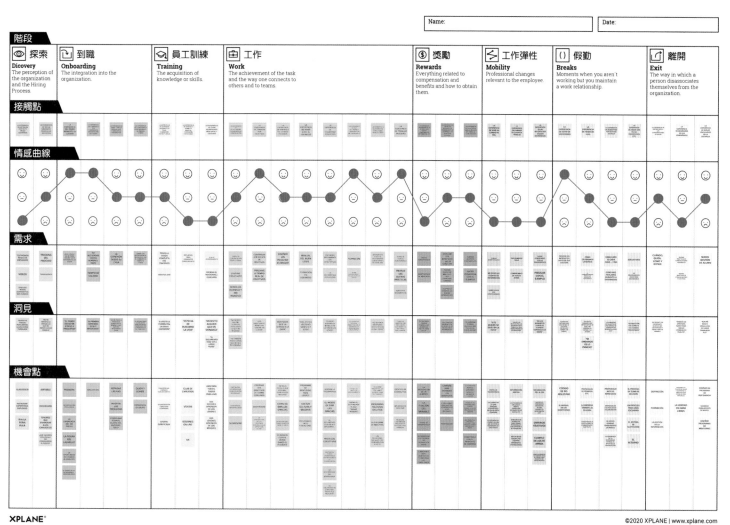

圖 3-4 以 EX 常用模板為基礎，XPLANE 的顧問運用相同的格式，一致地呈現不同的員工經驗。

亦可採用視覺商業顧問公司 XPLANE 創意總監 Rafa Vivas 的方法，如圖 3-4 所示，圖中員工經驗模板反映了常見的聘僱階段，從求職、到職開始工作、獎勵和最終離職。圖上的每一行欄位描繪了員工與內部人員、工具、和系統的接觸點、假設的情感曲線、和需求，然後才列出結論和機會點。總體而言，這張圖讓聘雇的各面向進行對焦，並提出了可行的改進建議。

在定義圖像化工作的基礎後，要使用現有和潛在員工的資料來做經驗的研究。請依照第 6 章中概述的訪查步驟進行。接著，用第 7 章提到的方式來描繪經驗。目的是講故事，以清晰易懂的方式呈現訪查中蒐集的洞見。

使 CX 與 EX 對焦協調

我喜歡將顧客與員工的關係視為單一的生態系統。現在公司如何為顧客提供價值，與產品本身一樣重要。重點是要將員工視為價值創造過程中的終點：他們的經驗與公司提供的顧客經驗同等重要。

業務代表和客服人員等前台員工可能會與顧客有直接的聯繫。但是，即使是後台員工，像是產品開發人員和人資部門，也會發揮作用：他們支援與顧客互動的人員，或透過產品服務與顧客互動。組織中的每個人，都是經驗的一部分。

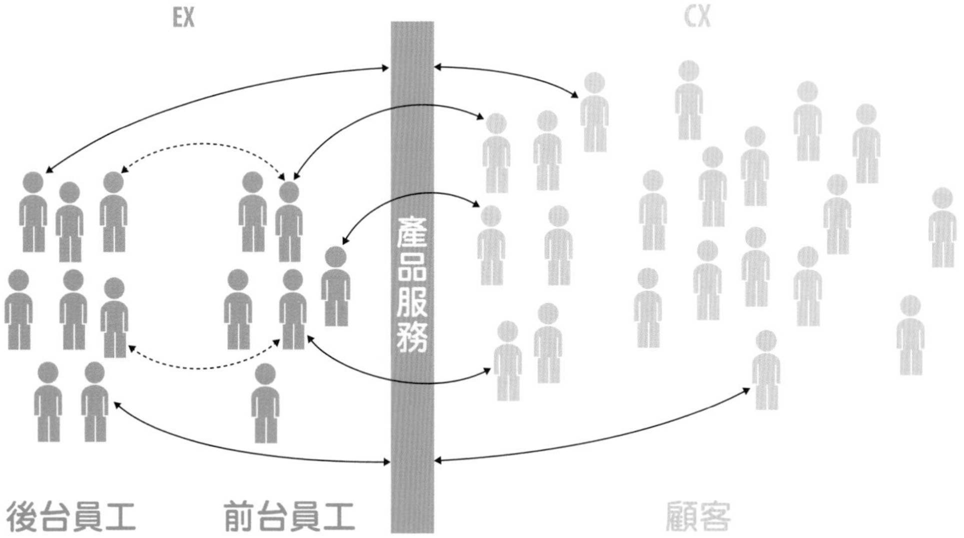

圖 3-5
將 CX 和 EX 視為單一的生態系統，顧客和員工是平等的端點，可以直接互動，也可以透過產品服務間接互動。

圖 3-5 的概念模型顯示了如何透過直接和間接的關係，將員工經驗和顧客經驗連結起來。

重點是，公司必須關注組織內部和外部，支援經驗傳遞的基礎架構開發。想要為顧客著想，必須先為員工著想。

品牌領導專家丹妮絲·李·約恩（Denise Lee Yohn）提到這種對焦方式的重要性。她指出，成為顧客導向的公司所面臨的最大挑戰就是建立一套能讓顧客導向成立的結構。李·約恩透過品牌的角度談 CX，並將 EX 與公司文化連結起來。在《Fusion》一書中，她用核融合的隱喻來傳達這個觀念：

> 兩個原子核融合時，會創造出全新的事物。同樣地，當你將組織的兩個核心融合在一起時，就能釋放強大的力量。這兩個核心是：文化，也就是組織中人們的行為模式與加諸的態度和信念（即「這裡做事的方式」），以及品牌或品牌識別，即顧客和其他利害關係人對組織的理解。

我將顧客經驗視為品牌行動，將員工經驗視為公司組織文化的行動。換句話說，若品牌代表了公司在市場中的整體姿態，那麼顧客經驗就是人們在與公司互動時，對品牌的感知。同樣的，文化是公司的態度和信念，而員工經驗則是員工在工作中，從自身角度去實踐此組織文化的經歷。

許多公司早已按照李·約恩建議的方式明確地建立了 CX 和 EX 之間的連結。例如，西南航空在一篇關於公司組織文化的部落格文章中明確指出：「快樂的員工＝快樂的顧客＝銷售／利潤成長＝快樂的股東！我們相信，如果能好好對待員工，他們就能好好對待我們的顧客，進而帶來銷售和利潤的成長，所有人皆大歡喜。」

我在 MURAL 的同仁 Seema Jain 已採取了實際步驟，以將 CX 與 EX 對焦。她的方法很簡單：將兩個圖表放到同一張圖中，達到兩張圖的視覺對焦。

圖 3-6 顯示了這個方法的基本模板。上半部粉紅色的部分是典型的顧客旅程圖。下半部藍綠色的部分，顯示了員工經驗。目的是列舉 CX 的關鍵定義要素（行動、態度、接觸點），並將這些要素與支持顧客經驗的 EX 面向（流程、團隊互動、系統、工具、以及員工的態度與感受）相互關聯。

> " 想要為顧客著想，必須先為員工著想。 "

在眾多利害相關人參與的工作坊中,她成功地引導了策略對話,討論如何調整員工的工作內容,以支持顧客經驗的預期成果。本章末尾的案例研究有更多有關此方法的資訊,以及 CX ／ EX 對焦模板的完整範例。

設計全面的員工經驗絕非易事。總體而言,許多步驟都需要投入心力和毅力。以下各節中將討論一些需考量的重要因素,包括如何建立富有共感的團隊、如何長時間管理旅程、以及如何以經驗為主軸來組織團隊。

	1 階段	2 階段	3 階段	4 階段	5
顧客行為 What are the actions taken by the customer?					
接觸點 What channels does the customer use to reach you?					
態度＋情感 What attitude or emotion does the journey evoke?	HARD Level of Effort EASY				
內部流程 What are the steps taken internally to support the customer behavior?					
團隊＋小組 What teams and groups are engaged in delivering the experience?					
系統＋工具 What systems and tools are used to deliver the experience?					
態度＋情感 What attitude or emotion does the journey evoke?	HARD Level of Effort EASY				

顧客經驗 / 員工經驗

圖 3-6　使用標準的經驗圖像化方法,可以將 CX 和 EX 在簡單的模板上進行視覺對焦。

建立富有共感的團隊

對顧客的共感是實現顧客導向的起點，但這還遠遠不夠。整個價值創造體系都必須鼓勵共感，或者具備創造理想顧客經驗的能力。

例如，對於員工從進入公司到整個職涯發展的旅程，你可以明確思考員工如何將顧客經驗內化，並有能力為此做出貢獻。嘗試以下方法，讓員工在整段工作歷程中能盡力為顧客著想：

招聘

讓應徵者在加入組織之前就對他們的未來有些了解。直接在招募內容中表明對顧客經驗的承諾，來描述欲招募的員工類型。預先說明所期望的 CX 文化，以確保找到合適的人。應徵者和你的首次聯繫（從他看到職缺說明開始）就是員工經驗的一環了，也可以引起應徵者為顧客著想的興趣。

面試

在面試中，詢問應徵者對公司 CX 的印象。例如，你可以問他們第一次與你品牌互動的經驗、會怎麼改善公司的顧客經驗等，以深入了解應徵者對 CX 的總體看法，以及他們的角色會如何帶來影響。

錄用

在錄取通知書和其他文件中將「提供優良的顧客經驗」等訊息清楚寫出來，加強公司對 CX 的立場，以及對員工的期望，並表明員工們對 CX 的責任。

到職

當新進員工到職時，儘早向他們表明，員工在公司的經驗將會讓他們有能力提供理想的顧客經驗。例如，作者史考特・貝肯（Scott Berkun）在他的《The Year Without Pants》一書中提到了在 WordPress 母公司 Automattic 工作的第一天，每位新員工都被要求回覆顧客的問題。這不僅使他們直接與顧客接觸，更接觸到提供顧客經驗的內部和外部系統。

在工作中賦能

建立讓所有員工都能了解顧客洞見的活動。例如，稅務軟體巨頭 Intuit 有一個「跟我回家」計劃，讓員工離開辦公室，到顧客實際工作的地點進行觀察。在另一個案例中，凱悅酒店集團（Hyatt Hotels）鼓勵員工在與客人對談時做自己，而非按照工作手冊中的文本進行。公司鼓勵了員工與顧客進行更真實、更同理的互動。

職涯發展與成長

以顧客經驗為基礎，來訂定組織晉升的績效標準。通常，金錢激勵像無形的樑柱般貫穿組織，由上而下潛移默化著員工的行為與行動。例如，管理層有其指引策略和行動的每季營收目標。但請思考要怎麼把以顧客經驗為中心的獎勵轉化為動能。透過績效獎金和職涯晉升，以明確獎勵員工在 CX 上所創造的進展。

實踐品牌價值

規劃讓員工能體驗品牌價值的方式，讓他們能盡量對顧客產生共感。例如，Airbnb 的價值「在任何地方，都擁有歸屬感」，就是將員工經驗與其核心品牌識別直接呼應。他們靈活的辦公空間設計，讓員工可以在不同的辦公區域移動和工作。公司也鼓勵遠距工作，間接鼓勵了員工在世界各地進行協作。具有「歸屬感」的實體和虛擬工作場域，讓員工能夠活出品牌價值，從而強化了品牌提供的顧客經驗。

當然，經驗圖像化能以不同的方式幫助你深入了解員工的經驗。以下是三種運用經驗圖像化的方法，來改善員工的整體經驗：

1. 以團隊工作坊的方式來探索員工經驗。建立圖表是設計良好員工經驗重要的第一步。但是，若要讓管理層和人力資源團隊執行圖中的洞見，便需要召集人們來共同努力。舉辦工作坊以共同回顧員工的經歷，並對後續行動方針達成共識。你可以運用第八章中提及的許多方法來規劃、進行工作坊。

2. 在新員工到職時使用經驗圖。在初步介紹公司時，與員工一同檢視現有的經驗圖。

   試著在到職流程中保留一整天或更久的時間，以聚焦於顧客和顧客經驗。使用圖表來描述顧客經驗，也可以讓新員工思考一下如何以他們的角色來帶給 CX 影響力。

> "
> 整個價值創造體系都必須鼓勵共感，
> 或者具備創造理想顧客經驗的能力。
> "

3. 定期進行經驗圖像化活動，以培育員工顧客導的心態與思維。就像我在書中提到的，重點並不是創造圖表（名詞），而是用圖表來對焦協調的過程（動詞）。讓員工定期（像是每季一次）參與建立各種圖表，一起理解顧客經驗，作為團隊活動的一環，也讓員工經驗更豐富（見圖 3-7）。

圖 3-7
定期以經驗圖像化作為團隊活動，以熱鬧有趣的 EX 來讓人們接觸顧客經驗。

以經驗為主軸的團隊組成

設計領導人 Jon Kolko 在他的文章〈Dysfunctional Products Come from Dysfunctional Organizations〉這篇文章中指出，官僚主義、穀倉效應、以及防禦性文化是產品失敗的根本原因。他表示：

> 如果組織的流程、文化、和日常經驗很混亂或分崩離析，大概就知道顧客應該也正在經歷同樣分崩離析的產品或服務。……我在許多產品和公司中都有觀察到類似現象。當然，也不是沒有例外，但總體來說，不良的產品似乎直指不良的對焦協調。

他建議進行各種活動（這些活動都可以視為員工體驗的要素），以讓團隊保持同步，例如定期的團隊建立活動、和對焦工作坊。根據 Kolko 的觀點，視覺模型（例如經驗圖）扮演著非常重要的角色。更重要的是，讓團隊一起建立理想經驗的模型，可以幫助創造顧客經驗的人相互對焦彼此的想法。

但是，只有培訓和工作坊是不夠的。人們只是在表面上建立了實驗的心態。為了達成理想的顧客經驗，內部跨組織對焦也是一個結構性問題，可能需要進行全面的變革管理。

每家有多位員工的公司都多少有各自為政的狀況。要建立旅程的思維，需要跨部門的努力。讓組織各部門對顧客旅程的各個面向有共同的了解，有助於創造好的員工經驗，進而創造好的顧客經驗。

這不只是像徵性的手法而已：與 CX 相呼應的組織結構圖，進一步鞏固了公司對顧客導向的承諾。那麼，誰負責組織的顧客經驗？歸根究柢，這是全公司的責任。名稱中有「顧客經驗」或類似字眼的團隊要能穿針引線，但不代表就沒有其他人的事。顧客經驗團隊的工作是使組織中的每個人都有能力為 CX 盡一份心。

如果能同意「顧客經驗是每個人的責任」，或者至少「每個人都會影響顧客經驗」，那麼組織運作的方式對於提供理想的成果便至關重要。舉例來說，我以前一家電商客戶曾經介紹自己是「探索組」的成員，他說，他們的工作是

幫助人們透過各種管道或媒介找到公司提供的產品，內部也有「購買組」和「顧客成功組」的團隊。換句話說，他們的組織對應了顧客的旅程，而不是以產品線或技術類型來區分部門（圖 3-8）。

顧客旅程圖為此類組織提供了基礎。旅程圖呈現一套可依循的模型，反映了個人的經驗，從而成為組織服務的藍圖。這讓大家用一種新的方式來檢視產品服務，並引導創新的發生。

此外，將員工的工作與顧客經驗對焦，也有助於引導目標設定和績效評估。例如，團隊可以運用顧客旅程的各個階段來形成每月或每季的 OKR（目標與關鍵結果），抑或在績效評估中針對特定階段訂定目標成果，像是提高知名

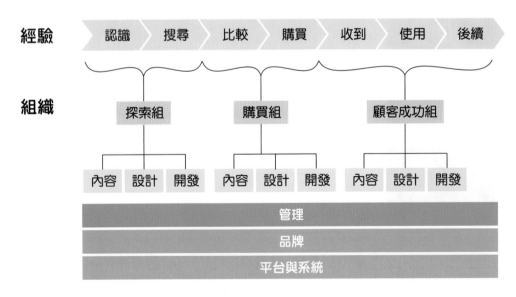

圖 3-8　以經驗為主軸的團隊組成

度、改善產品或服務的可尋性等。顧客旅程的原則可以應用至整個組織中。

如果顧客經驗對你來說很重要，那麼你就必須以有意義的方式管理才能有效提供。例如，提供退伍軍人金融服務與保險的美國金融服務公司聯合服務汽車協會（USAA）就以不同的「經驗」為主軸來管理組織。

他們不再像以前那樣專注於功能和服務（例如支票賬戶、信用卡、汽車貸款、住房貸款等），而是轉成以人為本的業務型態，由一位「每日支出」負責人，專門處理部分支票帳戶和信用卡的體驗。

在另一個案例中，我曾經服務過的一家大型出版商採用了類似的方法。他們首先在產品服務中確認了四個與顧客經驗息息相關的部門，再以此為主軸，規劃了服務團隊。即使沒有寫入高層的組織結構圖中，但仍然使跨部門團隊聚集在一起，以預期的顧客經驗進行對焦協調。經驗圖像化的結果能這類組織結構的依循，接著引發了市場的共鳴，並增強了內部協作。

以經驗為主軸來的團隊運作，能有效將顧客導向的心態深植組織。這不是一件容易的事，但是為顧客著想的公司更有機會做出改變，達到比競爭對手更優秀的表現。以經驗為基礎的組織可以創造獨特的員工經驗，使每個人都同心協力，往更佳的顧客經驗邁進。

長時間管理旅程

單靠努力是不夠的。透過更好的員工經驗來推動顧客經驗是一項持續不斷的工作，也需要進行長時間的顧客旅程管理，才能持續提供洞見，並衡量員工的努力對於顧客的影響。

本書所提倡的經驗圖像化類型基本上以團隊內部質化模式創造和啟動為主，目的是灌輸同理心，並對機會點和行動計劃達成共識。這是整體顧客經驗管理的核心步驟，但還不足以保持改善顧客經驗的動力。

主動的旅程管理有助於更全面且動態地了解經驗，並更真實地體現在員工經驗中。這麼做的目的是使用即時資料來掌握顧客旅程，並監控 CX 發生的情境。這不僅需要經驗圖像化，還需要運用儀表板等方式將指標整合進旅程中。

將即時資料整合進旅程中，以獲取對實際顧客行為的最新洞見的工具和方法有很多。目前常見的工具包括 ClickFox 的 BryterCX、Kitewheel、SuiteCX、Tandem-7、和 Touchpoint 儀表板等。

這些工具通常具備從建立旅程到長時間管理和規劃顧客經驗的一系列功能。不少工具都運用類似圖表的視覺化效果來幫助理解與分析。

例如，圖 3-9 是 Kitewheel 提供的儀表板，呈現了線上服務的路徑。旅程的關鍵指標顯示在畫面上方，並在下方顯示了網站使用者的實際路徑。

旅程管理是顧客經驗管理領域的一環，追求透過每個接觸點對互動進行可控的監測。目的是在正確的時間提供正確的經驗。這類分析有時非常複雜且細緻。

例如，Qualtrics XM 工具套件提供了即時旅程管理功能。圖 3-10 僅顯示了 XM Suite 中的一個儀表板圖，以回報實際的顧客經驗。

不意外地，人工智慧在顧客經驗管理中扮演著越來越重要的角色。最終，人工智慧能讓顧客互動有更多的個人化，但是，無論是用哪種技術，顧客經驗管理都是從對顧客旅程的深刻理解開始的，且大部分都是扎根於於研究，並以顧客旅程圖的視覺化呈現。

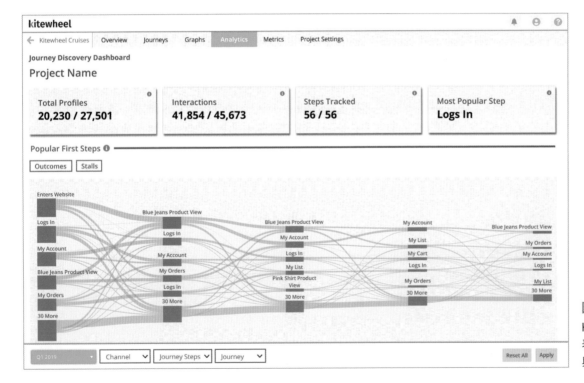

圖 3-9
Kitewheel 的顧客旅程管理儀表板範例，反映了即時資料和與顧客的互動。

請記得，要了解即時的顧客經驗，需要整個組織的投入。CX 不是一個部門的責任，持續的旅程管理能幫助打破穀倉效應。

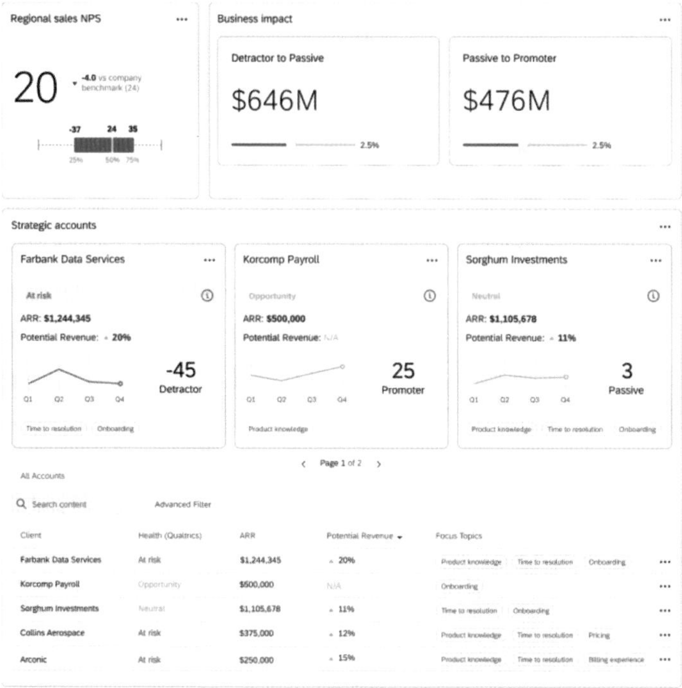

圖 3-10
Qualtrix XM 套件是功能強大的工具集，可用來即時量測顧客經驗和員工經驗。

在組織內進行旅程管理計畫的落實是一項策略性工作，需要組織內各個團隊的支持響應，也仰賴來自公司高層的承諾。大致而言，長時間監控顧客旅程有五個步驟：

1. 定義整體顧客經驗的願景。不必進行詳盡的分析，只需要先簡單定義並認定可以為公司帶來出色顧客經驗的核心主軸。

2. 按人物誌區分旅程。並非每個人與你的產品的互動都相同。新顧客與現有顧客不同；買方可能與使用者不同；合作夥伴會有與供應商不同的經驗；全職員工與外包人員不同。請先確認要追蹤的顧客類別。

3. 確認顧客經驗的關鍵指標。定義量測經驗的商業指標是滿有挑戰性的。過程中可能會同時有質化和量化資料點，需克服如何用單一指標來量測。旅程分析是一種帶來洞見和評估的方法，不僅可以幫助檢視顧客在各接觸點處的行為，也能同時檢視他們在嘗試達成目標和任務時，所採取的路徑。

4. 跨通路連結資料。為了有效落實旅程分析，你需要用一個技術平台在各通路間彙整資料。淨推薦分數（NPS）、滿意度問卷結果、顧客費力度分數（CES）和各種使用指標只是積極旅程管理的一部分。在某些情況下，可能需要引進新的資料蒐集機制，例如新的顧客問卷調查。

5. 規劃理想的顧客旅程。運用從檢視顧客旅程中獲得的洞見，來進行經驗的改善與創新。在修正和調整時，要不斷學習和精進。旅程管理是持續不懈的努力。

毫無疑問地，設計一個系統來即時追蹤現有解決方案的顧客經驗是滿困難的，過程中會遇到許多挑戰和障礙。要大規模有效執行，你需要正確的資料、正確的管理、和正確的營運模式；也需要正確的員工、和正確的員工經驗來搭配這些行動。

為了透過 EX 更有效地實現 CX，顧客經驗領導者與作者 Kerry Bodine 提倡「旅程經理」的新角色，以便長時間且積極地管理顧客經驗。[2] 她將此角色比喻為產品經理，或管理產品服務的人。在這個情況下，產品服務就是經驗。旅程經理負責將組織中不同觀點匯集在一起，幫助公司重新定位，變得更加重視顧客經驗。

旅程管理是一門科學，也是一門藝術，已被證明具有可觀的投資報酬率。CX 管理也與利潤成長息息相關。例如，在美國弗雷斯特市場研究公司（Forrester Research）的「顧客經驗指數（Customer Experience Index™）」中，前幾名的公司的股價成長和回報率，都比比排名倒數的公司來得更高。

訊息是很明確的：一家公司要想獲得競爭優勢，並實現其價值，就必須導入「旅程思維」。在旅程管理和設計上，整體思考要比各部分加起來更有意義。這種思維方式是透過與顧客經驗保持對焦的員工經驗，並長時間進行管理來驅動的。只專注於 CX，但沒有優化 EX 的規劃，等於偏離了目標。

小結

EX 的概念是員工與組織的整體關係，也就是員工們長時間以來所採取的行動、思考、和感受的總和。僅僅滿足薪水和福利的基本要求是不夠的；現在，組織更必須營造一種目標感，讓人們願意做出貢獻。

與顧客經驗一樣，可以將員工經驗圖像化，以便更加了解。EX 的視覺化可幫助組織找到關鍵的改進機會點。更重要的是，圖像化有助於公司將 CX 與 EX 保持對焦。如果公司有好好對待員工，員工就會好好對待顧客，公司就會成長。如果顧客經驗是品牌的實踐，那麼員工經驗便是公司文化的實踐。

除了用 EX 的圖像化來鼓勵熱忱的員工外，組織也可以試著以顧客經驗為主軸來組成團隊。因此，長時間管理旅程，並定期讓員工了解來自顧客的洞見，就變得勢在必行。旅程管理工具和方法有助於在整個組織中深植顧客導向的思維。

---

[2] 見 Bodine 的報告 "The State of Journey Managers, 2018," 取自 https://kerrybodine.com/product/journey-manager-report.

最重要的是，要能落實為顧客著想，就必須先為員工著想。

延伸閱讀

Denise Lee Yohn, *Fusion* (Brealey, 2018)

李‧約恩匯集了她數十年來為公司提供品牌和組織文化顧問的經驗。她提出了將兩者融合的論點，清楚地表明了 CX／EX 的對焦如何帶來競爭優勢。她的網站上（*https://deniseleeyohn.com*）有一系列實用工具，有助於評估和建立世界一流的融合型公司。

Jacob Morgan, *The Employee Experience Advantage* (Wiley, 2017)

這本書在各類關於員工經驗的書籍中脫穎而出。內容井井有條且易於閱讀，更重要的是，有深入的研究。Morgan 展示了多年來調查 EX 與利潤關係的細節發現。他也提供了建立理想員工經驗的實用技巧。

B. Joseph Pine II and James H. Gilmore, *The Experience Economy* (Harvard Business School Press, 1999)

這本具有里程碑意義的書是《哈佛商業評論》中一篇文章〈Welcome to the Experience Economy〉的延伸。從宏觀上來看，作者觀察到從早期農業經濟到工業經濟的轉變，然後從服務經濟到體驗經濟的轉變。本書內容嚴謹，也具備大量支持證據；用圖像化來了解經驗，代表了我們仍在致力實現的重要轉變的開端。

Simon David Clatworthy, *The Experience-Centric Organization* (O'Reilly, 2019)

Clatworthy 在顧客導向和經驗導向之間做了區分，認為後者較全面，並結合了內部文化。他提出了一份發展成經驗導向組織的五步驟成熟度表。本書經過謹慎的研究且內容嚴謹，但平易近人且非常實用。

案例：透過 CX 與 EX 對焦協調來發展策略

作者：Seema Jain

顧客旅程圖從第一次的接觸開始，經過購買，一直延續到與品牌的長期互動關係。但是，若僅關注顧客經驗，就錯失了一半的視野。傳統的顧客旅程圖沒有顯示的是表面下的東西，也就是創造顧客經驗所需的大量員工活動（見圖 3-11）。

對顧客和員工雙方進行評估可提供完整的全貌，這對於理解旅程的廣度和深度是很重要的。

要建立可靠而有效的旅程圖，需要顧客和跨部門團隊的參與。將身處各地的團隊和人員聚集在一起往往非常具有挑戰性，但在 2020 年間，激發了人們在數位互動巨大且身不由己的轉變，這個轉變甚至在 Covid-19 疫情發生之前就開始了。

在 MURAL，我們調整了一種方法，將顧客經驗與員工經驗明確地相互對焦，以尋找新的機會點。這個過程分為四個步驟：

1. 繪製顧客旅程圖。

透過顧客研究和調查，先繪製整段顧客旅程中每一步的行為。評估顧客的行動、關鍵互動、以及旅程帶來的態度或情感。理解，並與情感建立連結，是設計與顧客連結並產生共鳴的經驗的關鍵。

2. 繪製員工旅程圖。

透過深入了解員工的旅程來完成這份圖。我們公開了組織內部的工作模式，包括提供和支援顧客經驗的流程、系統、工具、和跨部門團隊。

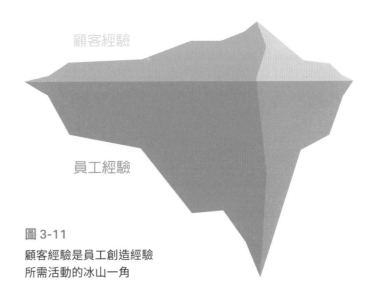

圖 3-11
顧客經驗是員工創造經驗
所需活動的冰山一角

邀請所有顧客面向的部門代表參加，可以揭露員工部門和團隊的日常實際情況。當員工感到沮喪或遇到問題時，往往容易轉嫁到顧客身上。因此，我們必須找出這些情感，以設計連結內部團隊和人員的經驗，以提高滿意度、敬業度、和忠誠度。

圖 3-12 在單張圖表中顯示了 CX 與 EX 的視覺化對焦。在這個案例中，將經驗聚焦於 MURAL 到職流程的第一部分。

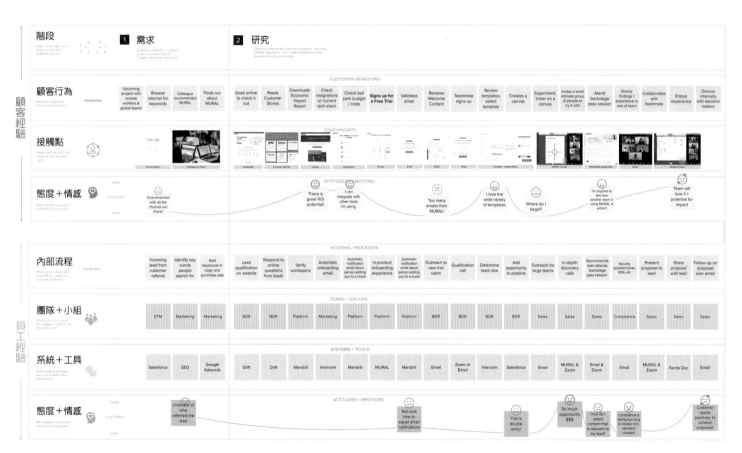

圖 3-12 在單張圖表中將 CX 與 EX 對焦，以找到同時改善兩者的機會點。

3. 評估旅程圖。

透過評估顧客和員工的情感，我們可以更容易確定關鍵時刻發生之處，也就是旅程中最重要的、會讓顧客和員工留下持久的正面或負面印象的時刻。這提供了一個解決問題的機會點，也可以利用這個機會來推動忠誠度和進行倡議。

找出關鍵時刻，讓我們有機會用「我們能怎麼（HMW）」的開頭作為探索問題，重新定義問題。HMW 問題為新點子創造了開放的空間，並鼓勵我們與他人合作找答案。這也能使我們不會太快跳到一種解決方案，關上探索和創新的大門。

4. 排列優先順序。

數位工作坊到了此時，我們通常會準備幾個 HMW 問題，作為概念發想的跳板。可以邀請參與者對最引人注目的 HMW 問題進行投票來縮小焦點，對於要從哪裡開始先達成民主的共識。

我們在與顧客的策略工作坊中使用這種方法，來定義未來幾年的合作模式。具體來說，我們找出了員工經驗中的關鍵要素，從而改善顧客經驗。

例如，在最近與一家大型人壽保險公司的工作坊上，上述四步驟的過程揭露了員工旅程中與外包客服中心相關，在

顧客旅程中造成負面的關鍵時刻的幾個問題。全面的 CX + EX 旅程圖反映了這些問題，說服管理層進行投資，讓內部同仁有能力在顧客重要的人生大事上，提供良好的支援。

通過改進 EX 並在那時使所有參與人員的操作更加簡化和令人愉悅，我們在 CX 中創造了一種提升力，最終改善了客戶保留率。

我們的顧客對這個過程表達了想法：「我都不知道內部要做這麼多事。你的方法幫助我們對困難的顧客經驗問題找到了強而有力的方向。」員工滿意度是顧客經驗的主要指標，簡單來說，如果公司員工感到開心和高度敬業，他們就能創造更好的經驗，也能讓顧客更開心。

關於作者

Seema Jain 是一位經驗豐富的設計和策略領導者，對設計思考與商業的交集充滿熱忱。她目前是 MURAL 的設計負責人，與組織一同合作，透過影響力高的數位協作解決方案，將可量測的以人為本的設計大規模擴展。Seema 是取得 LUMA Institute 和 IBM 認證的設計思考實務工作者。

圖表與圖片出處

圖 3-2：UXPressia（uxpressia.com）建立的員工經驗圖，經同意使用

圖 3-3：員工一日生活經驗圖，由 Tangowork: Consultants for Digital Transformation（tangowork. com）的 Chris McGrath 所建立，經同意使用

圖 3-4：根據 XPLANE（xplane.com）創意總監 Rafa Vivas 建立的模板所繪製的員工經驗圖，經同意使用

圖 3-6：Seema Jaim 的 CX / EX 對焦協調模板，經同意使用

圖 3-7：照片由 CareerFoundry（careerfoundry.com）共同創辦人兼執行長 Martin Ramsin 提供，經同意使用

圖 3-9：Kitewheel 螢幕截圖，取自 kitewheel.com，經同意使用

圖 3-10：Qualtrics XM 套件螢幕截圖，取自 qualtrics.com

圖 3-12：Seema Jain 和 Emilia Åström 用 MURAL 建立的 CX / EX 對焦圖表，經同意使用

「企業唯一的目的，在於創造顧客。」

—— 彼得・杜拉克（Peter Drucker）

《彼得・杜拉克的管理聖經》（1954 年）

本章內容

- 新視角

- 重新架構競爭，創造共享價值

- 重新想像價值傳遞，整併以創新

- 讓策略看得見

- 案例：找出機會點 —— 結合心智模型圖以及待辦任務

CHAPTER 4

圖像化策略洞見

幾年前,我替當時工作的公司主持了一場多天的策略工作坊,晚餐時,業務總監分享了他對這個工作坊目的的看法:「我們必須要盡力找到吸引顧客的方法。」他做了個擰毛巾的動作,「如果毛巾是乾的,就要扭得更大力。優秀的領導者知道怎麼做,好的策略能讓作法變得更簡單。」

他說得很認真,但我嚇壞了。市場並不是指把「那些人」搖到身上一毛錢都不剩吧!我認為,顧客是最寶貴的資產,而我們應該要努力從他們身上學習,這樣才能提供更好的產品與服務。

這位總監的看法是短淺的。他認為生意就是衝高業績,短期來看可能可行,但最終這樣的狹隘眼界一定會導致失敗。重視永續成功的組織應該打破這種刻板的想法。

一般公司往往不了解,當本身業績成長時,公司同時必須要拓展策略願景。我將這樣的失策稱為策略短視。這種狀況一再發生,到最後,組織會搞不清楚自己身在什麼樣的市場裡。

以柯達(Kodak)為例,這家照相軟片界的巨頭在底片市場稱霸了將近一個世紀,但是卻在 2012 年宣告破產,許多人認為柯達的失敗是因為敗在數位相機科技的崛起,但並不全然如此。事實上,柯達早在 1975 年就發明了第一台數位相機。

柯達的失敗是因為他的短視,認為自己是賣底片而不是說故事的企業。領導者擔心數位科技會吞噬利潤,更相信他們可以透過行銷及業務保護既有的事業。柯達的隕落,肇因於策略的短視,而非新科技。

成功的組織持續地創新並拓展他們的視野。收入增加並不足夠,技術研發也不夠,組織必須要質疑自己創造的價值才能真正成長。

經驗的圖表提供了一種往往在制定策略時被忽略的洞見:也就是顧客的角度。

本章將呈現經驗圖像化如何填補這些被忽略的策略洞見，並且最終成為一副矯正策略短視的眼鏡。那是我與業務總監的工作坊重點，一起開始克服策略短視。

本章涵蓋一些附加方法的討論，這些方法將經驗圖像化延伸，讓策略更清楚地被看見。到了本章末尾，你將會了解圖表能如何幫助拓展視野。

新視角

在過去的這幾十年中，商業的脈絡改變了許多。消費者有了真正的力量：他們可以獲得價格、產品的資訊，以及來自世界各地的各種選擇。不計一切手段榨乾市場這樣的傳統銷售手法已經不再適用於永續成長了。

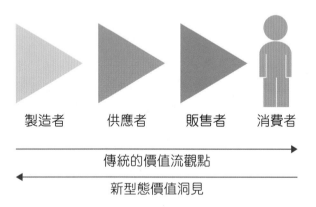

製造者　　供應者　　販售者　　消費者

傳統的價值流觀點

新型態價值洞見

圖 4-1　從消費者的角度理解價值，翻轉了洞見流

現在，組織必須要逆向思考。知名的商業領導人 Ram Charan 就是其中一位力推公司扭轉傳統銷售觀點的專家，在他的《搶到訂單的情報術》一書中，說明了一段與傳統模式相反的價值洞見流（圖 4-1）。

使用者洞見不是累贅，而是策略性的機會點。目的並不在推，而在拉。你不是在賣產品，而是在買顧客。

這個想法恰好與典型的策略決策相反，但這並不是新概念。早在 1960 年時，知名的哈佛商業學院教授李維特（Theodore Levitt）就討論過聚焦於人們需求為首要之務的重要性，在他最著名的一篇文章〈行銷短視症〉[1] 中寫道：

> 一個產業始於顧客和顧客的需求，不是始於一項專利、一種原料，或是一個銷售技巧。了解顧客的需求後，產業應該先確認什麼能讓顧客感到滿意，接著，再回頭創造可以滿足這個狀態的事物。

---

[1] 本章許多主題和概念，包括「策略短視」等詞都是直接出自李維特著名的文章。這篇文章至今仍非常實用，也相當推薦。

李維特最喜歡舉的例子之一就是美國鐵路業的失敗。在二十世紀初期的榮景，鐵路相當具有利潤且吸引了許多華爾街的投資者。沒有人能想像幾十年後竟變得如此慘淡。

但是鐵路在世紀之中並沒有因為來自汽車、卡車、飛機，甚至是電話等科技的競爭而停止成長過。鐵路業停止成長的原因是他們讓競爭對手搶走了顧客。他們把重點放在產品上，導致策略短視：將自己視為鐵路事業，而不是運輸事業。

雖然不是萬靈丹，但經驗的對焦協調還是可以提供深入的洞見，幫助我們拓展策略的視野。舉例來說，IDEO 執行長提姆·布朗（Tim Brown）在《設計思考改造世界》一書中描述了與美國國鐵（Amtrak）的合作，IDEO 負責重新設計 Acela 車款的座位，目的是要創造更理想的旅程經驗。

團隊並非一頭鑽進座位的設計，而是先繪製出了一張整體的搭火車旅程，找出這段經驗的十二個步驟。這項發現讓他們對於施力點及如何改善旅途經驗有了不一樣的結論。Brown 寫道：

其中讓我們最驚訝的是，顧客一直要到步驟八才會坐到座位上。換句話說，這趟火車之旅大部分都和火車本身無關。專案團隊於是提出建議：之前的每個步驟都是創造正面互動的機會，如果美國國鐵只把焦點放在座位的設計，就會白白錯失這些機會。

對焦協調圖表是一種能夠找出這些新機會點的工具，利用視覺圖像呈現人與組織的產品或服務互動獲得的經驗。

參考本書前半段 Chris Risdon 所繪製的歐洲鐵路圖，圖的底部所強調的機會點（見第一章，圖 1-5）。這些資訊提供了戰略上的解決方案建議，但是它其實更能指出更大的策略問題。公司是否該成為旅遊資訊的提供者呢？是否要和零售業及電商夥伴進行整合呢？要如何重新設計支援服務或是票務經驗？這些策略洞見都和實際火車旅行經驗息息相關，並能在圖表中呈現出來。

因此，對焦圖表讓我們用新視角來檢視市場、組織，以及策略：由外而內，而不是由內而外。理論上來說，圖表在服務提供的初始階段最為有效（圖 4-2）。

> "
> 成功的組織持續地創新並拓展他們的視野。
> 他們透過質疑自己創造的價值而成長。
> "

我相信經驗圖像化的過程能夠幫助矯正策略短視，在我的經驗裡，最終的圖表總能用比既有商業思維更廣的視野來檢視顧客需求。

但是拓展策略視野是需要改變的，整個組織都必須要換一個新的心態。具體來說，包含三個關鍵面向：

- 重新定義競爭
- 創造共享價值
- 重新想像價值傳遞

接下來的段落會描述這些面向，以及經驗圖像化方法能在每個面向中扮演的角色。

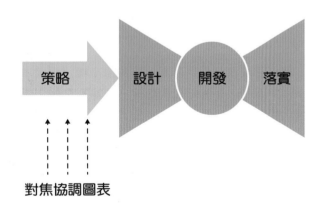

圖 4-2
對焦協調圖表能提供由外而內的洞見，最好是僅早建立，以提供策略決策參考

重新定義競爭

傳統上，企業通常將顧客以人口統計或是心理屬性（年齡、收入、種族、婚姻狀態等）來分類，或是檢視購買行為、大小規模。

這樣的做法讓管理者創造出並不符合真實顧客需求及動機的顧客類別。人們並不是按照他們的年紀或是收入來購買產品。典型一體適用的做法註定會失敗，也讓管理者任意重新設定這些分類。

另一個模式則從顧客角度來看市場。簡單地說，人們購買產品是為了幫助他們完成一件事情，顧客要的結果才是有意義的市場區隔面向，而不是顧客本身（圖 4-3）。

回顧李維特、克雷頓‧克里斯汀生（Clayton Christensen）與共同作者史考特‧庫克（Scott Cook）、泰迪‧霍爾（Taddy Hall）都曾指出傳統市場區隔的失利。他們在〈不當的行銷實務〉一文中寫道：

> 管理人把從商學院裡學到這些主流的市場區隔方法運用在優秀公司的行銷部門，其實就是新產品創新變得像賭博一般的主要原因，因為成功的機率實在是小到可怕。

市場區隔及新產品創新的思考有比較好的方式。從顧客觀點出發的市場架構其實很簡單：人們只是想完成一些事情，如李維特所說的，當人們發現他們需要完成一件事的時候，就會僱用一項產品來讓幫助他們完成這件事。

轉換市場區隔的觀點就能重新架構競爭力。決定使用者心中的競爭勝負是他們想完成的那件事，不是產業分析師所定義的產業或是類別。你並不是在跟同一個領域裡的產品及服務競爭，而是與使用者心中最能幫他們把事情完成的任何一位競爭者比較。

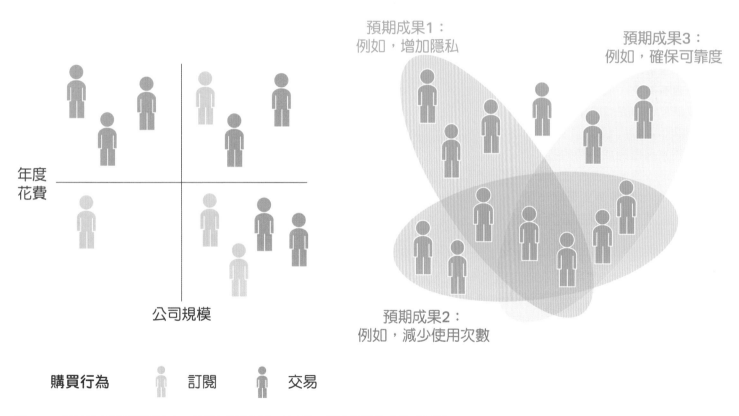

圖 4-3　傳統的市場區隔關注人口統計和行為面向（左圖），而非預期的成果（右圖）

舉例來說，稅務軟體大廠財捷（Intuit）的創辦人史考特‧庫克（Scott Cook）曾經說過：

> （稅務軟體中）最大的競爭者…不是這個產業，而是鉛筆。鉛筆是最厲害且最有彈性的取代品，但是整個產業都忽略了這點 [2]。

試想一下：當你在準備報稅的時候，簡單且快速的在紙上計算是非常自然且很難再有什麼進步的方式。庫克知道他的軟體不僅要能比其他財務軟體更好，還必須要像鉛筆一樣簡單且有效率，這樣看來，稅務軟體其實要和鉛筆及任何可以讓這件事完成的東西競爭。

圖表能用來追蹤完成事情的各種方式。舉例來說，圖 4-4 是一張澳洲大律師的工作流程細節，這是我在法務資訊公司 LexisNexis 任職時主導的一項研究專案，在圖表最下排顯示出我們如何呈現在工作流程中各種完成事情的作法（灰色部分）。

在整理出整段經驗的競爭者解決方案後，我發現大律師們在使用旗艦資料庫之外，也同樣會透過圖書館或是免費的網路資源來完成他們法務資訊蒐集，這對於利害關係人來說，真是大開眼界。這些圖表清楚地呈現出我們的產品要如何、在何處與不同的服務競爭。

商業領導人莉塔‧岡瑟‧麥奎斯（Rita Gunther McGrath）認為市場應被視為一座競技場，競技場的特色就是人們的經驗及他們與服務提供者之間的連結。她在她的暢銷書《動態競爭優勢時代》中寫道：

> 主導這些類別的極可能就是顧客的追求的成果（「待辦任務」），以及達成這些成果的各種方式。這是相當重要的，因為對於一個既定優勢來說，大多數的實質威脅往往源於周遭或是最不顯眼的地方。

呈現經驗的圖表挑戰你對實際競爭者的假設。圖表反映出人的需求，並揭露與之息息相關的各種經驗。這讓你能以顧客的角度，而不是以綜觀的市場區隔及傳統產業分類來觀察市場。

" 使用者洞見不是累贅，而是一個策略性的機會點。 "

---

[2] 引述自 Scott Berkun 的著作《創新的神話》

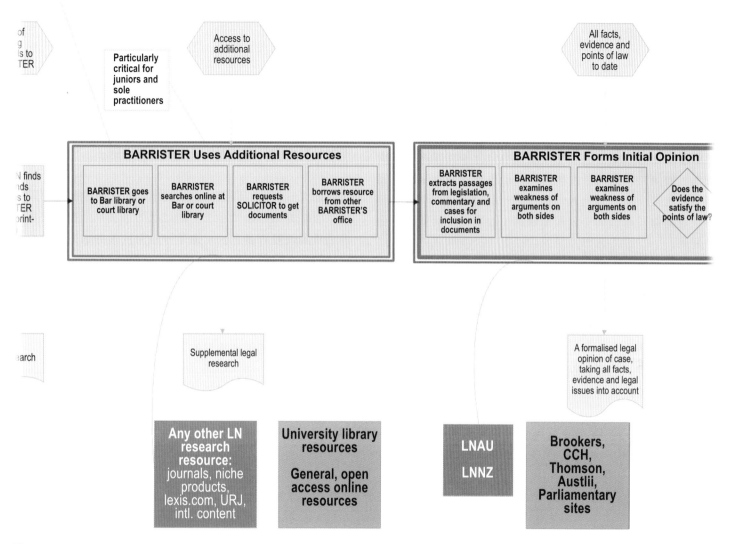

Particularly
critical for
juniors and
sole
practitioners

Access to
additional
resources

All facts,
evidence and
points of law
to date

BARRISTER Uses Additional Resources

BARRISTER goes
to Bar library or
court library

BARRISTER
searches online at
Bar or court
library

BARRISTER
requests
SOLICITOR to get
documents

BARRISTER
borrows resource
from other
BARRISTER'S
office

BARRISTER Forms Initial Opinion

BARRISTER
extracts passages
from legislation,
commentary and
cases for
inclusion in
documents

BARRISTER
examines
weakness of
arguments on
both sides

BARRISTER
examines
weakness of
arguments on
both sides

Does the
evidence
satisfy the
points of law?

Supplemental legal
research

A formalised legal
opinion of case,
taking all facts,
evidence and legal
issues into account

**Any other LN
research
resource:**
journals, niche
products,
lexis.com, URJ,
intl. content

**University library
resources**

**General, open
access online
resources**

LNAU

LNNZ

**Brookers,
CCH,
Thomson,
Austlii,
Parliamentary
sites**

圖 4-4　圖表呈現出一位大律師的部分工作流程。底部的元素為組織的解決方案（橘色）和競爭者的解決方案（灰色）

創造共享價值

二次大戰之後，美國的企業在策略上進行了先保留再投資的手段，將收入放回公司，嘉惠員工以讓公司更具競爭力。

這個手法在 1970 年代為縮減規模及分配模式開路，減少支出，並讓財務回收最大化，尤其是對於持股人來說，變得相當重要。當時廣為人們接受的一項財經政策信條就是利潤是有益於社會的：公司愈賺錢，大家的生活就能過得愈好。

但這項政策其實並沒有讓美國變得更富裕 [3]，整體而言，日子並沒有更好，自從 70 年代起，美國的勞工就一直做得比賺得還多。同時，持股人持有股票的價值上昇且執行長的薪水大幅的提升，這樣的狀況造成民眾對企業的信賴降到了有史以來的最低點，愈發地將社會、環境及經濟的問題都歸咎於企業。

好消息是，這項平衡慢慢地在轉移，從股東價值轉移到共享價值。例如，由美國大公司執行長組成的商業圓桌會議（Business Roundtable）在 2019 年發布了一則新聲明，其目的是使一家公司不再僅僅從服務股東的角度出發。該聲明由近 200 位執行長簽署，承諾公司將替所有「利害關係人」服務一包括顧客、員工、供應商、和社區。[4]

在策略專家麥可・波特（Michael Porter）一篇著名的文章〈創造共享價值〉中指出商業的一個臨界點：公司再也不能只靠他們所服務的市場之價值來營運了。他提到：

> 很大一部分的問題出自公司本身，因為他們仍舊陷在過時的價值創造手法，而這樣的手法早就在過去數十年間改變許多。公司還是一直用狹義的眼光看待價值創造，只顧著提升短期財務表現，卻忽略了最重要的顧客需求，也無視於能讓公司長治久安的影響。

共享價值將營收與創造社會效益直接連結，進而為組織帶來競爭優勢，是創造雙贏的方法。

價值共享超越了社會責任，觸碰到組織策略的核心，目的是使顧客與公司的每一次互動都為社會創造價值。以下為策略性思考價值共享的三種方式：

---

[3] 欲了解更多關於股東價值最大化對社會的不利影響，請見 William Lazonick 的重要文章〈Profits Without Prosperity〉，哈佛商業評論（Sep 2014）

[4] 商業圓桌會議承諾，見 https://opportunity.businessroun- dtable.org/ourcommitment.

重新思考你的產品服務

舉例來說，Skype 發展了「Skype in the Classroom」的新計劃，讓老師們可以和世界各地其他的講師一起合作，為學生們設計不同的學習經驗。換句話說，Skype不只是視訊會議公司，他們也提供教育合作的機會。

創新產品及服務的生產方式

舉例來說，洲際飯店集團（IHG）在 2009 年提出綠色環保計劃（GreenEngage），宣告了公司對環境保護的理念。至今，他們已達將近百分之二十五的節能，也因此在顧客眼中建立不同的形象區隔，換句話說，洲際飯店不只是提供飯店房間，他們也在打造環保意識的社群。

以新的方式與他人合作

以雀巢（Nestlé）為例，他們與印度的酪農密切合作，投資技術以建立具競爭力的牛奶供應系統。這同時因健康照護的改善而產生了社會利益，換句話說，Nestlé 不只是生產食品，他們也是營養品企業。

價值共享的概念意味著組織必須要考量多個面向來設定他們的價值定位。其中最主要的就是對人們需求的深度了解，舉例來說，波特在一個訪談中建議：

> 你要了解你的產品是什麼，以及你的價值鏈是什麼。試著了解在哪邊會觸及重要的社會需求及問題。如果在金融服務業，可以想想「存錢」或「買房子」，但要以真正對消費者有用的方式來思考。

參考圖 4-5，這是一張由挪威的數位產品策略師 Sofia Hussain 所繪製買房子的圖表。在圖中內圈可以看到一個虛構的房屋仲介公司所提供的服務，以「內部活動」標示。使用者的活動（外部活動）列在較大的圓圈裡，同時也包括接觸點種類，以小圖示呈現。

在她的文章〈Designing Digital Strategies, Part 2〉中，Hussain 建議提出一個策略性的情境：他們希望透過滿足更多顧客的需求來拓展業務，這樣的目的是在從單純地買一棟房子、搬家，轉移到幫助人們搬進新家。這張圖可以用來說明業務拓展的內容如何以顧客的角度出發，融入他們的整體經驗中。

> " 我們正在見證從股東價值轉向共享價值的改變。 "

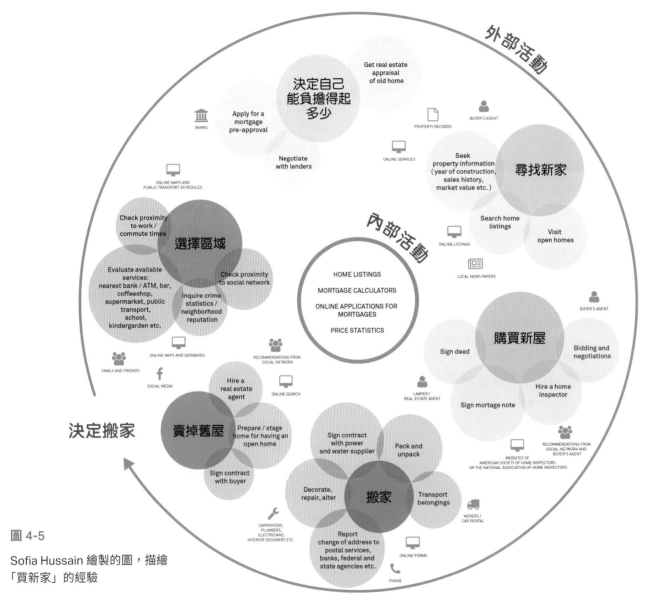

圖 4-5

Sofia Hussain 繪製的圖，描繪
「買新家」的經驗

然而，共享價值比進入競爭產業或服務的提升來的更深遠，公司必須要思考如何能同時創造社會利益。

舉例來說，公司可以提倡更健康的生活方式，像是在出售房屋清單裡加入鄰近走路可到達的區域，在圖 4-5 中可以看到，在選擇鄰近區域和尋找新家這類互動時，提供步行資訊是有必要的。走路省下來的費用也可以包含在最後能負擔的金額中，也許系統可以顯示出走路能省下多少油錢、或完全不開車的費用。

心中有了共享價值這樣的想法，公司的策略遠景便可以更廣：這不只是買房子或是搬新家而已，這是在買房子的同時，創造更健康、更環保的生活方式。

圖表幫助我們把互動和顧客需求完整想過一遍，回顧波特所說的，要用真正對顧客有用的方式來思考服務或產品。想要找到共享的企業價值，端賴對整體經驗的檢視，而經驗的對焦能幫助我們找到幾會點。

重新想像價值傳達

當電腦晶片愈來愈小，愈來愈多的日常用品也能透過植入晶片來提升處理效能，只要是能夠放入微控制器，實體產品就能夠連接到網路，這就所謂的物聯網（IoT），智慧型、互聯的裝置擴大了價值傳遞的可能性。

例如，Google 的 Nest 生態系統是當今規模最大的智慧家庭服務之一（圖 4-6），它可以連結音響、自動調溫器、煙霧探測器、路由器、電鈴、攝影鏡頭和門鎖。

在這樣的環境下，任何一個組件的設計都變得更具挑戰性。還必須考慮對更整個系統的明確認識。不僅要能從裝置和連結的角度理解，更要讓使用的經驗看得見，才能對生態系統有深入的掌握。

隨著實體和數位解決方案設計之間的界限越來越模糊，對服務如何滿足個人需求的理解變得越來越必要。從單一產

自動調溫器　　**攝影鏡頭**　　**電鈴**　　**警報系統**　　**門鎖**　　**煙霧探測器**

圖 4-6　Google Nest 的互聯裝置生態系統包括多種選項，可以以多種方式組合和使用。

品到互聯的解決方案，再到整個生態系統的解決方案，都在不斷發展。因此，組織所傳遞的一部分價值，在於他們如何把自身的產品服務與其他服務整合（圖 4-7）。

舉例來說，巴賽隆納的歐洲設計顧問公司 Claro Partners 開發了一個很直接的方法，用來將許多物聯網系統中的元素在圖表中展現。他們做了一套卡片，內容包括一般常見的元素。團隊填好卡片，然後再將卡片排列到生態系統的圖表中。

圖 4-8 是一張 Nike FuelBand 智慧手環生態圖的例子，其揭露了經驗中重要的相互依賴關係，像是與 FuelBand 使用者的關係，以及與實體裝置、軟體及資料服務的連結。

物聯網不只是讓新產品的理解與設計變得更難，而是從根本上改變了策略。你的服務已經不可避免地成為服務系統中的一部分，創造及傳遞價值到系統裡是不容忽視的。圖表能幫助你了解複雜度及其中的相互依賴關係。

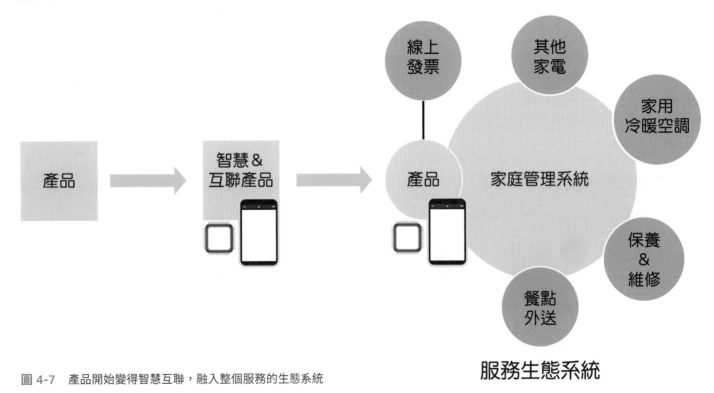

圖 4-7 產品開始變得智慧互聯，融入整個服務的生態系統

服務生態系統

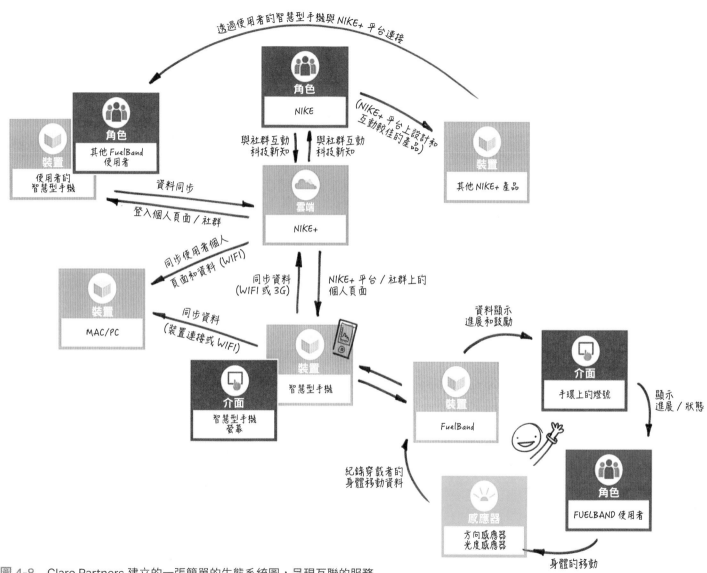

圖 4-8　Claro Partners 建立的一張簡單的生態系統圖，呈現互聯的服務

讓策略看得見

策略通常是由一群組織中的高階人員關起門來決定的。主管們接著將這個策略轉達給其他組織內的員工，一般是用 PowerPoint 簡報來呈現，並認為大家一定「有懂」，也能神奇地將策略整合到他們的工作裡。

但若接下來事情走偏，這批主管們就會把錯歸咎於執行不良，他們忽略了策略及策略的執行是息息相關的：高明的策略如果不能被執行，那也不算是高明。

不良的溝通只是問題的一部分，策略是如何形成的也相當重要，這個過程必須要能夠克服橫跨整個組織理解上的鴻溝，否則想要實現策略是完全不可能的。

商業顧問暨作者妮洛弗‧麥錢特（Nilofer Merchant）觀察到許多組織中高階及基層的不連結。她在《The New How》一書中將這樣的情況稱為空氣三明治（Air Sandwich）。麥錢特這麼說：

> 空氣三明治指的是上層有著清晰的願景及未來方向的策略，每日的行動在下層，然而中間卻完全沒有東西：沒有像肉一般厚厚的關鍵決策來連結上下兩層，缺乏豐富美味的內餡來協調整合公司內部的新方向及新行動。

要避免空氣三明治，公司應該要將策略的形成視為一個向內推動的過程，但是傳統的策略擬定工具只會把整個情況弄得更混亂。文字很抽象，且每個人解讀不同，文件更是令人困惑。電子郵件及溝通對必須執行策略的人來說是很不清楚的說明方式。

這時，圖表就是解藥，能將策略展開，讓組織中更多的人一同參與並且讓大家都能理解。

下一段會描述幾種可以搭配協調圖表的工具，這些工具都是在試圖將策略視覺化，包括策略地圖、策略畫布、策略藍圖、商業模式圖、和價值主張圖。經驗圖表可以和這些工具搭配使用，提供顧客面向的參考。

策略地圖

策略地圖將整個組織的策略在一張紙上呈現出來。此工具是由商業顧問大師羅伯特‧柯普朗（Robert Kaplan）及大衛‧諾頓（David Norton）在他們的《策略地圖》一書中推廣普及。這套方法是他們數年來擔任外部公司顧問經驗累積，也是他們早期架構平衡的計分卡（balanced scorecard）的一部分。

圖 4-9 是一張基本的策略地圖的範例，每一排代表四個策略視角其中之一的目標。

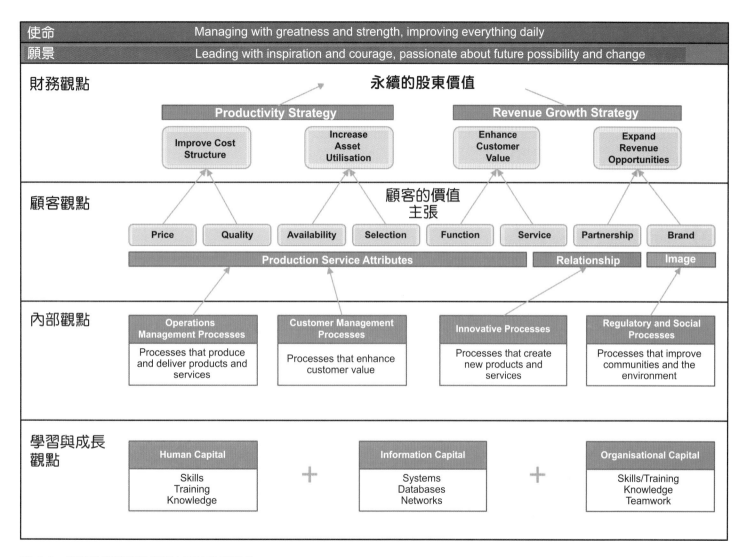

圖 4-9　策略地圖呈現出目標之間的從屬關係

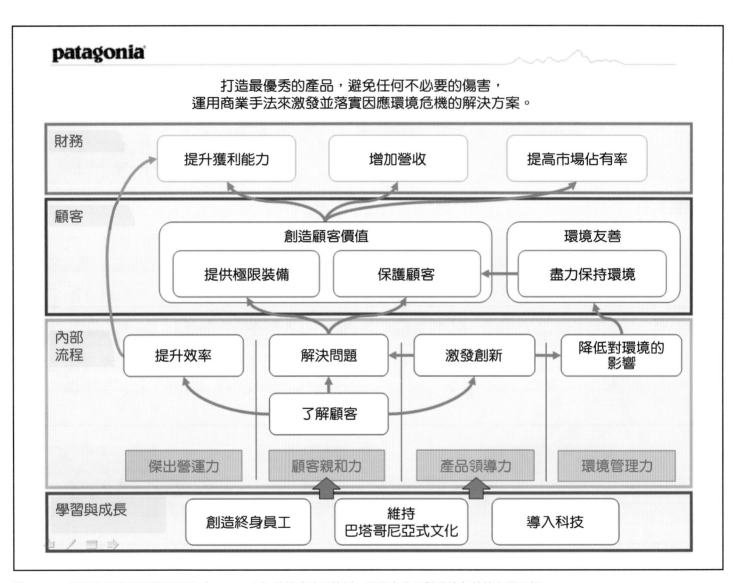

圖 4-10 運動用品公司巴塔哥尼亞（patagonia）的策略地圖範例，呈現出公司對環境友善的主要目標

員工學習及成長

    這個視角勾勒出組織傳遞價值所需要的知識、技巧及系統。

內部流程

    這個階段的目標反映出組織整體的能力及效率。

顧客

    這個視角代表著價值定位,在此,對焦協調圖表揭露出顧客實際認定的價值所在。

財務

    這是高層次的目標,著重組織以財務所得形式獲取的價值。

所建立的地圖不只是一張目標清單而已。這張地圖連結了所有的目標並展示因果關係,從這個觀點來看,策略就是一系列「假如—則是陳述(IF-THEN – Statements)」,如柯普朗及諾頓所言。

以 PureStone Partners 的商業顧問麥可‧恩斯利(Michael Ensley)所繪製的巴塔哥尼亞公司(Patagonia)策略地圖為例(圖 4-10),在圖表中可見,環境友善是公司主要的策略目標,在這裡彰顯出來,能讓組織裡所有的人都能看見。

這張圖的主軸展現出巴塔哥尼亞如何為顧客創造價值。圖表的內容指出了一個關鍵的內部流程在於解決他們(顧客)的問題,這也連結到兩個面向:提供極限的裝備,以及保護我們的客戶。對焦協調圖表強化了欲解決問題所需要的對話。

策略地圖提供組織對環環相扣策略選擇的一套平衡的觀點,描述出目的的關聯性,並讓其他人能夠知道自己的所作所為應如何融入到整個策略中。

策略畫布

策略畫布是一套可以同時用來診斷現有策略及建立新策略的視覺工具,由金偉燦(W. Chan Kim)與芮妮‧莫伯尼(Renée Mauborgne)在 2000 年提出,並出現在他們轟動一時的著作《藍海策略》中。圖 4-11 是西南航空的策略畫布範例。

> **"**
> 圖表能將策略展開,讓組織中更多的人一同參與,
> 並且讓大家都能理解。
> **"**

底部列出的是主要的競爭因素，這些就是帶給顧客的價值，以及公司之間彼此競爭的面向。垂直軸顯示每個因素相對的表現，由低至高。這樣的排列可以展現出幾個組織所創造的價值如何彼此相互比較。

一份策略畫布反映出藍海策略方法的關鍵變化。金與莫伯尼提到，紅海代表特定領域內現有產業間的激烈競爭，當空間越來越擁擠，每間公司的市場佔有率相對就會縮小，海便因廝殺而變得血紅。

藍海代表無競爭的市場空間，需求是被創造而非爭奪。他們的建議很清楚：不要直接與對手競爭，而是讓他們變得毫無用武之地。

這樣一來，就要做出困難的取捨，西南航空選擇不去和傳統的航空服務因素競爭，他們把重點放在讓小機場的班次頻繁，因此，西南航空變得與汽車運輸競爭：本來在兩個城市之間開車往返的顧客，現在可能會考慮搭乘西南航空。

建立策略畫布的流程步驟如下：

1. 決定價值創造的因素。想出一堆因素也許很簡單，但是關鍵在於把重點放在最重要的幾個上，這時對焦協調圖表就能夠發揮效用，幫助你找到這些因素，看到組織中有哪些問題，以及組織如何看待價值。

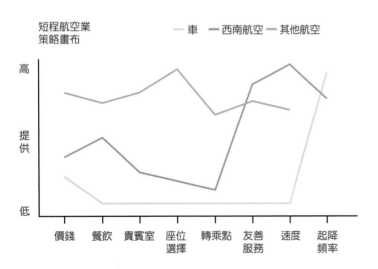

圖 4-11　西南航空策略畫布範例展示競爭差異

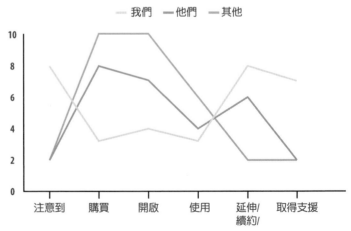

圖 4-12　以經驗為基礎的策略畫布範例，比較出不同的經驗類型

2. 決定競爭者類型。訣竅在於選擇一組數量有限的代表性競爭對手，三組就滿理想的。涵蓋超過四組競爭對手會大大降低圖表的影響力。

3. 將每一項因素的表現給予評分。一般來說，這是粗估的低至高相對值，但也可以透過問卷獲得有證據的評分。

另一個取得價值創造因素的方法就是將重點放在一個人擁有的經驗類別。舉例來說，我們可以從顧客旅程圖找出許多互動的階段（例如注意到、購買、開啟服務、使用服務、延伸及續約、取得支援等）。每一階段的服務都能與競爭對手進行比較（見圖 4-12）。

這個方法可能沒辦法幫你找到藍海，但是它提供了相當寶貴的洞見，並且提供一個以經驗為基礎的策略全貌。

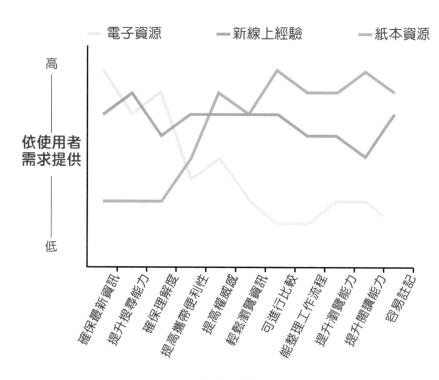

使用者需求

我們也可以使用策略畫布來比較特定解決方案的功能。例如，在以前與內容提供者進行專案時，團隊想了解為什麼人們偏愛紙本資源而不是數位資源。在訪談了數十位顧客之後，我們發現了一組反映差異的需求。

在圖 4-13 的圖表上，我們比較了不同解決方案對於每種需求的滿足程度。接著，我們假設要使人們願意使用新的線上內容解決方案，要做到什麼（在圖中被標示為「新的線上經驗」）。

透過這種視覺化圖表，團隊很清楚地知道要聚焦在哪些地方。人們需要有辦法在文件上註釋和比較來源，並且需要導航方面的協助，還要比既有線上服務的導航更好。

圖 4-13　圖表能以需求為基礎來比較優勢

策略藍圖

策略是很難被定義清楚的。從一方面來說，分析又讓它變得令人困惑。這包括從市場大小到技術評估，及至財務預估的一切。結果也常是一疊報告。

另一方面來說，策略往往與計畫合而為一。你可能在組織中見證過每年的年度策略會議，主管們聚在一起花幾天的時間擬定下個年度的計畫。各項策略從詳盡的藍圖和財務計劃神秘地長出來，但很快就變得過時不堪用了。

即使策略擬定的過程中資料蒐集和解讀是必要的，分析及計畫也不是策略的核心。策略不是分析來的，也就是說，答案並不會神奇地從資料中產出，詳盡的藍圖也無法提供執行某些事的理由，但策略可以（見圖 4-14）。

策略是想出一個方法，讓你能克服所有挑戰以達到預期的定位，是一場創意的投入，而不是單靠著分析及計劃就能達到。策略是將分析及計畫相連的邏輯，終究還是端看組織如何進行長時間合理的行動及決策。

我發展出策略藍圖，這套工具將策略為中心的策略原理用圖像化的方式呈現。[5] 畫布的形式，讓策略元素之間的關係清楚可見。

圖 4-15 為一個完整的策略藍圖範例，這個案例中呈現了是一家科學期刊、書籍及資訊出版公司（化名為 Einstein Media Company）的策略，這家公司是該產業近百年的領導者，在全球的科學界亦享有盛名。

策略藍圖中的元素是根據這個領域的研究而來，首先，它借用亨利·明茲伯格（Henry Mintzberg）在 1987 年 [6]《策略巡禮》中提出的 5P 策略，同時結合羅傑·馬丁（Roger Martin）與賴夫利（A.G. Lafley）《贏家策略》中的五個策略問題。（這兩本書都相當推薦。）

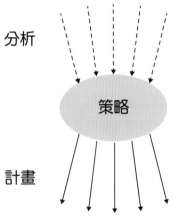

圖 4-14
策略提供分析及計畫之間的邏輯

---

[5] 你可以在我的部落格下載這份策略藍圖的 PDF 檔：
https://experiencinginformation.wordpress.com/2015/10/12/strategy-blueprint/.

[6] Henry Mintzberg, "The Strategy Concept I: Five Ps for Strategy," California Management Review (Fall 1987).

策略藍圖

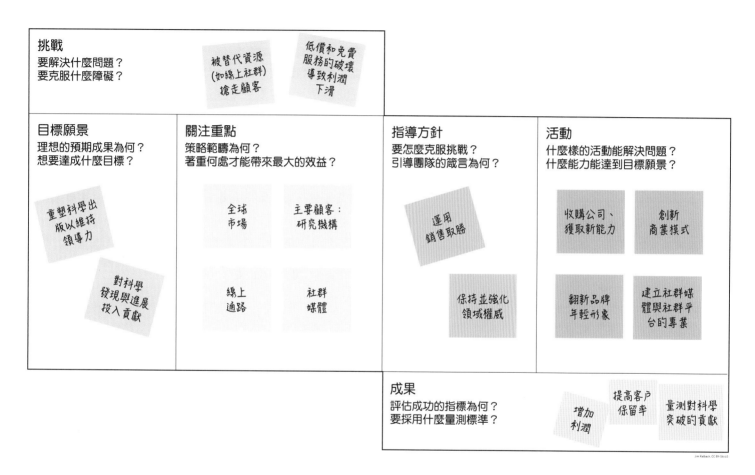

挑戰
要解決什麼問題？
要克服什麼障礙？

被替代資源（如線上社群）搶走顧客

低價和免費服務的破壞導致利潤下滑

目標願景
理想的預期成果為何？
想要達成什麼目標？

重塑科學出版以維持領導力

對科學發現與進展投入貢獻

關注重點
策略範疇為何？
著重何處才能帶來最大的效益？

全球市場

主要顧客：研究機構

線上通路

社群媒體

指導方針
要怎麼克服挑戰？
引導團隊的箴言為何？

運用銷售取勝

保持並強化領域權威

活動
什麼樣的活動能解決問題？
什麼能力能達到目標願景？

收購公司、獲取新能力

創新商業模式

翻新品牌年輕形象

建立社群媒體與社群平台的專業

成果
評估成功的指標為何？
要採用什麼量測標準？

增加利潤

提高客戶保留率

量測對科學突破的貢獻

圖 4-15　策略藍圖揭露出策略的關鍵邏輯，此案例為化名 Einstein Media Company 公司的策略藍圖

表 4-1 歸納並比較這兩種現有的架構。最後一欄揭露了兩者主題的交集,提供六項策略共同元素,每項元素在藍圖裡分別以一個方框呈現。

- 挑戰。策略意味著改變的需求,一個從 A 點移動到 B 點的意圖。這麼做會有哪些障礙?有哪些阻力是為了達到目標必須要克服的?

- 理想。你想要成為什麼樣的組織?你想替顧客及社會做些什麼?

- 關注領域。為策略設定一個範疇將有助於專注在最重要的事。誰是你服務的對象?哪些區域是你的服務範圍?重要的待辦任務有哪些?

- 指導原則。這是你認為能克服眼前挑戰的策略支柱。哪些箴言能用來凝聚團隊意識並統一決策的進行?

- 活動。欲落實策略以達到你的理想,需要運用哪類活動?這跟制訂藍圖或計畫無關,而是去檢視你最終所需的技術及能力。

- 成果。要如何知道策略沒有偏離?要如何展示進度及成功?

策略的建立是一場創意的投入,策略藍圖讓你在沒有初步風險的狀況下探索可能的選擇,盡量嘗試各種選項、刪除項目、重做點子、並重頭開始。藍圖幫助你設計策略,運用在簡報、工作坊,或是參考文件中。

完成藍圖沒有制式的順序。一般來說,最好的方式就是從挑戰及理想開始。之後,你會發現自己可以很自由地在框框間移動。你可以先單獨進行,然後將結果彙整到一份藍圖的主要版本中,也可以同時同時處理一份藍圖。

藍圖幫助你一次看見所有策略的可動之處,並使其變得有型且相互包容。我建議製作一份簡單的一兩頁文檔,用文字和容易分享的形式概述在建立策略過程中所產生的主要觀點。

表 4-1 現有架構的交會,帶來了策略藍圖的六大元素

賴夫利及馬汀	明茲伯格 (5P)	策略元素
	模式 (Pattern)	哪些挑戰帶給你動力?
你的勝出理想是什麼?	定位 (Position)	你的理想是什麼?
你會在哪裡進行?	觀點 (Perspective)	你關注的重點在哪裡?
你會如何勝出?	戰略 Ploy)	你的指導原則是什麼?
你需要什麼能力?	計劃 (Plan)	你需要進行哪些活動?
你要如何管理策略?		你要如何衡量成功?

商業模式圖

商業模式圖是一套策略管理工具，用來幫助業主及利害關係人發現不同的商業模式。此方法由亞歷山大·奧斯瓦爾德（Alexander Osterwalder）與伊夫·皮尼厄（Yves Pigneur）在《獲利世代》一書中首次介紹之後，就一直廣受歡迎。

圖中的九個方格代表著商業模式中的關鍵元件（圖 4-16）。這樣的排列是有其邏輯的，在右側的方格代表市場的面向，稱為前台，左側則是商業模式的後台元素，也就是內部的商業運作流程。圖的視覺形式能促進探索，你可以快速地嘗試各種模式，在決定一個方向前先做評估，幫助你在商業決策上發揮創意。

圖 4-17 是矽利康品牌 Xiameter 的商業模式圖，與其母公司道康寧（Dow Corning）做比較，根據洛倫·蓋瑞（Loren Gary）的一篇文章〈Dow Corning's Big Pricing Gamble〉所建立。綠色註解代表道康寧的核心商業模式，橘色註解是 Xiameter 模式，有趣的是，Xiameter 似乎對核心商業模式有著影響作用，這些面向以藍色註解說明。

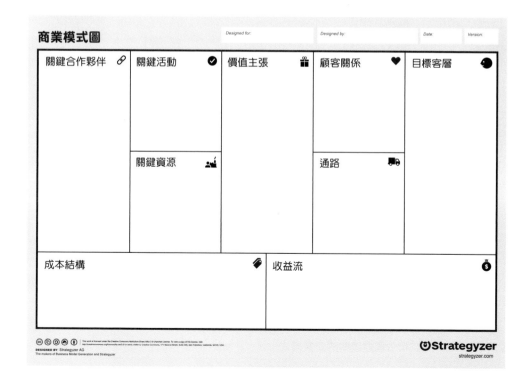

圖 4-16
商業模式圖為一套普及的管理工具，由亞歷山大·奧斯瓦爾德所創造

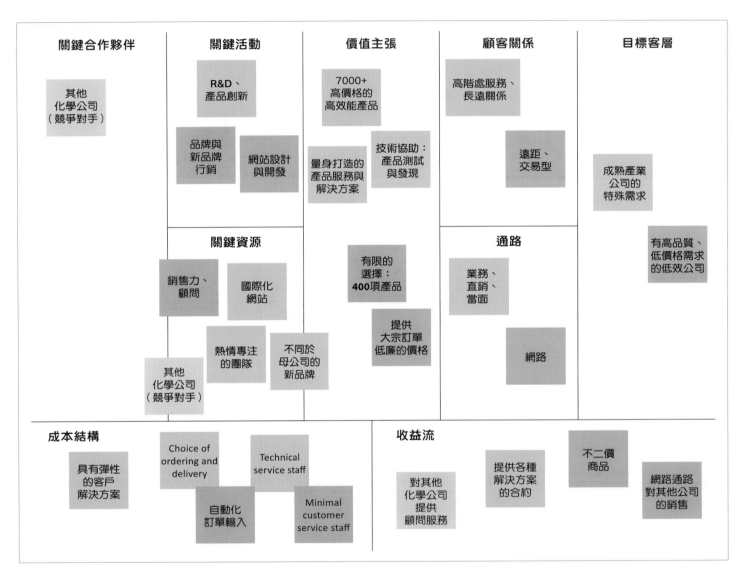

圖 4-17　此為商業模式圖範例，比較矽利康品牌 Xiameter 與其母公司道康寧的商業模式

圖 4-18 是一張我和利害關係人進行發想活動後共同完成的商業模式圖。利用便利貼，我們在各個必要資訊間遊走並思考各種可能性，這讓我們可以從商業持續性的立場測試新概念的假設。

建立商業模式圖需要一些練習。你必須能快速找出不同類的資訊，並將其分類至各自的方格裡。一旦抓到訣竅，就能用這張圖快速地探索不同的可能性。網路上有很多商業模式圖的相關資源可供學習。

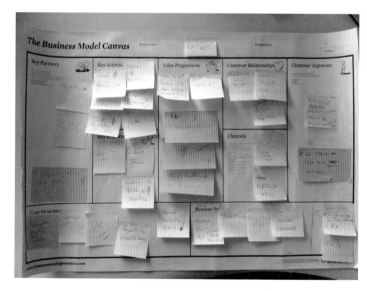

圖 4-18　商業模式圖非常適合用便利貼來探索不同的可能

價值主張圖

商業模式圖的基本隔線架構啟發了相關工具的發展，其中一個例子就是價值主張圖（見圖 4-19），也是由亞歷山大・奧斯瓦爾德所創造的。價值主張圖與商業模式圖有著直接的關係，並加入兩個商業模式的元素：你希望建立價值的顧客族群，以及你認為會吸引顧客的價值主張。

價值主張圖讓你能設計和測試產品和顧客間的適配。此圖總共有兩個部分，右半邊的是顧客側寫，包括三個元件：

- 待辦任務。這些是人們希望解決的重要議題，以及嘗試要滿足的需求。

- 痛點。這些是人們在完成待辦任務時遇到的屏障、阻礙及困擾的事。包括負面的情緒及他們可能面臨的風險。

- 獲益。這些是人們所期望得到的正面結果或是效益。

> 策略的建立是一場創意的投入。

圖的左半邊列出了價值主張的三個特點：

- 產品和服務。這些是你提供的產品服務，包括其具備的特點及支援。

- 痛點解方。這部分描述產品服務能怎麼解決顧客的痛點，也彰顯想解決的問題。

- 獲利引擎。這部分說明產品及服務如何能使顧客受惠。

透過由左至右的資訊建立，可以很清楚地了解要如何為顧客創造價值，當痛點解方及獲利引擎能夠與顧客痛點及獲益高度相關，強大的適配潛力就會出現。當有明確的定位後，再用市場來驗證假設。

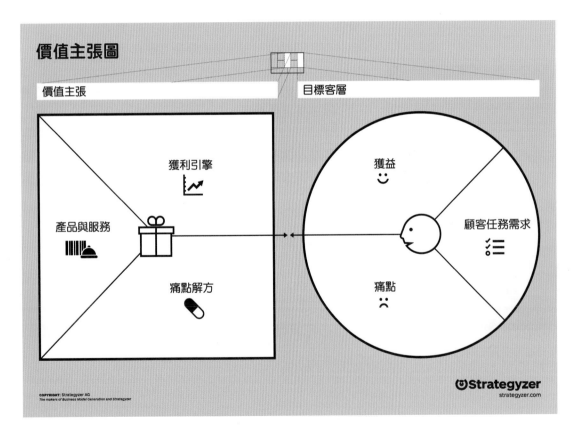

價值主張圖

價值主張　　　　目標客層

獲利引擎

產品與服務

痛點解方

獲益

顧客任務需求

痛點

COPYRIGHT: Strategyzer AG
The makers of Business Model Generation and Strategyzer

(S)Strategyzer
strategyzer.com

圖 4-19

由亞歷山大・奧斯瓦爾德及其公司 Strategyzer 所創造的價值主張圖，補足了商業模式圖

小結

隨著組織益發成熟，也愈易形成策略短視：除非積極與之抗衡，否則組織將無法以更宏觀的角度看待自己的商業前景，也無法持續創造有意義的價值。成功的企業從顧客需求的洞見開始，再回推到他們的策略上，這與許多利用傳統銷售管道將產品及服務推向顧客的現有商業手法正好相反。

為了改變現況，組織必須要從其他管道取得常被策略建立所忽略的洞見，去深度了解顧客如何認定價值。各式各樣的圖像化工具能夠幫助你拓展視野，並提供新的視角。

首先，思考如何重新定義競爭，在顧客眼中，任何能幫他們把任務完成的都是你的競爭對手。

同時也要考慮到公司能如何與社會共好，創造共享價值，共享價值是藉由人們的互動來創造社會利益，這比企業社會責任又更進一步。

物聯網迫使我們必須重新想像價值傳遞，互聯、智慧的產品無可避免地將成為更大的生態系統的一部分。你所創造的價值傳遞及體驗將成為整個脈絡的一部分。

最後，整併以創新。首先，透過設立組織中不同部門，將保護既有價值與創造新價值做區分。接著，組織團隊來將價值與顧客經驗對焦。

圖像化能打開策略，讓策略更容易被了解，也更能夠融入組織。有許多工具都能幫助將策略看得見，包括策略地圖、策略畫布、策略藍圖、商業模式圖及價值主張圖。這些工具都是對焦協調圖表的輔助及延伸運用。

延伸閱讀

Jonathan Whelan and Stephen Whitla, *Visualising Business Transformation* (Rutledge, 2020)

> 這本書詳細介紹了視覺化在策略對話和組織設計中的作用。作者以「視覺化連續體」為基礎，將視覺組件分解為可用元素。涵蓋了從設計思考框架和商業模式圖，到詳細的商業流程圖的細節討論。

Phil Jones, *Strategy Mapping for Learning Organizations* (Rutledge, 2016)

在這本書中，Jones 著重於策略對焦為團隊帶來的對話品質，特別是運用平衡計分卡相關方法時。主要目的是讓管理者提出策略相關的正確問題，以激發整個組織的正確行為。地圖是很有效的工具，能促進策略調整所需的優質對話，Jones 詳細介紹了如何充分利用這個工具。

A.G. Lafley and Roger Martin, *Playing to Win* (Harvard Business Review Press, 2013)

《玩成大贏家：巨擘寶鹼致勝策略大公開》

本書提供清晰的架構，根據五個關鍵問題來了解策略的基本面。這是目前理解策略最有效的途徑之一。作者們提供了案例研討及他們多年來的經驗範例，這本書是任何想要了解策略的人必讀的書籍。

W. Chan Kim and Renée Mauborgne, *Blue Ocean Strategy* (Harvard Business Review Press, 2005)《藍海策略》

這本重要的書出自藍海策略的先驅們，對此方向有詳盡的闡述。重點不在於與競爭者直接競爭，作者們建議讓競爭變得毫無用武之地。因此，組織需要找出價值創造的新特點，在策略畫布上將整個視野圖像化是找出相關機會的關鍵方法。許多藍海策略工具及資源都可以在網路上找到，如 www.blueoceanstrategy.com。

Rita McGrath. *The End of Competitive Advantage* (Harvard Business Review Press, 2013)

《瞬時競爭策略》
策略卡死了。麥奎斯在本書中如此宣告。現有的架構視策略為永續競爭優勢的達成。但組織必須要為了變換中的競爭優勢發展出一套新的運作模式。這不只是要持續地尋找新價值，也要將目前逐漸失效的服務或產品汰換掉。這是一本令人大開眼界的書，即便非商業讀者也能閱讀。

Alexander Osterwalder and Yves Pigneur, *Business Model Generation* (Wiley, 2011)

《獲利世代：自己動手，畫出你的商業模式》
在研究他論文中的商業模式後，奧斯瓦爾德出版了這本實用且深具啟發的書，闡述商業模式圖。這是一本全彩並有著豐富插圖的書，賞心悅目且適合所有人閱讀。奧斯瓦爾德在書中特別強調人物誌等工具，並提倡設計思考的重要性。

案例：找出機會點－結合心智模型圖及待辦任務

作者：Jim Kalbach、Jen Padilla、Elizabeth Thapliyal 及 Ryan Kasper

產品開發最關鍵的挑戰就是選擇欲改善的地方及創新的重點，連結使用者洞見與開發決策需要一套扎實的理論。

在思傑公司（Citrix），GoToMeeting 的使用者經驗設計團隊致力為產品開發提供需求導向且可行的洞見。這個方法結合心智模型圖來將使用者行為動機的圖像化，及「待辦任務」理論來找出使用者需求的輕重緩急。這提供了視覺圖像的全貌，以及為顧客創造價值的方向。

整個過程包括六個步驟：

1. 進行初步研究

    我們從脈絡訪查（contextual inquiry）開始，廣泛地觀察工作上的合作及溝通面向。我們進行了超過 40 場實地場域訪談，包含利害關係人及團隊成員。

    蒐集的資料包括實地訪查的筆記、照片、錄音及錄影。我們委外請人將超過 68 小時的錄音記錄轉成逐字稿，整理成將近 1,500 頁的內容。

2. 建立一份心智模型圖

    我們依照 Indi Young 的方法分析逐字稿，整理人們想要完成的任務。透過迭代的資料分類過程，建立

心智模型圖。這是一個由下而上的方法，將個別的發現群組成主題，再加以分類。

自此，基本的目標及需求開始浮現出來，我們得到「在工作中協作」的描繪，這個結果是直接根據實地訪查而來的。

過程中也對能滿足顧客目標及需求的現有產品及特點做描述。這讓團隊能看到他們目前的產品服務如何融入顧客的心智模型。

圖 4-20　在一場工作坊中與利害關係人一起使用心智模型圖（作者為 UX 研究專家 Amber Braden）

3. 舉辦一場工作坊

我們在一場有來自各個部門將近 12 位利害關係人的工作坊中，讓每個小組閱讀圖表。每組都拿到大約三分之一的心智模型圖，目標是讓這些利害關係人能先對現況使用者經驗產生同理心（圖 4-20）。

接著我們利用「未來工作」的情境，腦力激盪出一些概念。在做這件事前，我們向每組呈現來自業界產業報告的未來工作的主要趨勢。在閱讀每段圖表時，我們對小組提出問題「如果每個趨勢都成真，那麼公司該怎麼做以滿足顧客，並獲得成長？」

為了處理工作坊的成果，我們製作出一張資訊圖表，摘要主要的結論，並將圖印成一頁、裱褙後郵寄給所有工作坊的參與者。一年多後，這張圖表還是有可能會被放在團隊成員的桌上。

4. 將概念繪製成圖

在工作坊過後，我們根據利害關係人的意見及看法更新圖表。然後將各種概念放回圖表中「塔」的下方。這樣形成了一個延伸的圖表：使用者經驗在上方，現有的支援服務在中間，未來可以加強及創新的內容在下方（圖 4-23）。

但是哪些人們合作能力的缺口是我們應該最先著手解決的呢？待辦任務幫助我們聚焦在最有潛力的概念上。

5. 排列待辦任務的優先順序

我們根據下面兩個因素來排列圖表中任務的優先順序：

—— 完成任務的重要度
—— 完成任務的滿意度

待辦任務被繪製在一張圖表上，很重要但滿意度很低的需求通常會是顧客接受度最高的（圖 4-21），因為這滿足了未被滿足的需求。

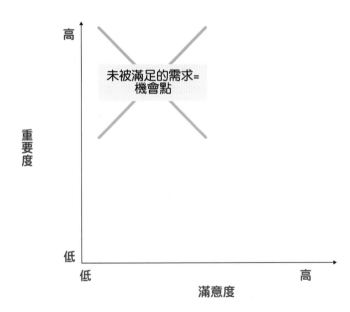

圖 4-21 滿足未被滿足需求的解決方案（重要度高但滿意度低的任務）較有機會成功

為了找到好球帶，我們運用了一套由東尼・伍維克（Tony Ulwick）所發展出來的方法。欲了解更多，請參閱「延伸閱讀」中伍維克的著作。

這個方法一開始要產出所謂的預期成果的陳述，或是定義一套成功完成任務的量測方式。這些都是直接根據心智模型圖而來的。

接下來，我們用完整一組約 30 個預期成果的陳述進行量化的問卷調查。參與問卷調查的人會被要求對每一條預期成果陳述的重要度及滿意度評分。

接著，我們會對每項陳述進行機會得分的計算。計算的方法是根據它們在重要度的得分，再加上滿意度缺口，也就是重要度減去滿意度。舉例來說，如果受訪者在一項陳述給了 9 分重要度及 3 分滿意度，那機會加總就是 15 分（9 +（9–3）= 15），見圖 4-22。

這個得分的設定主要是關注顧客的機會，並不是財務上的機會或是市場大小的機會。也就是說，我們重視如何解決顧客的需求，以期帶來更多顧客接受的機會。

6. 專注於創新

這些在心智模型圖、機會得分及所提出的概念等任務以視覺化的方式對焦展現，為機會空間提供了清晰的輪廓（圖 4-23）。

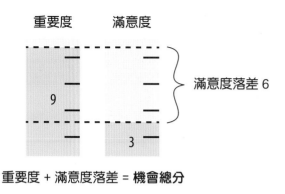

圖 4-22　用機會總分找出未被滿足的待辦任務

我們針對這些資訊將工作排出優先順序。這給了團隊信心，確定我們是朝著正確的、也是緊扣著洞見的方向前進。

產品經理、行銷經理及工程師認為這些資訊對他們的工作十分有用。人們需求的優先順序清單是一種非常易懂的形式，讓團隊能理解研究內容。一位產品負責人說：「有了這些資訊真的很棒，它可以協助我們做出更有依據的決策。我很希望往後能多加運用。」

透過這些努力，許多概念都能夠被原型化，其中兩項創新在 Apple Store 上架，也有數個概念正在申請專利中。整體來說，這項方法為服務發展提供了豐富、使用者導向的理論。心智模型及待辦任務兩個方法的結合，是整個過程最主要的概念，強化了許多對話並彙集共識。

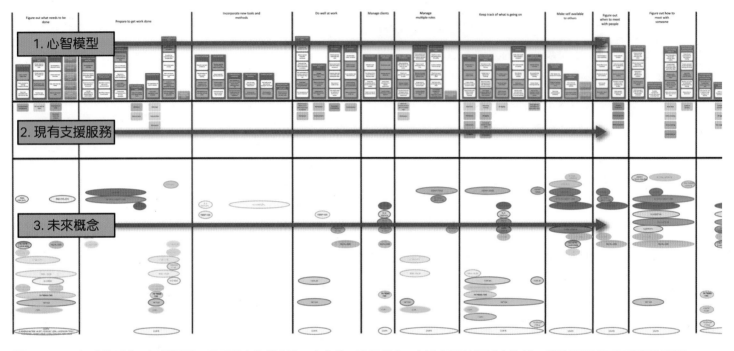

圖 4-23　一部分的延伸心智模型圖，呈現最高的機會點。在此為了資訊保密，刻意把圖的解析度降低。重點是理解四層資訊的對照：

1. 個人的經驗以心智模型圖呈現
2. 支援這些經驗的現有服務
3. 團隊發展的未來概念
4. 未被滿足的需求區塊反應了最大的機會點，由待辦任務研究決定

延伸閱讀

- Anthony Ulwick. *What Customers Want* (McGraw Hill, 2005).
- Anthony Ulwick. "Turn Customer Input into Innovation," *Harvard Business Review* (2003).

關於共同作者

Jen Padilla 是一位使用者研究專家，曾經在舊金山的軟體公司如微軟、思傑及思科任職。

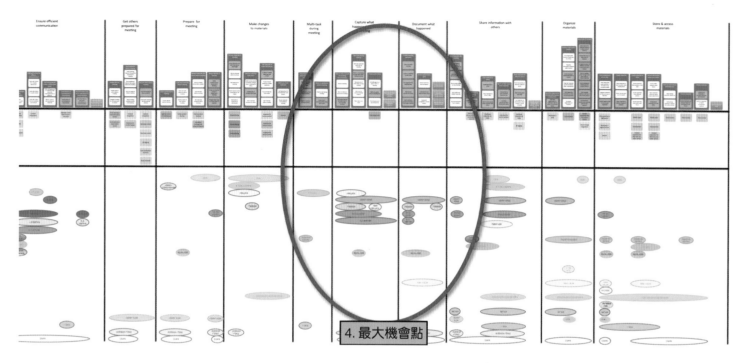

4. 最大機會點

Elizabeth Thapliyal 是一位 UX 設計主管，在思傑共同領導需求導向的創新專案，於加州藝術學院取得策略設計的 MBA 學位。

Ryan Kasper 是一位 UX 研究員，目前任職於 Facebook，於加州大學聖塔芭芭拉分校取得認知心理學的博士。

圖表與圖片出處

圖 4-1：根據 Ram Charan《讓顧客甘願多付錢》一書中的圖表重新繪製而成

圖 4-4：Jim Kalbach 為 LexisNexis 所繪製的圖表

圖 4-5：Sofia Hussain 所繪製的生態系統圖，出自她的〈Designing Digital Strategies, Part 2: Connected User Experiences〉一文，經同意使用

圖 4-8：Claro Partners 為 Nike FuelBand 建立的生態系統圖，出自他們免費的資源「A Guide to Succeeding in the Internet of Things」，經同意使用

圖 4-9：英國 Intrafocus Limited 公司的策略地圖例子（*www.intrafocus.com*），感謝 Clive Keyte，經同意使用

圖 4-10：由 PureStone Partners 的 Michael Ensley 所繪製 Patagonia 策略地圖，出自他的部落格文章〈Going Green〉，經同意使用

圖 4-11：西南航空公司的策略畫布，改編重製自 W. Chan Kim 和 Renée Mauborgne，藍海戰略

圖 4-15：取自 Jim Kalbach 的策略藍圖

圖 4-16：Alexander Osterwalder 繪製的商業模式圖，下載自 *http://www.businessmodelgeneration.com/canvas/bmc*，創用 CC 相同方式分享

圖 4-17：一個完整的商業模式圖例子，比較了 Xiameter 及道康寧，由 Jim Kalbach 繪製。（更多此案例內容，見〈Business Model Design: Disruption Case Study〉）

圖 4-18：一場工作坊中商業模式圖的照片，由 Jim Kalbach 提供

圖 4-19：價值主張圖，由 Alexander Osterwalder 與策略師共同繪製，下載自 *http://www.businessmodelgeneration.com/canvas/vpc*，經同意使用

圖 4-20：原始照片由 Elizabeth Thapliyal 提供，經同意使用

圖 4-24：心智模型圖的延伸，由 Amber Braden、Elizabeth Thapliyal、Ryan Kasper 所繪製，經同意使用

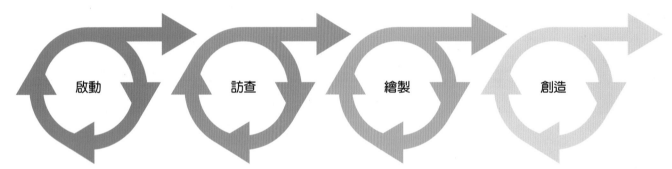

啟動　　訪查　　繪製　　創造　　發展願景

PART 2

經驗圖像化的流程

經驗圖像化的概括流程包含四個迭代的活動。

1. 啟動：第五章將討論啟動經驗圖像化工作的細節。

2. 訪查：對焦協調圖表必須要以證據為基礎。研究的技巧將在第六章詳述。

3. 繪製：視覺化地呈現出人及組織之間的價值創造過程是對焦協調圖表的核心所在。第七章會描述圖表的繪製。

4. 對焦協調、發展願景：第八章將說明在對焦協調工作坊時使用圖表的方法，並且會提到後續測試、未來發展的規劃。

上述過程會產出現況圖表：說明所觀察到的現況經驗。目的是讓團隊對經驗的理解以及值得解決的問題達成共識。一旦確定了方向，就可以使用對焦方法來設計解決方案，並透過規劃好的實驗來測試假設，如第九章所述。

請記得：重點並不是創造圖表（名詞），而是用圖表來對焦協調的過程（動詞）。要確定利害關係人及團隊成員都有參與到整個過程，取得他們對最初提案的回饋，將他們納入訪查，一起共創圖表，最後邀請大家到結案工作坊來共享成果，千萬不要讓這件事變成一個人的工作。

「領先的祕訣在於起頭。
起頭的祕訣在於將複雜困難的任務
拆解為數個易於管理的小任務，
然後從第一個開始。」

—— 馬克‧吐溫（Mark Twain）

本章內容

- 找到需求

- 說服決策者

- 確定方向

- 建立提案

CHAPTER 5

啟動：經驗圖像化專案

在我的經驗圖像化工作坊中最常聽見的問題之一是，「要怎麼開始呢？」熱血的繪圖者可能馬上就看到這些方法的價值所在，但是他們都不知道該如何開始。

取得利害關係人認同是一個最常見的挑戰，我有幸在各種情況下建立圖表，並發現通常在整個過程結束之後，利害關係人才看到圖像化的價值。也就是說，這件事要開始，一定要能儘早說服他們。

此外，若沒有在早期對彼此的期望達成共識，可能會導致後續許多問題。因此，在一開始就明確的架構出你的意圖是很重要的，尤其是當數個利害關係人都牽涉其中，在有限的可能中，一定要好好地定義你的工作內容。以下是一些必須記得的重點：

在過程中讓其他人一起參與

製圖者在過程中擔任著不同的角色：研究者、翻譯者及主持人。很重要的是，要在整個過程中讓其他人一起參加。記住：你的目的不只是在建立圖表，而是要讓其他人一起參與對話，促進團隊合作，共同發展出解決方案。

同時考量當下及未來的狀態

這本書的重點在建立所謂現況圖表：將現有的經驗圖像化。對未來產品、服務及解決方案的願景則是附加產物。我認為將這兩件事放在一起看是很重要的：原因和解法一目了然。附加的工具能幫助我們用新鮮的眼光看待未來的經驗願景，在第九章會提及。

明白你無法控制每一件事

盡力在整段經驗中維持一貫性，但同時也要了解，我們其實沒有辦法設計每一個接觸點。有些互動可能沒辦法做，或是選擇不做，然而，理解角色與接觸點間相互依賴關係能對策略的決策有幫助。

啟動一項經驗圖像化專案與其他工作別無二異：決定目標、範疇、成本及時程，並讓這些狀態盡量明確。工作內容不需要很冗長或曠日費時，可能只需要一次會議的時間，但在一開始把第一步走對，便能增加成功的機會。

本章列出了一些根據我自己先前啟動經驗圖像化專案時犯過的錯及學到的經驗，到章節末尾時，你將會知道哪些關鍵的問題應該要在一開始就釐清，以及如何著手進行。

開啟新專案

現在的主管及客戶們愈來愈常直接開口要求顧客旅程圖或是經驗圖。這反而讓起頭變得較容易。

但若受眾未曾接觸過此概念，這件工作要開始，就會十分困難。利害關係人也許無法馬上看出繪圖的優點，圖表能提供組織必要的洞見，但是不走完整個流程，他們也不曉得自己需要這些資訊。

在專案開始之前，首先要決定正式的程度，接著說服決策者讓這個專案開始。

決定正式的程度

各種形式的經驗圖像化都能為團隊帶來效益，不論是手繪草圖或是細節的圖表。範疇差異極大，要在開始前就決定最合適的正式程度。

本書描述了一套正式的經驗圖像化方法。有時當外部顧問公司與大組織共事時，嚴謹的方式可能比較適合。在其他情況下，採用正規的完整流程也許就不太合適。例如，對新創公司來說，非正式方法也沒什麼問題。

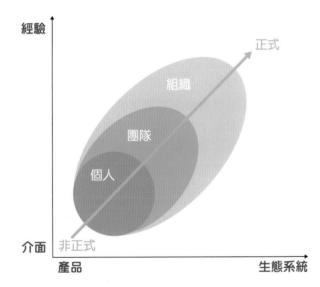

圖 5-1　當整個組織想要設計經驗的生態系統時，模式的需求就會增加

圖像化工作的正式程度可以由三個面向來看，如圖 5-1 所示。[1] 橫軸的範圍從生產單一產品到提供服務生態系統，縱軸則標示片段的介面設計到整體經驗的設計。圖表中間的第三個面向則是群體大小的增加。

愈往圖表中的右上方移動，工作內容就會變得愈正式。舉例來說，一個設計師獨自設計單一產品時，可能就不需要正式的圖表。但若是一個面對整個服務生態系統的大團隊可能就需要。試著考慮你的專案在此圖表上的位置。

重點是在開始前就考量到合適的正式程度，這將會決定你要在這本書將提到的每個步驟中投入多少心力。只要做到該做的程度即可。

說服決策者

決定了正式程度後，就要說服決策者作為你的後盾。內部員工與外部顧問單位會遭遇的障礙不太一樣，前者要說服公司，後者則要試著讓公司買單。

雖然你與利害關係人之間的關係會有所不同，但是許多爭議的內容是差不多的，要說服決策者、了解目的、提出證據、找到強而有力的關鍵人物，並進行試做以證明價值所在。同時也要準備一份倒背如流的提案簡報。

了解反對理由

如果被拒絕了，準備好具說服力的論點。表 5-1 列出了一些典型的反對理由、理由背後的謬誤，以及每一項可派上用場的回應論點。

提出證據

了解對焦協調圖表如第一章所述的優點。但是同時也要能夠提供具說服力的證據來佐證你的論點，舉例來說，在文獻中找例子及案例研討，要能將重點直指這些例子，並整合到你的論述之中。

> 記住：你的目的不只是在建立圖表，而是要讓其他人一起參與對話，促進團隊合作，共同發展出解決方案。

---

[1] 此圖表取自 Hugh Dubberly 的演講影片「A System Perspective on Design Practice」

表 5-1　典型在開始前會被提出的疑慮，你可以運用每項反對理由後的錯誤觀念和論點來回應

理由	錯誤觀念	論點
我們沒有時間／預算	建立圖表花時間且花錢	經驗圖像化工作不一定要花大錢或花時間，正式的專案也可以在數週內完成，費用也與易用性測試或是市場調查相當。
每個部門都有自己的流程圖	功能性的孤島工作形式很有效率	是沒錯。但是他們看得見跨通路及接觸點的互動嗎？好的顧客經驗是跨越我們的部門界限的。
這些我們早就都知道了	自己的知識就已經足夠	太好了一那這是一個很好的開始。但若能把那些自己心中的知識展現地更明確，就能讓對話持續進行。同時，當某些人離開時，我們不會失去洞見。如果有新的人加入，他們也能很快上手。
我自己就是目標族群，問我就知道什麼重要了	由內而外看待顧客，而不是由外而內	你所提供的資訊對初步假設是無價的，我們也希望能納入一些受用的外來觀點，作為成長及創新最佳的洞見。
行銷部門已經做過研究了	市場研究與經驗研究是一樣的事	市場研究很好，但仍不足夠。我們必須要找到未被滿足的需求以及沒有被傳達出來的感受，並且以一段整體經驗的情境呈現出來。

一個類似例子就是美國弗雷斯特市場研究公司（Forrester Research），這家科技產業領導研究公司曾經產出許多關於顧客旅程圖優點的完整報告，在他們許多的研究或相關報告中都有強力證據顯示出經驗對焦帶來的效益。

在投資報酬率上的證據就更是引人注目，例如亞列克斯・羅森（Alex Rawson）及同仁展現了當公司設計整體經驗時，比起僅優化個別接觸點更能具體增加營收。他們在發表的文章〈The Truth About Customer Experience〉中寫道：

擅長設計整段旅程的公司更有機會在市場中先馳得點。在我們研究的保險及付費電視兩個產業裡，較佳的經驗旅程能帶來更快的營收成長：透過顧客對於公司提供最重要經驗的滿意度的量測，我們發現以十分為滿分來計算，滿意度高出一分的公司，在營收成長上就至少有高於其他公司百分之二的表現。

作者們總結，顧客旅程為設計更佳體驗提供了好的洞見，也更進一步地帶來了營收成長。

最後，可以的話，試著使用「顧客旅程圖」或「經驗圖」等關鍵字與競爭對手名稱一起做搜尋，弄清楚競爭對手的行動。顯示出對手也在進行類似的工作是說服決策者滿有效的方式。

找到強而有力的關鍵人物

找出最有辦法推動經驗圖像化工作的重要利害關係人，這個人的影響力愈高愈好。

對於外部顧問單位來說，這個角色可能是一位長期合作的客戶。對內部員工來說，則需要了解如何在自己的組織中影響決策制訂的過程，無論是何種情況，進行快速的利害關係人分析都會有幫助。

進行試做

可以的話，進行小型的試做。這時的圖表不需要太複雜，也不用刻畫細節。

試著在現有的另一項工作中建立圖表。舉例來說，假如正在進行一項傳統的易用性測試，就加入簡單的追蹤問題來抽取出現有流程中的步驟，將這些資料一起畫成經驗圖草圖，並用來作為討論的依據。以第一手結果來展示價值是最有說服力的方式。

製作提案簡報

最後，準備一段簡明扼要的論述並將之倒背如流，說明你想解決的商業問題。為什麼決策者應該投資在經驗圖像化工作上呢？以下是幾個範例簡報：

您想要成長並讓產品與服務超越現狀吧？透過經驗圖像化，讓整段經驗被清楚看見，就能更了解新市場的需求及感受。

經驗圖像化是讓我們對顧客更了解的現代工具，愈來愈多公司都開始運用，像是英特爾及微軟都正在使用。

透過圖像來對焦數個不同的顧客在商業流程中經驗的面向，就能夠掌握如何創造及捕捉各通路中的價值。它同時也揭露出創新產品及服務的洞見，讓您超越競爭者。

僅需要小量的投資，經驗圖像化提供了我們需要的策略洞見，來應對今日變化多端的市場環境。

確認方向

在專案的一開始，會有許多的問題要回答。有的只需簡單的自我反思，有的則需要進一步的訪查。兩個要審慎考量的關鍵是組織的目標及圖表該納入的經驗種類。確定這些之後，再選擇合適的圖表。

找出組織的策略及目標

對焦協調圖表必須要與組織緊密相關，也必須要能回答開放式的問題或是填補知識缺口。若能與組織的策略及目標達到一致，圖表才真正有效。

在這個階段可探索的一些問題包括：

- 組織的使命為何？

- 組織要如何創造、傳遞及獲取價值？

- 組織想要如何成長？

- 策略性的目標為何？

- 服務的市場及市場區隔為何？

- 有什麼知識缺口？

決定繪製哪一段經驗

大多數的組織都帶有多方的關係：供應商、經銷商、合作夥伴、顧客及顧客的顧客等。要決定在繪製哪一段經驗，首先要了解顧客價值鏈：主要角色的描寫及各角色間的價值流動。

圖 5-2 呈現出簡單的新聞雜誌顧客價值鏈範例，讀者為終端消費者。在此圖表中，記者們提供內容給出版商，出版

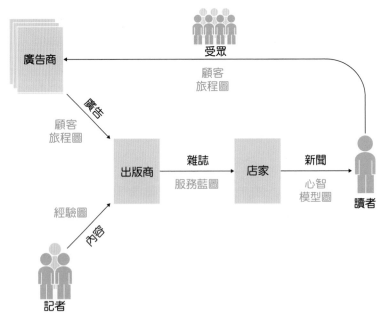

圖 5-2　新聞雜誌顧客價值鏈範例呈現出消費者的價值流動

商從廣告商賺取收入，商店販售出版商的雜誌給讀者，他們成為廣告商的主要受眾。整體來說，價值在圖中呈現從左至右，從記者到讀者流動。

圖 5-2 也指出最能描繪這類關係的圖表類型。服務藍圖有助於呈現出版商和店家之間的關係，以幫助優化後台流程。但顧客旅程圖更能描繪讀者與廣告商之間的體驗。從出版商的角度來看，經驗圖則是了解記者與雜誌內容關係的好方法。

顧客價值鏈與所謂的利害關係人地圖或是生態系統圖相似。你可能會在其他經驗圖像化相關資訊中看到這些用語，在此的不同之處是多了價值流動的概念。

建立顧客價值鏈圖表沒有對或錯。它們是簡單概念的圖表，呈現經驗中互動的人事物，最終目的在於找出適合你目標的模式，繪製的過程十分直接：

- 列出所有與此段經驗相關的角色與事物。

- 將最主要的角色及最主要的服務提供者放在中間，其他的提供者放在左邊。

- 將其他的角色及事務繞著這兩個主要角色放置，呈現他們最基本的關係。

- 最後，按需求重新排列各項元素，展現價值在供應者及顧客之間的流動。

完成後，利用顧客價值鏈圖來檢視各種有機會用圖表來呈現的關係。例如，圖 5-2 中的廣告商對應出版商的關係，與出版商對應商店的關係不同，記者與廣告商的關係也和讀者與商店的關係不同。

顧客價值鏈有助於與客戶設定期望。你可以釐清要納入或排除的經驗。例如，在上個例子中，如果出版商想了解如何經銷雜誌到店面，但你卻做了讀者與廣告商的關係圖，這樣雙方的期望就會出現落差。

顧客價值鏈可以畫得很快，有時只需幾分鐘就能完成，且讓生態系統一目了然是滿值得的，有助於定義出工作範疇，選擇合適的圖表類型，也可以替研究招募做指引。

用以下的關鍵問題來決定繪製哪一段經驗：

- 顧客價值鏈中的哪些關係是你想要關注的？

- 在那些關係中，你想要了解的是哪些觀點？

- 哪類型使用者或是顧客是最重要的？

- 哪些經驗是最適合納入的？

- 這些經驗從哪裡開始、在哪裡結束？

建立人物誌

人物誌是擁有共同行為模式、需求及情感的使用者原型描寫。反映出一類特定族群的細節，讓人容易掌握。創建人物誌是一個深度的過程，其歷史已有數十年之久。欲了解更多資訊，請見人物誌相關書籍，包括 Pruitt 和 Adlin 的《The Persona Lifecycle》和 Cooper 的《About Face 2.0》。

人物誌通常都滿短的，不超過一至兩頁，圖 5-3 是我以前的一個案子裡所做的人物誌範例。

當在說明某人的經驗時，我們通常會在圖表中放上一個人物誌或是一段簡短的介紹。舉例來說，圖 5-4 是一張由 Heart of the Customer（heartofthecustomer.com）顧問公司的創辦人 Jim Tincher 繪製的顧客旅程圖，在這個例子中，人物誌放在圖表的最上方，它反映出基本的人物資料背景、動機、及引述一句顧客可能會說的話。

建立人物誌不是創意寫作，人物誌應該要根據真實的資料而來，過程包括下面幾個步驟：

1. 找出區分不同類人最顯著的屬性，通常可以找出三到五個主要屬性來聚焦。

2. 依照要展示的屬性範圍來決定人物誌的數量，蒐集資料佐證並描述這些屬性。當然，在訪查中可能會發現可以加進去的新屬性。

3. 根據主要屬性擬出人物誌的草稿，同時包括一些基本的面向來充實人物誌，像是基本資料背景、行為、動機及痛點等。

4. 完成人物誌，做成一份單頁、漂亮的圖像化人物誌。也可根據不同用途，發展出不同的形式及大小的人物誌。

5. 讓人物誌被看見。把它在腦力激盪的時候展示出來，或放在專案文件裡面，一定要讓這些圖表被大家看到並活用。

建立人物誌是互相協作的過程，要確保讓其他人一起參與，這樣大家也會覺得最終成果是共享的知識。

建築師事務所合夥人
「我努力運用我的建築專業知識
　來領導成功的客戶專案。」

痛點
- 維持大量的專業人脈
- 往返工地
- 同時管理許多專案
- 帶進新案子
- 隨時更新法規

背景與技能
- 42 歲，已婚，兩個小孩
- 15 年工作經驗
- 有照建築檢驗師

公司與角色
- 中型公司：16 名建築師、6 名協力員工
- 公司位於紐約和明尼阿波利斯
- 專精商業建案
- 同時進行 3-5 個海外專案
- 替公司協調行銷活動

工具與運用
- 專業繪圖與建築專用軟體
- 時常使用行動裝置在外工作
- 頻繁使用大圖輸出機和印表機
- 使用電子和紙本的檔案與行事曆
- 覺得學習新工具很麻煩

動機
- 打造成功的商業模式
- 在客戶面前有面子
- 自己的專業在業界被認可
- 為員工創造吸引人的工作環境
- 與公司一起成長

工作內容
- 管理專案和專案團隊（40%）
- 顧問、溝通、對客戶簡報（35%）
- 新的商業開發（15%）
- 管理公司行銷活動（5%）
- 研究並追蹤產業界動態（5%）

Sources: 1.) Interviews 2.) Survey 3.) Monster.com

圖 5-3　此範例呈現一位建築師的人物誌

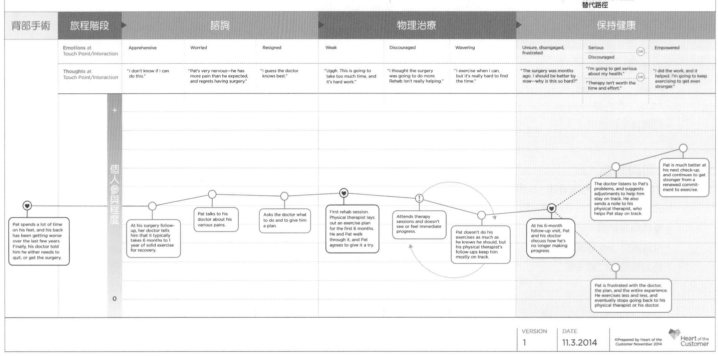

圖 5-4　圖表上方通常會帶有一組人物誌，如顧客旅程圖範例所示

選擇圖表類型

本書中的圖表是具有相似性的：全部都著重在價值對焦協調，但是知道彼此的差異性可以讓你選出對你的情況最有用的方法。千萬不要先入為主地排除任一個方法。

在了解組織目標及欲對焦的經驗後，就要選擇最合適的圖表種類。可以參考第二章提到的經驗圖像化的關鍵元素。

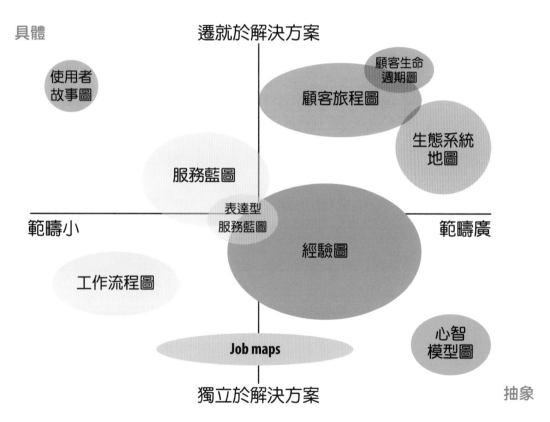

具體　　　　　　　　　　遷就於解決方案

顧客生命週期圖

使用者故事圖

顧客旅程圖

生態系統地圖

服務藍圖

表達型服務藍圖

範疇小　　　　　　　　　　　　　　　　範疇廣

經驗圖

工作流程圖

Job maps

心智模型圖

獨立於解決方案　　　　　　　　　　抽象

圖 5-5　一個簡單的矩陣以解決方案的獨立性與範疇的廣度來分類，有助於釐清不同圖表類型的潛在功能和目的

表 5-2　比較各種不同類型圖表的元素

類型	觀點	範疇	關注	結構	用途
服務藍圖	服務接收者	圍繞服務的接觸及生態系統，通常是即時的	同步的活動，跨通路的實體證據；強調提供的服務，包括角色、後台角色、過程及工作流程	時序性	第一線人員、內部團隊、欲改善現有服務或創造新服務的經理
顧客旅程圖	忠實顧客，通常做購買決策	通常從開始注意到至購買，從離開公司到回來	強調個人認知及情感的狀態，包括關鍵時刻及滿意度	時序性	市場行銷、公關、業務、客服、欲提升銷售、顧客關係及品牌地位的品牌經理
經驗圖	一個較廣泛活動中的角色	在特定的經驗或脈絡下，有清楚的起點及終點	強調行為、目標及待辦任務；通常包括行動、想法、感受、痛點	時序性	產品經理、設計師、開發者、策略師；用在產品與服務的設計改善、創新
心智模型圖	特定領域內有想法及感受的人	定義經歷的寬度，根據研究資料而來	強調基礎的動機、感覺及個人哲學	階層性	產品經理、設計師、開發者、策略師；用來對人建立同理心；作為產品與服務策略及創新的指引
空間圖	多面向系統互動中的一環	由大小、能力及組織的組成來決定	強調資訊流、多面向及系統組成之間的關係	空間性	能讓經理、內容專員、員工了解資訊流以優化創新

圖 5-2 整理出一些常見的圖表類型及彼此之間的差異。

確定哪種類型的圖最適合的另一種方法是從範疇和獨立性這兩個面向來思考。圖 5-5 以簡單的矩陣繪製了本書中提到的主要圖表類型。目的是顯示圖表類型之間的差異，但總有例外。此圖中的顏色表示不同類型的圖，並呈現了一些替代方法。每種形狀的大小反映了該圖類型內的變化程度。

左上方的圖表是比較具體的。例如，使用者故事地圖呈現了與特定產品的詳細互動。這類圖表較易變，且會隨著技術的變遷而有變化，但對於描繪接近落實的經驗非常有幫助。右下角的圖表則較抽象，且涉及較廣泛的領域。此象限中的圖表是穩定且基礎的，有助於發現創新的機會。

圖 5-5 也能說明圖表需要多久更新一次。通常，方法與解決方案越獨立，圖的壽命就越長。例如，如果做得正確，待辦任務圖和心智模型圖可以維持數十年的有效和穩定。上半部圖表的保鮮期通常會受短期專案的限制而較短暫。

圖的範疇有助於確定需要用多少圖。通常，範疇越廣、就越全面，因此需要的圖表數就較少。例如，我們不太可能做多張生態系統圖，因為它基本上可以呈現全貌；但是有可能為組織中各種顧客的互動建立多張服務藍圖。

對於需要多少圖表、圖表多久更新一次，這些問題沒有明確的答案。最終還是取決於第二章中提到的因素：觀點、範疇、聚焦、結構及用途。一般來說，會希望能夠縮減工作量，且儘可能將繪製的圖表數量精簡，所以我建議只有在差異極大的狀況下，才有必要建立多張圖表。

> “
> 千萬不要先入為主地排除任何一種方法。
> ”

顧客旅程圖、服務藍圖、經驗圖，到底有什麼不同？

最常混合使用的圖表有顧客旅程圖、經驗圖及服務藍圖，這些都是時序性的圖表，形式及用途相似，可以理解常被混用，但是彼此還是有各自的特殊之處，會影響到圖表類型的選擇。

一個關鍵的差異就是觀點及個體與組織之間的關係。

- 顧客旅程圖（CJM）將個體視為組織的顧客，通常會涉及決策，像是購買產品或服務，並成為忠實的顧客。CJM 幫助行銷人員、業務人員和客戶成功經理檢視整個顧客生命週期，以建立更好的關係。

- 服務藍圖看的是顧客經驗服務的方式，主要關注的問題是，在接受服務後，該服務的效益好不好，以對其進行優化。服務藍圖可幫助設計師和開發者改善服務的提供。

- 經驗圖則是用不同的觀點廣泛地觀察人的行為，描述角色在試圖達成獨立於任何解決方案或品牌的目標時所採取的方法順序。經驗圖對於找到創新的新機會很有幫助。

除了觀點之外，這些圖表類型在範疇方面也有所不同。例如，CJM 的時序範疇往往很廣，而服務藍圖通常聚焦特定狀況，但描繪地更深入。經驗圖的範疇則有所不同，從一天到持續的經驗都有可能。

這些類型的聚焦點也有所不同。CJM 關注成為忠實顧客和的動機和誘因。服務藍圖揭露許多後台流程，且不著墨情感細節。經驗圖比前兩者類型更自由，但致力找出需求和期望的結果。

為了說明差異，我們用以下三個範例進行比較。每份圖都以一個假想的雞過馬路的情況來描述，圖中的角色和主題都相同，但是視角、範疇、和焦點以及對焦描繪方式都明顯不同。

圖 5-6 是虛擬品牌和產品 ACME RoadCrossr 的顧客旅程圖範例。這是一個用來幫助雞找到最佳過馬路時機，也一併評估交通狀況的 App。

人物誌位於左上角，顯示一些重要的人口統計資訊。階段在圖的上半部從左到右延伸，行動、想法、感受都列在側邊。

從左向右，可以看到這隻雞認識了此 App、決定訂閱、然後啟動此服務、試用服務，最後，雞將它推薦給朋友。總體而言，按時間順序排列的圖是呈現服務從開發潛在顧客到轉化為推廣等進入市場的各面向。

服務藍圖通常描繪與現有服務的即時互動，聚焦於服務提供的細節，往往比 CJM 少關注行銷和顧客生命週期。因此圖 5-7 中顯示了 ACME RoadCrossr 服務的許多後台資訊，包括第三方單位和合作夥伴之間的互動。這些元素都與個人的行動對焦，如上半部第二行所示。

顧客旅程圖

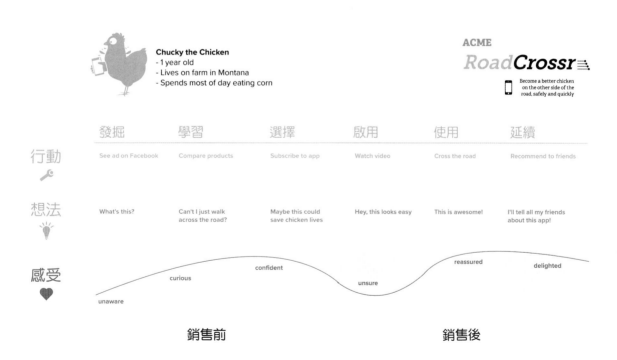

圖 5-6　顧客旅程圖（CJM）呈現了一個人與公司和品牌一段時間的互動，並突顯取得解決方案並成為忠實顧客的決策。

與 CJM 和服務藍圖不同，經驗圖不會假設一個人是顧客，有時這個人根本不需要該服務，像是圖 5-8 中的範例僅著重於一隻雞過馬路的經歷。

圖中沒有購買決策、也沒有使用既定解決方案的詳細資訊。因此，對很多團隊都會有幫助：可以看到自己的產品服務如何符合那個人的習性，而不是叫人來適應產品

服務。思考如何更有效幫雞完成任務就是創新的來源。

與經驗圖相比，CJM 提供了一種較以自我為中心的世界觀：假設人們想認識公司的產品服務，然後變成忠實顧客、甚至會幫忙推廣，這是理想市場定位的傳說。圖中故事實際上是公司的，而不是那個人的。

服務藍圖

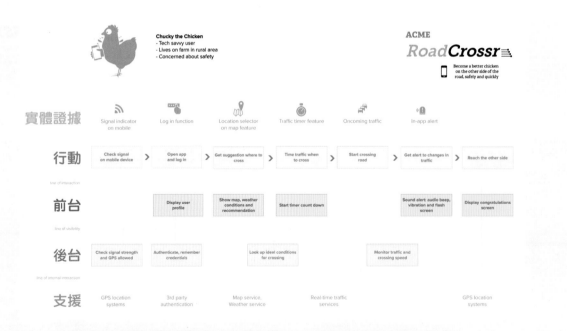

圖 5-7　服務藍圖詳細說明了特定互動事件中服務提供的前台和後台流程。

服務藍圖較不那麼自我中心，但仍將個人視為特定解決方案的使用者。品牌和情感不是重點，目的主要是揭露幕後的運作機制。

經驗圖不太一樣。正如我的定義，經驗圖將視角從將人們視為消費者轉為獨立於解決方案的經驗檢視。

我對經驗圖的定義可能與其他人的定義不同。你可以輕鬆找到標有「經驗圖」的圖表案例，這些例子實際上是 CJM 和服務藍圖的結合，本書中的許多案例也是如此。但是請不要糾結在名稱上，名稱其實沒那麼重要。

這些圖都可以幫我們解決問題。重點是要在做之前了解要運用的圖表類型的性質。在開始之前，請先確認地圖的受眾是誰及其目的。接著，運用視覺化的方式呈現價值對焦，讓組織中的其他人一起參與對話。

經驗圖

圖 5-8　經驗圖可以顯示一個人如何在獨立於任何產品或服務外達成目標。

規劃工作

在規劃出整體的工作方向後，就要評估所需的時間及預估的費用。在這個步驟中，也要能夠確保你具備所需要技能、設備及資源。

預估時程

經驗圖像化工作所需要的時間差異很大。端看專案的正式性、圖表的類型及資訊的深度而定，舉例來說，小型新創公司可能只要花幾天的時間快速建立一張圖，正式的專案則通常需要數週到數月的時間才能完成。

以下時程是各種類型專案大略所需的時間。

- 快速專案：一至兩天

- 簡短但完整的專案：一至兩週

- 一般專案：三至六週

- 大計劃：超過六週

預估的時間是決定你研究程度的主要因子，同時也會決定要修改幾次及需要與利害關係人開會的次數。

評估所需資源

經驗圖像化工作所需的主要資源就是人力時間：要有人去進行訪查、建立一份圖表，並舉辦工作坊。

完成圖表所需要具備的技能包括：

- 整理大量資訊及抽象概念的能力

- 蒐集資料及進行初步研究的能力

- 建構及圖像化複雜資訊的能力

其他專案需求包括：

- 能接觸到內部員工。要能接觸到組織內部的成員。跨領域的團隊是最理想的，圖表不是報告完就結束的產出：它必須要能在整個過程中納入組織中的成員，讓他們主動參與。

- 能招募顧客。要有能力招募外部受訪者參與研究活動（將於第六章討論）。

- 能四處移動。根據你的產業及目標族群的所在地點，可能需要出差。

- 逐字稿服務。最後，根據選定的研究方法，可能要記錄與受訪者的訪談，並將訪談內容轉為逐字稿。

預估成本

所需的費用可能差異很大。表 5-3 是一份經驗圖像化專案的高低價格預估。主要差異是員工月工時預估，取決於每個月欲投入的資源。高的預算中規劃一個人完整兩個月的工時，低的預算則規劃一個人在兩週內完成專案。

表 5-3　一份協調專案的高低價格預估範例。數字的差異主要取決於員工月工時花費

	HIGH	LOW
員工月工時	2×$15,000 = $30,000	.5×$15,000 = $7,500
受訪費	10×$50 = $500	6×$25 = $150
逐字稿	10×$150 = $1500	None
旅費	$500	None
小計	$32,500	$7,650

當然，專案也可能更大或更小。這些估算只是約莫的中間值，讓你大致了解費用範圍。

製作提案簡報

非正式的情況下可能根本不需要提案。正式的專案則通常都需要一份書面陳述的目的說明。別退縮，提案並不一定要花時間或做得很大，只要列出下列這些元素的回應，提案也可以很簡單：

- 動機：寫出你要與組織在此時合作這項專案的原因。

- 目的：用一段文字描述這項工作的宗旨及整體時程。

- 目標：列出目的及可量測的專案成果。

- 專案參與者：列出參與的每個人以及他們的角色。提到需要接觸到的內部利害關係人，並需要他們全程參與。

- 活動、產出及里程碑：描述活動內容及預期產出。

- 範疇：列出你想要呈現的經驗。可以從顧客價值鏈中來決定，如圖 5-2 所示。

- 圖表類型：如果心中已有鎖定一種圖表，記得在提案中提到。

- 假設、風險及限制：強調出專案中可能會超出可控制之處，以及會造成限制的因素。

整體來說，一項提案不需要超過兩頁，請參考圖 5-9 的例子。

提案：Acme 顧客經驗專案

Acme 公司在過去十年成功地拓展自家的產品及服務，並取得顯著的市佔率。然而，Acme 的顧客經驗隨著時間發展變化，慢慢出現了落差，導致顧客滿意度的下滑。本次專案希望能將內部的活動與顧客的旅程進行協調，以設計出跨越各接觸點、更一致的體驗，期能提升顧滿意度及忠誠度。

目的

在 Q1 結束前完成一項顧客旅程圖專案。

目標

1. 讓至少五個不同部門的利害關係人加入此專案，全程參與圖表的建立到後續測試的執行。
2. 產出至少 100 個提升顧客滿意度的新概念，並對概念依優先順序排序。
3. 發展行動方案並驗證五種可以提升顧客滿意度的新服務。
4. 在年底前增加至少五個百分點的顧客滿意度。

參與者

- 核心專案成員
  - Jim Kalbach，專案主管
  - Paul Kahn，設計師
  - Jane Doe，使用者研究員
  - John Doe，專案贊助者

- 利害關係人
  - Sue Smith，產品開發主管（＋產品開發人員）
  - Joe Smith，顧客支援（＋客服人員）
  - Frank Musterman，行銷主管（＋行銷人員）
  - 業務及電子商務代表，待定

活動

- 訪查：招募並與內外部受訪者進行研究
- 描繪：建立顧客旅程圖
- 對焦：舉辦工作坊並產出假設
- 測試：執行實驗來測試假設

產出

- 顧客旅程圖
- 相關文件，如人物誌以及基本一日活動描繪
- 優先順序的點子列表
- 實驗的詳細計劃，包括成功的量測

範疇

- 本次專案聚焦兩個顧客人物誌
  1. 目前的付費顧客
  2. 他們的顧客（也就是顧客的顧客）

- 這個經驗的重點是整體的接觸點，從顧客的第一次接觸開始，直到他們決定要結束服務

- 根據既有的資源對五個假設進行測試（將依據測試的內容及範疇再確認）

里程碑

- 一月：招募及研究
- 二月：完成旅程圖並舉辦工作坊
- 三月：進行測試以提升顧客的滿意度

圖 5-9　經驗圖像化提案不需要很冗長

整併：用什麼方法？什麼時候要用？

這本書就是關於各種可能。在書中我強調了許多經驗圖像化的工具，如圖 5-10 所示。這些工具和手法將在後續章節中進行討論。

有了各種可能，就需要做選擇。為了幫助你選擇最適合的方法，可以思考以下描述經驗的模型類型：

1. 關於人：你在為誰設計？人物誌、雛型人物誌、以及消費者洞見圖都是這類例子。

2. 關於脈絡及目標：經驗圖描述了互動的情況。有哪些待辦工作？他們的需求、感受及動機是什麼？

3. 關於未來經驗：最後，建立模型來發想未來的狀態。解決方案是怎麼樣的呢？我們該如何呈現以評估概念呢？

試著至少使用其中一項，也可以用更多，但要小心別用過多模型，讓你的受眾困惑。

非正式的流程可以像是這樣：

- 經驗圖 ＞ 故事板
- 雛型人物誌 ＞ 設計地圖

比較正式的流程可以包括以下幾種模型：

- 人物誌 ＞ 心智模型圖 ＞ 情境和故事板 ＞ 價值主張圖
- 消費者洞見圖 ＞ 服務藍圖 ＞ 故事線 ＞ 商業模式圖

時時提醒自己經驗圖像化的初衷：說一段互動的故事（過去及未來），幫助團隊對焦想法、達成共識。

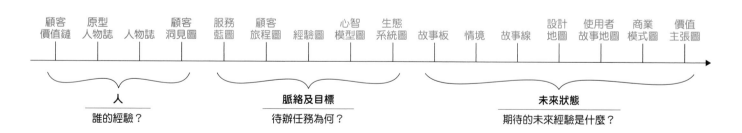

圖 5-10　本書討論的各種方法可以被分為三類：關於人、關於脈絡及目標、關於未來狀態的圖表。

小結

經驗圖像化專案，從規劃工作開始。首先評估所需要的正式程度，一般來說，大型的組織希望能設計跨越接觸點的整體經驗，相較於設計單一產品介面的個人來說，就會需要規劃較正式的專案。

不論是內部員工或是外部顧問，都需要克服可能的障礙，以讓專案順利開始。了解目標並準備好證據來說服反對意見，同時，找到一位強而有力的關鍵人物來一同進行試做，展示第一手的成果更能夠有效助你脫穎而出。

對焦協調圖表的概念可以為你打開許多可能性：對於一個既定的問題，其實有不止一種解決方式。你也需要了解組織及其目標來調整內容，以達到最大的影響力。

要呈現哪段經驗取決於你。檢視顧客價值鏈中的各種關係，將可能性縮小，並設定正確的期待，接著，選擇最適合的圖表種類。再次重申，答案沒有對或錯，要試著形塑出一個最適合當下情況的觀點。

對於正式專案來說，用文本提案來定義專案並做摘要總結，內容包含動機、目標、參與者、資源及專案預算。再來要與利害關係人討論提案中的細節，統整出一份合適、定義完整的提案。非正式的專案則可能根本不需要提案或文書記錄。

延伸閱讀

Simon David Clatworthy, *The Experience-Centric Organization* (O'Reilly, 2019)

這本書全面地檢視組織，並談到如何使公司轉變為真正以顧客為中心。儘管意圖強烈、也具備理論基礎，但作者仍使內文平易近人且非常實用。方法是以成熟度模型，以體驗為中心的五個步驟為基礎。第五章針對經驗特別做討論。

Tim Brown. *Change by Design* (Harper, 2009)

這本書全文明確地談論設計思考，根據多年在全球最創新的公司之一 IDEO 的工作經驗，布朗提出一套支持設計思考的論述，這個理論是以真實場域中的故事及案例為基礎。雖然經驗對焦只是書中一個小小的部分，但仍提倡了組織觀點的改變；也就是說，作者支持在對焦協調圖表中對使用者的同理心，及由外而內觀察的中心思想。

Ram Charan. *What the Customer Wants You to Know* (Portfolio, 2007)

瑞姆‧夏藍（Ram Charan）是被高度推崇的一位商業領導者，曾與財富百大公司的高階主管們合作，也總是能讓商業概念變得平易近人。本書從顧客的角度探討價值創造，也包括像是顧客價值鏈等的特定面向。

Alex Rawson, Ewan Duncan, and Conor Jones. "The Truth About Customer Experience." *Harvard Business Review* (Sep 2013)

這是一篇很棒的文章，說明了整體經驗設計的價值，刊登在著名商業雜誌上。作者僅簡單提到了對焦的活動，但並沒有提供建立圖表的細節。不過，他們提出了整體經驗設計正面效果的重要證據，你可以引述這類文章，幫助你說服利害關係人來啟動一項經驗圖像化專案。

John Pruitt and Tamara Adlin, *The Persona Lifecycle*: Keeping People in Mind Throughout Product Design (Morgan Kaufmann, 2006)

這是專門討論人物誌的專書。本書有將近七百多頁詳細及全面的論述，其中包含有關如何建立人物誌的理論和實務指南。另見 Alan Cooper 的書《About Face 2.0》，了解有關人物誌和目標導向設計方法的更多資訊。

圖表與圖片出處

圖 5-3：人物誌範例，由 Jim Kalbach 建立

圖 5-4：顧客旅程圖，由 Heart of the Customer 公司的 Jim Tincher 建立 (*www.heartofthecustomer.com*)，經同意使用

圖 5-6 至 5-8：範例圖表，由 Jim Kalbach 用 MURAL 建立

「光用看的，就可以觀察到很多東西。」

—— 尤吉・貝拉（Yogi Berra）

本章內容

- 檢視現有資料來源

- 在組織內部進行訪談

- 繪製圖表草稿

- 脈絡訪查與分析

- 量化研究

- 案例：音樂策展—Sonos 使用者研究和圖表繪製

CHAPTER 6

訪查：追求真實

我常常對於一些組織幾乎不了解他們所服務的對象而感到震驚，當然，他們可能有詳盡的人口統計資料及完整的購買統計之類的資料，但他們還是沒能了解顧客最基本的需求及動機。

部分原因是人們的行為往往不理性，會根據情緒及主觀的信念來行事，這些都較難以被理解及量化，也並不是商業界所熟悉的。

許多組織對於了解顧客經驗沒什麼興趣，這些組織卻可能願意花費上萬美元在市場分析報告上，但對走出去和顧客對話、直接進行觀察卻相當無感。

挖掘顧客內心深處與產品服務的情感連結是件複雜麻煩的過程，但是這類型的訪查可以了解顧客行為的原因，帶我們理解而不是量測，重質，而不重量。

建立經驗圖表能打破組織目光狹隘的狀況，並將心態從由內而外轉為由外而內。當然，圖表本身並不會創造出同理心，但能激發火花，並引導對話的展開。

一切都是從訪查開始。研究必須要能提供資訊及帶來信心，否則，結論及決定就只是根據臆測而來。

此外，研究顧客經驗通常能打開視野，能讓參與的每一個人來場實際情況的健康檢查。舉例來說，在一個教育測試服務的專案裡，研究團隊發現許多教育者都會額外在紙上或是 Excel 工作表上面做計算。如果線上有這樣的工具，就可以讓工作變得更簡單，但是直到進行觀察前，都沒有人意識到這項需求。這不是使用者會抱怨或是要求的：他們只會默默地接受系統既有的功能。透過適當的質化研究，我們就能找到其他資料中未顯示的機會點。

人們都是無意地在使用產品及服務，自己發現突破及因應問題的方式，發明新奇的使用方法及應用。也就是說，他們會自行製造滿足。知名的現代管理之父彼得·杜拉克（Peter Drucker）曾說：

> 顧客很少是在買公司想賣給他們的東西。其中一個原因當然就是，沒有人買的是「產品」，人們願意付錢買的其實是滿足。

我們必須努力找出這些顧客所相信自己獲得的價值。了解你的產品服務如何協助人們完成任務，就是機會的來源所在。把目標放在解決方案，滿足那些未被滿足的需求。

本章將涵蓋一個對焦協調專案的五個訪查的主要步驟。

1. 檢視現有資訊來源

2. 訪談內部利害關係人

3. 繪製圖表草稿

4. 進行外部研究

5. 分析資料

本章涵蓋的這些步驟提出了可遵循的邏輯順序，你可能會感覺自己在這些活動之間來回移動，這些流程基本上較迭代，而非線性的。

檢視現有來源

利用現有資訊來源作為開端。檢視各種資源類型的洞見以找出模式，像是：

直接的回饋

人們通常有很多方式可以聯繫組織：打電話、email、聯絡表格、線上意見、面對面服務及聊天。取得一份資料樣本來進行檢視，如過去幾個月來的顧客 email 或是客服中心的通聯記錄。

社群媒體

了解人們在社群媒體管道上怎麼談論你的組織以及服務。在 Facebook 及 Twitter 等不同的網站上檢視跟組織相關的文章。

使用心得及評價

從使用心得及評價取得相關的洞見。Amazon.com 的評價及使用心得系統非常有名，還有像是旅遊網站 TripAdvisor.com 及 Yelp.com 的餐廳資訊。即便是 Apple App Store 的評價也可以是一個洞見的來源。

市場調查

許多組織會定期進行調查、問卷及焦點團體訪談。這些細節會告訴你可以改善的地方。了解過去的市場研究，有助於提供洞見。

使用者測試

如果組織曾經做過測試，檢視這些經驗以找出洞見。

產業報告及白皮書

根據所處的產業，可能會有分析師做過相關產業報告。

整併研究發現

你可能無法從既有的資訊來源中找到一段完整的顧客經驗，大多數的產業報告及白皮書都是把重點放在整體經驗的一小部分。而且除非這個組織曾經執行過經驗圖像化的工作，否則通常都不太可能找到任何內部既有的研究結果。

因此，你得要從中挑選並找出相關的片段，這是由下往上的過程，需要許多的耐心及對於不相關資訊的容忍度。例如，一整份產業報告對於你的專案可能只有一小部分是有用的資訊。

為了幫助梳理這些既有的資料，可以用一個共通的格式來檢視所有的資源類型，運用以下三個步驟來整理使用者研究的發現：證據、解讀及經驗的推論：

證據

首先，不帶評斷地記下從任何從資訊得來的相關事實或觀察。納入直接的引述及資料，來指出證據所在。

解讀

對於你找出的證據，提出可能原因的解釋：為什麼人們會有這樣的行為或是感受？也可以試著對觀察到的行為多方解讀。

經驗的推論

最後，決定這個發現對於個人經驗的影響程度。盡量納入能夠影響人們行為的情感因子。

將每一個來源的洞見所得整理到各別的表格中。整併的表格有助於對各種資料類型進行排序。然後就能將這些發現一致化，以利於後續的比較。表 6-1 即為這類整併表格形式，展示一個虛擬軟體服務的兩個不同資料來源。

> "
> 建立經驗圖表能
> 打破組織目光狹隘的狀況，
> 並將心態從由內而外轉為由外而內。
> "

表 6-1　整併範例，一個虛擬軟體服務的兩個不同資料來源

來源一：Email 回饋

證據	解讀	經驗推論
許多 email 都指出安裝的時候出現問題，如：「在按照指示做了很多次後，我放棄了。」	人們缺乏安裝流程的技術及知識，因而感到沮喪。 人們沒有時間或耐心仔細閱讀說明書。	安裝在整個經驗中是一個有問題的階段。
- 試驗顧客	基於安全理由，許多公司不讓員工安裝軟體。 聯繫資訊系統管理員可能有困難或是很花時間。	對於沒有管理員權限的使用者來說，安裝階段就結束了他們的經驗：這是一個終結站。
經常會被問到管理員權限以安裝軟體，如：「我收到這個訊息『請聯繫資訊系統管理員』但我不知道該怎麼辦。」	人們喜歡和「真」人溝通。 與真人互動讓人覺得獲得個人的關注。	客服在整體經驗中是一段正向的經驗。

來源二：市場調查

證據	解讀	經驗推論
受訪者指出，注意到這本雜誌最常見的方式為： 1. 口耳相傳（62%） 2. 網路搜尋（48%） 3. 網路廣告（19%） 4. 電視廣告（7%）	在決定要不要購買我們的軟體前顧客會尋求他人的意見。 廣告可能不像先前假設的這麼有用。	在認識我們的服務時，口耳相傳扮演著重要的角色。
64% 的顧客指出他們在使用我們的服務時，會常常在電腦及行動裝置上切換使用。	人們有隨時隨地使用軟體的需求。	顧客會由不同裝置體驗我們的軟體。
大部分的顧客都指出安裝是困難的或是非常困難的。	對於一些使用者來說，安裝不夠簡單直接。 安裝指引並不容易看懂。	安裝是挫折的來源。

提出結論

接著，將所有經驗的推論整理到一份清單裡。然後按照標題來分組，產生各種模式，將你的研究聚集至更大的焦點。舉例來說，表 6-1 中列出的推論如下：

- 安裝在整個經驗中是一個有問題的階段。

- 對於沒有管理員權限的使用者來說，安裝階段就結束了他們的經驗：這是一個終結站。

- 客服在整體經驗中是一段正向的經驗。

- 在認識我們的服務時，口耳相傳扮演著重要的角色。

- 顧客會由不同裝置體驗我們的軟體。

- 安裝是挫折的來源。

在這個演練中的一些發現可能相當直接，且不需要進一步的驗證。舉例來說，你可能會發現人們認識一項服務的方式並不需要進一步的研究。如表 6-1 的例子，就能總結，大家的口耳相傳是人們得知服務的主要方式。如果要繪製顧客旅程圖，你可以馬上把這個資訊納入圖表中。

過程中發現的其他論點可能會揭露知識缺口。例如，從表 6-1 所產出的推論清單，可以很明顯地看出安裝所帶來的

挫折會是一個主題。但是你可能不會知道為什麼。原因可能需要進一步探討。

總體來說，這個過程是依據證據而來的，從個別的事實推論出更廣的結論（圖 6-1），透過把發現拆解成一個共同的形式，就可以在不同來源間比較主題。

檢視既有的資訊來源不僅可以提供製作圖表的資訊，也能有助於架構未來研究的計劃。你會更了解在下個研究階段該問些什麼問題，從內部利害關係人開始。

這個步驟不需要很久，取決於你所檢視的來源數量，可能一天或更短的時間就能完成。試著把內容分給多個成員一起檢視，這樣會更快，然後再一起開個會，討論重要的發現。

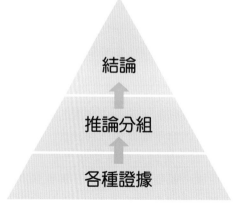

圖 6-1　梳理既有資料來源以找出相關證據，將推論分類，並提出結論

在組織內部進行訪談

對焦協調圖表必須納入組織內的人進行訪查,找一群人來進行訪談,不要只針對專案主要的贊助者,應該同時讓決策者、經理、業務代表、工程師、技術人員及第一線人員都一同參與。

此時的訪查是探索性的:目的是要找到深度研究的主題。你可以訪談到的人大概不多,可能只有六、七個,也就是說,你可能在組織的每個部門只能訪談到一兩個人。假設是這種情況,請確保你訪談的對象所說的可以代表整個部門。

進行訪談

內部的利害關係人訪談可以不用很正式、花約三十到六十分鐘,如果他們都是在同一個地點,可能一天就可以完成所有的訪談。如果沒有辦法跟每個人進行面對面訪談,用電話訪談也可以。

開放式的問題是最好的,因為這樣就能和不同的人進行自然的對談。訪談內容不應該是一張問卷,而比較像是與受訪者的訪談大綱,目的是要探索及學習,而不是計數投票。見本章側欄「簡要訪談指南」了解更多以開放式問題進行質化訪談。

> " 經驗圖像化始於低擬真模型,
> 而不是漂亮的圖像。 "

訪談必須包含三個重要部分:

角色及功能

從了解受訪者的背景開始,他們在組織中做些什麼?他們的團隊是如何組織的?了解他們在價值創造鏈中的角色。

接觸點

在組織中的每個人多少都會對人們與組織互動時的經驗造成影響,在某些例子中,利害關係人會直接與顧客接觸,若是這樣,可以直接詢問他們對顧客經驗的想法。其他的情況可能只有間接的接觸,不管是哪一種,試著探測以了解他們在使用者經驗中的角色,及與他們最相關的接觸點。

經驗

找出受訪者覺得顧客與組織互動時發生的經驗為何。從了解行動的流程開始：顧客會先做什麼？接下來發生什麼？也試著探查受訪者認為的顧客感受。什麼時候最挫折？什麼會讓他們開心？什麼時候會是可能的關鍵時刻？他們的理解可能會與實際經歷的不同，此時，你的訪查就會產出許多的假設，需要在後續的場域研究中被驗證。

請受訪者畫草圖來描述整段或部分的經驗。圖 6-2 呈現的是我專案中的一個例子，草圖隨著對話慢慢的進化，讓我們能夠指出經驗中的特定部分並展開更深入的訪查，這份草圖也成為建立圖表的基礎。

你也可以試著使用一個範本來引導關於使用者經驗的對話，像是圖 6-3 中由 UXPressia（*uxpressia.com*）提供的空白範本，大致描繪出常見的顧客旅程建立過程。你也找其他空白模板來使用，或製作自己的模板。重點是要讓受訪者填空，以便在訪談過程中一同了解經驗。

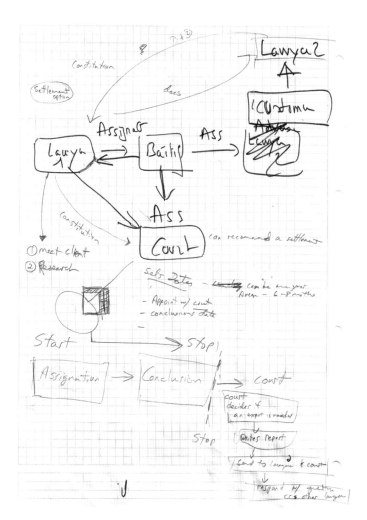

圖 6-2　請受訪者在利害關係人訪談中畫草圖

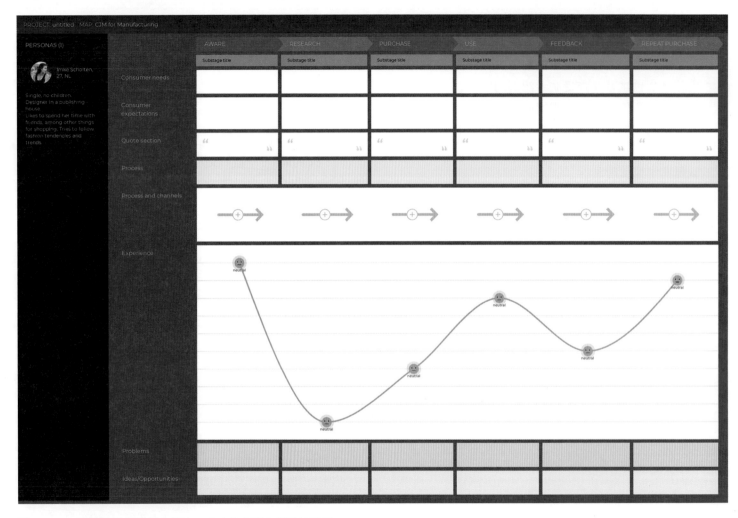

圖 6-3　一張簡單的經驗圖表範本，用來蒐集現有經驗的資訊

繪製圖表草稿

現在，你應該可以繪製第一版圖表草稿，作為經驗的初步假設。圖表內容不是以研究為基礎，因此，只是有根據的猜測。但重要的是，這份草稿能幫助我們找出知識缺口和其他研究問題，進而引導後續的研究。

在建立圖表草稿的時候要讓其他人共同參與，組一個利害關係人團隊，一起建立經驗模型。這裡的目的不是要分析經驗或增加資料，而是對這段經驗在假設的基礎上達成共識。

利用便利貼來一起建立起初步的圖表架構，目的是在思考如何陳述對焦及價值創造的故事，這個階段可能會涉及到某些推論，可能也要做一些猜測來填補缺口。

在這種初始的工作坊中，人們可能會開始想出一些解決方案，這也沒關係，記得把這些想法留下來，但是不要把工作坊重心放在腦力激盪上，要專注在圖表及產出研究所需的問題。

在新創公司及「精實」專案中，一張圖表草稿可能就夠了。記住：你追求的是組織內部顧客價值創造的共識。如果一個小團隊能專注於如何為使用者創造價值，也許並不需要進行太多正式的活動。

接觸點的盤點

有了圖表的初版架構後，接著要對於現有的接觸點進行盤點。

盤點接觸點的一個方式是角色扮演或是所謂的「秘密客」。透過這樣的方式，你將會走過一個人所經驗的流程，然後將這個過程中接觸的物件或證據記錄下來，包括：

- 實體證據，像是寄到家裡的信或是包裝。

- 數位接觸點，包括 email、線上行銷和軟體的使用。

- 一對一接觸，如業務代表的電話拜訪或是與客服對談。

不過，秘密客可能不會接觸到極端的例子以及例外流程。可以回頭找出其他的接觸點來完成盤點，舉例來說，試用顧客所收到的 email 可能會與付費帳號的多個使用者不同。要用更全面的角度去看待整件事，以確保接觸點的廣度被考量進去。

圖 6-4 是一個接觸點盤點的例子，由 Chris Risdon（之前在 Adaptive Path，現任職於 H-E-B）為了第一章所提到

歐洲鐵路接觸點

階段 通路	做功課 與計畫	查找資訊	訂　票	旅行前（文件）	旅行	旅行後
網站	Maps Test intineraries Timetables Destination Pages FAQ General product & site exploration	Schedule look-up Price look-up Multi-city look-up Pass comparison	Web booking funnel - Pass - Trips - Multiple Trips	Select document option (from available options) - station e-ticket - home print e-ticket - mail ticket	Contact page for email or phone	
客服中心	Order brochure Planning (Products) Schedules General questions	Site navigation help	Automated booking payment Cust. Rep booking Site navigation help	Call re: ticket options Request ticket mailed Reslove problems (info, payment, etc.)	Call with questions regarding tickets General calls re: schedules, strikes, documents	
行動裝置	Trip ideas	Schedules	Mobile trip booking		Access itinerary Look up schedules Buy additional tickets	
溝通管道 （社群媒體、 email、訊息）	Chat for web nav help	FB Comparator Email questions Chat for website nav help	Chat for booking support	Email confirmations Email for general help Hold ticket	Ask questions or resolve problems re: schedules and tickets	Complaints or compliments Survey
顧客關係						Request for refund, escelation from call center.
非通路	Trip Advisor Travel blogs Social Media General Google searching	Airline comparison Kayak Direct rail sites	Expedia		Travel Blogs Direct rail sites Google searches	Trip Advisor Review sites Facebook

○ 非線性，
無時間限制　　→ 線性
流程　　〜 非線性但以
時間為基礎

圖 6-4　對現有接觸點進行盤點，以了解現況經驗

的歐洲鐵路經驗圖所建立的（見圖 1-5），這張簡單的圖表包含每個通路的接觸點清單。在這個例子裡，每個接觸點都用文字描述，你也可以加上接觸點的截圖或是照片來增加真實性。

圖表草稿及接觸點盤點都能幫助你了解你專案工作的領域。這將能引導未來的研究，但單只訪查現有的接觸點並不能提供完整的顧客經驗樣貌，還是要透過真實顧客的研究來達成。

進行外部研究

典型的對焦協調圖表研究著重以質化的訪談及觀察為主要的資料來源，你和團隊共創的圖表草稿可以協助找出對於個人經驗的假設及開放式問題，這樣就能藉此架構研究以填補知識缺口。

如果你是此方法的新手，請仰賴專業研究員來進行訪談。進行對話並獲取最終所需的資料需要一些技巧。在公司內部或通過外部機構找業界人員協助，以獲得必要的質化洞見。

在場域中實地進行訪談及觀察是這類型研究的黃金標準。這提供與受訪者面對面的互動，也讓你能夠親眼看到他們身處的環境。用電話或是視訊軟體進行遠端連線訪談也可以獲得好的洞見。（見本章最後面的案例研究）

我認為經驗圖像化需要的研究本質上就是民族誌學。正如著名的人類學家克利弗德・紀爾茲（Clifford Geertz）所展現的：「厚實的描述」即是透過系統性觀察，提供文化脈絡的過程。[1] 目的是即時捕捉轉瞬即逝的人類行為，以便他人更容易理解。這就是經驗圖像化的本質。

近期，Tricia Wang 強調了深度質化研究的重要性，這是一種收集她稱之「厚數據」（如紀爾茲所述）的方法。在劍橋的 TEDx 演講中，Wang 說：「我看到組織一直在拋棄資料，只因為這些資料不是來自於量化模型，或者不放進量化模型。…[相反地,]厚數據可以幫助我們挽救因採用大數據而造成的脈絡流失，並能充分利用人們的想法。」[2]

在進行有效的實地觀察後，以建構經驗的思維方式來進行經驗圖像化工作。下一段將介紹一種實地場域研究的正式方法，包括場域訪談及觀察。遠距訪談的進行模式也差不多，只是較少直接的觀察。

---

[1] 見 Geertz's landmark essay "Thick Description: Toward an Interpretive Theory of Culture" in The Interpretation of Cultures: Selected Essays (Basic Books, 1973).

[2] 見 Tricia Wang 的 2016 年 TEDxCambridge talk "The Human Insights Missing from Big Data," which is based on her article "Why Big Data Needs Thick Data," Ethnography Matters (May 2013).

場域研究

最好的訪查方法之一是稱為脈絡訪查的質化研究方法，由休・拜爾（Hugh Beyer）及凱倫・霍爾茲布拉特（Karen Holtzblatt）在《Contexual Design》一書中首先提出。此類型的訪談要在受訪者經驗發生的場域中進行。

正式的脈絡訪查費時且昂貴，這種完整研究對經驗圖像化專案來說也沒有必要，但了解脈絡訪查的原則對於場域研究來說是滿有價值的。

實地訪談及觀察通常會花到一至兩個小時，要更長也可以，但通常不需要。每個部分可以規劃四到六個訪談。

為了更快地蒐集回饋，試著一次讓多組團隊到場域同時蒐集資料，結束時再聚在一起討論彙整資料。

場域研究可以被拆解成四個步驟：準備、進行訪談、討論、以及分析資料，如下所示。欲更深入了解這個方法，請參考本章末的資源。

準備

比起問卷調查或遠距訪談，在場域與受訪者進行訪談增加了準備的複雜度。在招募、報酬、排程及設備都要特別注意：

招募

明確向受訪者說明訪談內容並設定期望，提醒他們訪談將會在他們工作的地點或家中進行，希望不要受到干擾打斷。並確認他們可以接受在訪談中錄音，仔細篩選受訪者以確保招募到合適、符合資格的人，也要先請對方同意這些條件。不要低估尋找受訪者所需的時間；要完全減輕負擔，請向專門招募的公司尋求協助。

報酬

與問卷調查等其他研究的方式比起來，到場域進行訪談可能需要給予較高的報酬，有時候給到美金幾百元也很正常。高額的報酬通常能夠讓招募更容易，所以並不建議在這個部分省錢。

排程

因為要到現場進行訪談，在安排時程的時候記得要預留足夠的時間往返兩地，能在同一個地點找到多位受訪者當然是最理想，但是並不是常常都行得通。在不太趕的狀況下，一天大約只能安排二到三場實地訪談。

設備

每次的訪談都要好好的準備，確保帶齊所需的物品：

— 訪談大綱（見 159 頁側欄「簡要訪談指南」）

— 筆記本和筆

— 讓受訪者畫畫的空白紙張（非必要）

— 數位錄音設備或是錄音 App

— 相機（拍照前需徵得同意）

— 名片

— 報酬

訪談中的角色

因為是在場域進行訪談，不要一次去太多訪談者及觀察者以避免嚇到受訪者。以成對的方式進行研究：一次不要超過兩個人，超過兩個研究員會形成不自然的氛圍，影響到受訪者的行為，以及獲得的洞見。

為每位研究員決定明確的角色，一個是主要的訪談者，另一個則是觀察者，維持好各自的角色，這樣可以幫助主導的研究員與受訪者建立關係，並且引導整場對話。觀察者

可以在最後或必要時問問題。

訪談過程分成四個部分。

1. 招呼受訪者

招呼受訪者，介紹一下你自己，醞釀訪談的氣氛，保持簡單扼要即可。在開始錄音前先取得同意。請受訪者自我介紹並描述一下他們的背景。

2. 進行訪談

利用訪談大綱來提出開放式的問題。試著保持天真的好奇心，你們的關係應是一種師徒式的關係：訪談者是學徒，受訪者是老師，也就是說，即使他們描述的行為聽起來不是很有用，也不要指導或是糾正他們。

你要向他們學習，了解他們在訪查情境中實際做的事，而不是你覺得「對的」事，讓訪談聚焦他們自身的經驗，而不是你及你的組織。重點是了解現況的經驗，以作為經驗圖像化工作的基礎，並避免將未來的經驗或解決方案投射在訪談內容中。

當提出較廣泛、開放式的問題時，很可能會得到「看情況」這種答案，如果遇到了，可以試著詢問最常見的情況或是典型的情況。

有一項讓訪談順利進行的方法，叫做關鍵事件法（critical incident technique）。這個方法有簡單的三個步驟：

1. 回想關鍵的事件。讓受訪者回想一個發生過，且經驗特別糟的事件。

2. 描述一下這個經驗。請他們描述發生了什麼事、哪個地方出了錯、以及為什麼，記得要同時問他們當時的感受。

3. 最後，問他們理想上應該要怎麼樣。這通常能夠揭露他們真正的需求，及對經驗的期望。

關鍵事件法不僅可以避免太概括的描述，同時也可以取得更深入的使用者經驗，以及人們對於自身經歷的想法。基本上，你的目的是要填補人們所說的、說要做的，與真正做、想做之間的落差。

3. 進行觀察

利用場域的優勢，進行直接的觀察。記錄受訪者所在空間的配置、現場的物件，以及受訪者如何與它們互動。

可以的話，請受訪者示範他們如何進行一個代表性的任務，注意有些事可能有保密需要。一旦開始進行，就單純地觀察，儘量不要打斷。

要拍照做紀錄。確認有先徵得同意，並且避免拍到機密資訊或是物件。

也可以錄影，但是這有更多要注意的事，像是機器的角度、收音品質及光線等都可能讓你在訪談的一開始分神。而且，分析整場訪談會花掉很多時間，如果沒有資源去做這些後續的分析，那麼一開始就不要錄影。試著只錄一小段感言，或是一些預設問題的回應即可。

"

試著保持天真的好奇心，
你們的關係應是一種師徒式的關係：
訪談者是學徒，受訪者是老師。

"

最後，可以請受訪者草擬並繪製他們工作或活動的圖表。這可以帶來新的、有趣的對話和見解。

4. 總結

在一場訪談接近尾聲的時候，摘要出幾個重點來確認你的認知是否正確。儘量保持簡短扼要，提出附帶的問題以釐清更多事，並詢問受訪者對於剛才討論過的還有沒有其他想法。

如果有錄音記錄，那麼也將這部分錄進去，通常大家會將先前遺忘的重要細節加入，即使是走向門口時，也可能會聽到想要記錄的新洞見。

記得要給你的受訪者報酬，他們可能會不好意思直接跟你要。報酬是你表達謝意的方式，當交到他們手上的時候，要真誠且充滿感謝。

最後，詢問是否可以與他們聯絡，做後續問題追蹤。

討論

在每一至兩場訪談一結束後，馬上安排時間進行討論。和你的訪談夥伴一起檢視訪談的筆記，花一些時間來完成並確認彼此對受訪者所說所做的理解，也可以開始列出主題或是特別的洞見。

在訪談後立即對顧客身處的環境做簡短描述也會很有幫助，如果你是在某個人工作的地方進行訪談，則簡單畫一張他們辦公室的草圖，把周遭的工具、物件及與他人的互動都畫進去。

建立一個線上的空間來記錄想法，尤其專案是有數個研究員同時參與時，像是 MURAL（圖 6-5）這種線上協作畫板提供了很不錯的形式讓大家快速地匯集發現，每位訪談者都可以上傳場域的照片或筆記。圖表預計的架構及要包含的元素都會在此被反映出來。

騎腳踏車去超市：研究後討論

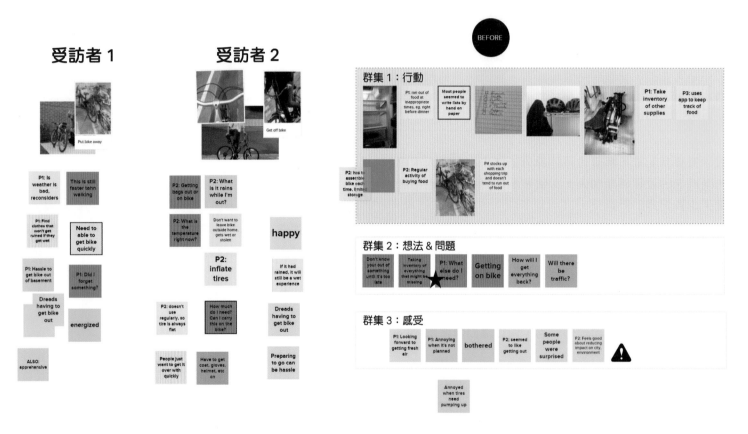

圖 6-5　MURAL（mural.co）是訪談後好用的線上討論工具

簡要訪談指南

開放式的問題是一種質化的訪談方式，在建立對焦協調圖表的時候相當適合，運用這個方法，你要試著用受訪者的語言與他們深度對談。不要直接把問卷內容照本宣科念出來，應該以間接的方式去探測與專案相關的主題。

這個概念是要去接受每位受訪者的獨特性以及他們獨特的情況。是什麼讓他們如此特別？他們有什麼樣的顧慮？他們對於你提供的經驗感受如何？

這種類型的訪談是一門藝術。挑戰在於如何在聊天中，針對你想要了解的特定主題取得回饋，訪談者要引導整個對話，適時的放開控制，並在訪談之間穿針引線。

在訪談中可以運用類似圖 6-6 的訪談大綱，這邊的例子是對記者進行訪談。這份文件是訪談者的問題提示而不是問卷調查。

通常訪談大綱會從一個標準的問候開始設定期望。訪談大綱的主要內容包括與研究主題相關的提示問題，這些提示應該都要能夠反應你的問題、假設及知識缺口。

記者訪談 – 訪談大綱

謝謝你今天願意來與我們聊聊。接下來的**一個小時**，我們希望了解你的工作以及與出版商的互動，我們會先問你幾個問題，然後請你用身邊的工具來做你平常做的事情。

對我們來說，從你的角度來了解如何工作是相當重要的。

我們會對接下來的內容進行錄音，這完全是匿名的，只是作為我們內部參考。

我們可能會拍一些照片，當然拍照前會經過你的同意。如果有任何機密的考量，請直接告知我們，我們一定會尊重。

1. **背景**（5 分鐘）：分享一些關於你自己以及你作為記者的事。你從事這項工作多久了？你的興趣及專長領域是什麼？

2. **分享最近一篇你為出版社寫的文章**（20 分鐘）
   a. 什麼啟發了這篇文章的靈感？你一開始有什麼樣的考量？你在接到新任務的一開始，感覺如何？
   b. 你是怎麼開始的？你是怎麼準備開始寫呢？
   c. 你會進行什麼樣的背景調查？什麼樣的知識是必須了解的 呢？
   d. 寫作的過程是怎麼樣的呢？在這個時候，什麼是你考量最多的 呢？
   e. 你是如何與編輯互動的呢？最困難的部分是什麼？
   f. 當出版的時候你的感覺怎麼樣？有任何後續的行動嗎？

3. **你的一天是怎麼過的呢**（15 分鐘）？（如果受訪者回答「看情況」，那就問他：「那昨天是怎麼過的呢？」）

4. **社群媒體**
   a. 社群媒體在編寫故事時扮演什麼樣的角色呢？你在使用社群媒體上有什麼樣的經驗嗎？
   b. 社群媒體在故事發表之後扮演什麼樣的角色？你感覺怎麼樣？

圖 6-6　與一位記者的虛擬訪談訪談大綱範例

訪談大綱是用來提示主題的工具，而不是要你照本宣科唸出來。事實上，你也很少能夠每次都跟著訪綱上順序進行，但這沒關係。如果受訪者突然開始聊起很後面的主題，就直接跳到訪綱上的那個部分繼續。

一般訪談技巧

- 建立良好的關係。與受訪者建立連結，並試著獲得他們的信任及信心。

- 避免是非問答題。試著使用開放式的問題詢問，並讓受訪者多說話。

- 跟著對話走。運用眼神交流和像是點頭及言語回應等肯定的姿態，表現出你有很認真在聽，適時對他們表示贊同（如「真的，我可以了解這對你來說一定很沮喪」或者「是，這樣的工作量對一個人來說聽起來真的很多」）。

- 傾聽。盡量讓受訪者說話，不要引導受訪者或幫他們說，跟著他們的思考模式，並使用他們的說法。

- 深探。試著了解受訪者真正的信念及價值，他們可能不會馬上就告訴你，可以試著用簡單的問題讓你更深入的了解，如：「為什麼你這麼覺得呢？」、「你是怎麼看待這件事的呢？」

- 避免概括。人們容易概括自己的行為。為了避免概括，可以這樣問：「你自己是如何完成那件事的？你在做那件事的時候感覺怎麼樣？」

- 降低分心事物。訪談常常會因為被電話或是其他事打斷。試著盡快回到主題。

- 尊重受訪者的時間。確保準時開始，如果訪談的時間延遲了，請先提出來並詢問是否可以繼續進行。

- 且戰且走。整個訪談的設定可能跟你預期的不一樣，狀況也不一定最好，無論如何，試著將訪談做到最好。

分析資料

質化研究能夠揭露戰略知識，這是此方法的明確優勢，然而，蒐集到的資料並不是有系統的，會得到許多要再整理的原始資料及記錄。不要氣餒，用專案啟動階段定義的整個互動故事來引導你的分析。

現況經驗的圖表彙集了你所訪查的人們及組織的狀況，當在整併蒐集的資料時，試著找出共同的模式。

從每個訪談當中萃取出相關的發現，將它們用一句主題來分組，然後將結論對焦到圖表中的流程或模式，圖 6-7 中可以看到從未結構化的內容被整理成共同主題，再形成一系列經驗的過程。

非正式分析

一個非正式的資料分析方式就是在牆上彙整便利貼，圖 6-8 是用便利貼建立心智模型圖的例子，可以獨自完成或是與小組一起完成。

你也可以用簡單的試算表來進行分析。圖 6-9 是一份整理研究發現的試算表，這份是我之前一個慢性疾病研究專案的資料整理文件，讓多人可以同時進行。

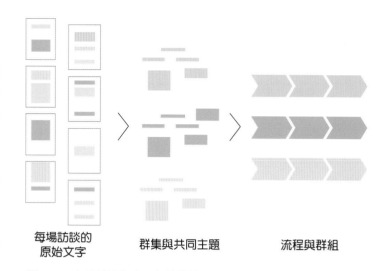

每場訪談的原始文字　　群集與共同主題　　流程與群組

圖 6-7　在分析過程中，無結構的原始資料會形成群集，再形成圖表具備的資訊流

圖 6-8　在一大面牆上整理便利貼進行非正式分析

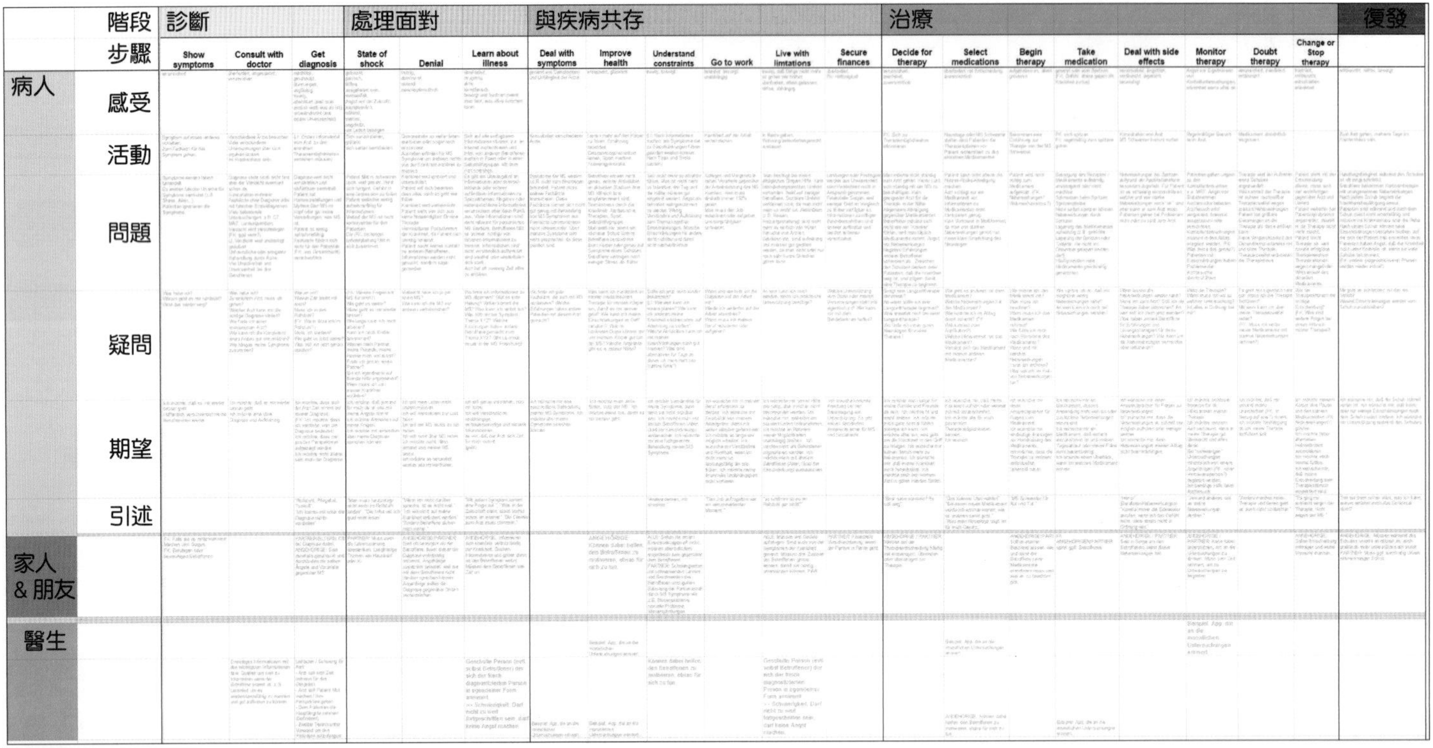

圖 6-9　使用簡單的試算表進行非正式分析

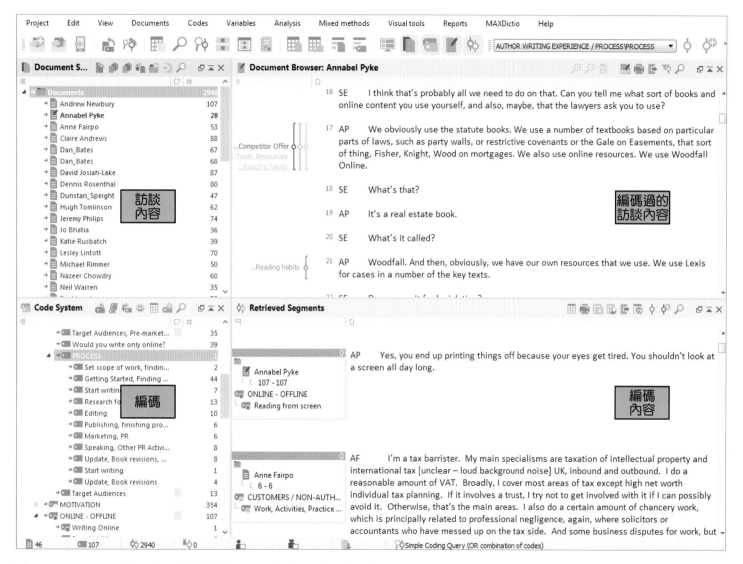

圖 6-10 MaxQDA 是一項質化文字分析工具，以得出可用在圖表上的洞見

正式分析

較正式的分析需要每場訪談完整的錄音逐字稿,一場六十分鐘的訪談可能轉成三十多頁的逐字稿,可以將這個步驟外包,因為轉譯逐字稿是非常費時的過程。或是運用像是 Otter.ai 等新工具以即時將通話和錄音轉成文字,但是產生的文本還是需要手動整理。

接著,使用像是 MaxQDA 的質化文字分析工具來整理轉譯的內容,如圖 6-10 所示(前一頁)。上傳訪談內容(左上方),建立一個主題清單將內容編碼(左下方),然後將這些編碼放到訪談的內容中(右上方)。最後,檢視每個主題下的訪談編碼內容(右下方)。

閱讀特定主題的編碼內容可以幫我們對經驗作結論。把主題和開放式問題做比較,並將發現整併至草圖中。Optimal Workshop 公司的 Dovetail 和 Reframer 等新工具可幫助你用簡單的線上解決方案進行類似的分析。

量化研究

當在建立對焦協調圖表時,問卷調查是一個取得量化資料的主要工具。它可以用來量測跨越不同階段或是接觸點的相同面向。

最基本的,要試著了解人們正在經歷的是哪一種經驗。舉例來說,可以在問題中列出一系列的接觸點,讓受訪者從中選出他們所接觸過的。這可以讓你知道有多少比例的人接觸過某個特定的接觸點。

以給分的方式來問問題會更有力,這樣你就能了解人們經驗 的程度,包括:

- 某階段或步驟經驗的頻率

- 特定接觸點的重要性或是迫切性

- 每個接觸點或是階段的滿意度

當在設計問卷的時候,量表要從頭到尾一致,如果你在一個問題裡請受訪者給予一到五分的滿意度評比,在後面的問題裡,不要改變成別的給分方式。

設計問卷不是件簡單的工作，可以考慮使用標準的問卷，如普遍用來量測顧客忠誠度的 NPS（淨推薦分數），由瑞克赫爾德（Fred Reichheld）的《終極問題》一書中所提出。或是運用軟體及網路應用程式，像是 SUMI（軟體易用性量測指標，sumi.uxp.ie）以及 SUS（系統易用性量表）[3] 都是近幾十年來常被運用的工具。

其他量化資訊的資源包括：

用量指標

電子服務從線上軟體到車用電腦晶片都可以捕捉到實際用量資料，像是網路分析及軟體電子參數，都可以提供相當細節的用量量測。

客服中心報告

大多數的客服中心會記錄來電量與一般流量模式，也有來電種類的量化分類。

社群媒體監測

圖表也可以考慮加上社群媒體活動的量化量測，這可能包括了某個社群平台的流量或是提到某個主題標籤（#）的數量。

產業標竿

你所在的工作組織及產業可能會有標竿資料可查，這可以看到目前的服務與其他同領域競業的比較。

當你從這些來源收集資料時，想想之後要如何將它們整合到圖表中。同樣地，請找公司或外部專家來協助處理量化資料分析。根據預計繪製的圖表種類，不同的架構及深度，進行方式也會不太一樣。第七章會討論到一些在對焦協調圖表中展示量化資料的一些方式。

---

[3] 欲了解關於 SUS 更詳細的說明，見 Jeff Sauro 的文章〈Measuring Usability with the System Usability Scale (SUS)〉，Measuring U(Feb 2011)

小結

一段經驗就是一個人心裡對某件事物的感受，它並不是組織所擁有的，要讓經驗被看得見，就要從使用者的角度來研究這些經驗。

從分析既有的資料來源開始，包括電子郵件回饋、電話、部落格留言、社群媒體活動、正式的市場研究及產業報告等，從中萃取對圖表有用的相關資訊。這些資訊可能就藏在現有的來源裡。

同時從既有的實體、數位及真人互動中進行接觸點盤點，在盤點記錄中留意互動的通路及方式，並且收集每個接觸點的圖片。

和專案團隊及利害關係人一同建立圖表草稿，這可以讓你對目前一個人經驗的了解有個初步的概覽，也提供已知和未知的概覽，作為後續研究的指引。在一些案例中，這可能就是你和團隊達成共識協調所需的一切。

接下來，對組織進行內部訪談，訪談跨部門及不同階層的人。試著在初步訪談裡納入第一線人員：例如服務台人員及客服中心的工作人員，通常這些人對客戶的經驗會具有較清晰的觀點，因為他們是服務顧客的第一線。

進行場域研究來填補知識空缺，並更深入了解一個人的經驗。到受訪者與服務互動的地點進行訪查，讓他們參與訪談，同時也觀察周遭的環境。可以利用視訊會議等方式來進行遠距研究來加速整個過程，但這樣容易失去面對面互動才能有的豐富內容。

量化研究可以驗證假設。調查及問卷在這裡是最有用的，可以將這些方法帶來的結果放進對焦協調圖表裡，以達到更佳的效果。

所有的資料都需要被分析且精簡至切中主題，接下來才能開始信心滿滿地繪製經驗圖表。下個章節將討論如何把研究中的發現放進圖表中展示。

延伸閱讀

Tricia Wang, "Why Big Data Needs Thick Data," *Ethnography Matters* (May 2013)

Wang 在本文中介紹了厚數據（質化民族誌，以對比量化大數據）的概念。借自克利弗德·紀爾茲（Clifford Geertz）「厚實描述」的概念，厚數據將重點放在脈絡中的情緒和動機，以揭露新的模式，並解釋人們某些行為的原因。

Hugh Beyer and Karen Holtzblatt. *Contextual Design* (Morgan Kaufmann, 1997)

這本原創且重要的著作將脈絡探索的正式方法介紹給設計領域，內容完整且架構良好。書中提供了流程的一步步說明與指引，第一部分詳細地討論了訪談及訪查的方法，書的後面幾個部分則說明如何將研究發現轉為具體設計。相當推薦大家閱讀。亦見 Karen Holtzblatt, Jessamyn Burns Wendell 與 Shelley Wood 的《Rapid Contextual Design》(Morgan Kaufmann, 2004).

Mike Kuniavsky. *Observing the User Experience* (2nd ed., Morgan Kaufman, 2012)

經驗圖需要一些初步訪查，這本書為使用者研究提供了很棒的資源。

Steve Portigal. *Interviewing Users* (Rosefeld Media, 2013)

波蒂加爾（Steve Portigal）是一位知名的使用者訪談專家，這本是所有想要學習脈絡訪談或民族誌研究的人必讀書籍。書中提供很多實用的資訊及技巧，以及豐富的例子。

Giff Constable. *Talking to Humans*, self-published (2014)

這本薄薄的書提供了面對顧客及與他們對話的概述。作者使用的是精實創業的方法，注重假設討論及假設的測試，裡面有許多關於進行快速訪談的入門實用資訊。

案例：音樂策展－ Sonos 使用者研究和圖表繪製

作者：Amber Braden

Sonos 是一家無線家庭音響系統的領導品牌。從顧客的角度來看，他們的服務相當單純：把音響連接到家中 WiFi，然後就可以用手機、平板或是電腦來播放音樂。

Sonos 音響 app 可以讓多人在不同房間控制多個服務，這些部分對服務的運作雖然重要，但使用者最在乎的還是播放音樂，這個專案的目的就是要展示出其中涉及的複雜度。

在試圖描繪人們如何播放串流音樂之前，Sonos 首先要了解人們如何及為何使用這項產品。我們的研究要在兩週之內對十名 Sonos 使用者進行訪談。

一開始，我們進行遠距的訪談，利用電子會議軟體及視訊，請受訪者在手機上示範他們使用 Sonos app 的方式，所有的訪談都有被錄下來，讓未參與訪談的利害關係人看。

我們請受訪者將每天與產品的互動記錄下來，每週與每個家戶聯繫時都會收到特別的洞見。我們發現當受訪者在詳細敘述故事的時候，通常會揭露出他們更深的目標期望。

接下來，我們檢視了蒐集到的資料，找出共同的主題。利用便利貼及白板，將研究發現排列成可以作為圖表基礎的模型。

最後，我們建立了完整的圖表，展現這次研究的關鍵洞見，如圖 6-11 所示。

圖表將使用者的經驗簡化至五個關鍵的要素：

- 使用者目標。我們想要揭露潛在的動機：顧客在播放音樂時想要達成的目標是什麼？在每一場訪談中，我們會問顧客為什麼會做他們所做的事。

- 支援的功能特點。回想一下 Indi Young 建立心智模型圖的過程，將 app 功能特點描繪出來並與目標做對應，這樣能幫助利害關係人了解人們是使用哪些功能來完成任務。在這個案例中，我們發現 app 裡播放佇列功能的比重太高。

- 功能特點的效益。功能特點的效益揭露出現有功能特點的價值所在，同時也能有效讓利害關係人買單。除了彰顯負面評價外，也能展現好的部分。

使用者目標	支援的功能特點	功能特點的效益	行動的障礙	未使用項目
Get music ready for later	Add to queue	I have music ready to go that fits what I am in the mood for	Required to select from a menu for each song	Delete track from My Library
Create a playlist for a party	New playlist Add to playlist	I can add songs/albums/playlists that I want to a playlist	Required to select from a menu and playlist for each song	View reviews
Share music with someone next to me	Play now Play next	The menu choices for what I am doing are at the top I can continue to change what I am playing	Pulled into the now playing but still looking for music The song will drop to the bottom of the queue	View all tracks on album
Keep the music going (DJ)	Add to queue View queue Play now	I can play songs as the requests come in I can add to a list of songs so the music keeps going	Required to select from a menu for each song The song will drop to the bottom of the queue	Add album to my library
Turn on a mix of music	Add to queue View queue Play now Play next	I can build a queue of all the different music I like	Required to select from a menu for each song The song will drop to the bottom of the queue Required to choose one song or the whole album	Search for this everywhere
Play what I found right now	Play now	I can play songs as I find them	The music will stop after this song plays A song will appear in Now Playing and not play Required to choose one song or the whole album	Artist info
Take requests (DJ)	Play now Add to queue	I can choose to play a request now or later	Music stops when I do not expect it to The song will unexpectedly drop to the bottom of the queue	Add to favorites
Look at what is going to happen	View queue Up next	I can go into the queue and view what else is in there	This changes when I add music, but I can't see the change When I move around the queue, time is unknown I only have a quick glance at the very next song	More albums like this
Repeat same song for kids	View queue Previous track	I can go into the queue and view what else is in there Once the song ends, I can go back to the song	I get lost trying to find what I just added I can only repeat the song if it's the only one in the queue	Album info
Refer to what I listened to before	View queue Save queue Sonos favorites	The queue tells me what I put in there before I can turn the queue into a playlist I can mark things I want to listen to frequently	The old queue disappears Random music is mixed in with what I listened to before Required to navigate to the queue	
Avoid mixing listening history with current listening	Clear queue Replace queue	I can choose a song and erase irrelevant music at the same time	I didn't realize music was in the queue I heard a random song that is in the queue Accidentally erased someone's queue	
Create immediate access to music I am currently listening to	Add to favorites	I have easy access to the music I listen to regularly I can get rid of the old music I don't want to listen to	I have to remember to pick the content as my favorite	
Turn on music so I can do something else	Play now Play all tracks	I can easily get a radio station going All tracks makes it easy to get an album or playlist going	The music stops when I did not expect I have to start the album/playlist from the beginning I have to select a menu each time I turn on a station	
Play a song	Play now	When I find a song I like I can play it right away	Music stops after a song is played It's required to go through a menu for each song	
Feels turning on a lot of music is time consuming	Play now Play all tracks	I can get all the tracks from a previously made playlist	It's required to go through a menu for each song	

圖 6-11　Sonos 的簡易串流模型圖

- 行動障礙。圖表最重要的是要顯示出 app 無法支援人們目標之處。這些障礙會引起利害關係人的注意。

- 未使用項目。這個部分展示的是人們播放音樂時不會用到的功能,這份清單幫助我們決定哪些可以被移除,且不會影響到使用者的目標。

模型建立起來後,我們發現它可以用在很多地方與利害關係人討論互動。以下是模型的運用方式:

- 在會議及工作坊中展示圖表。這個模型很簡單,讓大家不會一下子被大量資訊嚇到,我用過紙本及電子檔案的形式來呈現,可以幫助建立對於使用者動機的共同了解。

- 把模型列印出來,請每位同事使用。把模型在辦公室裡發給大家,放在同事們的桌旁,讓他們可以隨時聊聊想法並讓對話延續。

- 將新概念加入模型中。當利害關係人看到問題所在後,就會開始想解決方案。他們會知道可以怎麼用新概念的功能特點來置換原本的功能。

- 運用新的效益來撰寫使用者故事。新的(或是有時是既有的)效益可以作為開發團隊撰寫使用者故事的基礎。

建立簡單的模型,能讓利害關係人更容易參與投入。它能夠鼓勵人們把它當作參考,並將它用在不同活動中以改善設計。

我們看到產品經理、工程師及設計師使用這份圖表來幫助他們了解描述的問題是哪些,以及該怎麼解決。正因模型是根據第一手的研究而來,我們也會比較有信心,因為決策都是根據真實顧客需求而來。

關於本節作者

Amber Braden 是 Facebook 的 UX 研究員,她的專長包括脈絡訪談、心智模型以及工作坊主持,安柏擁有愛荷華州立大學(Iowa State University)的人機互動學位。

圖表與圖片出處

圖 6-2：Jim Kalbach 在訪談時根據受訪者回饋所畫的草圖

圖 6-3：旅程圖樣板可從 UXPressia（uxpressia.com）取得，經同意使用

圖 6-4：由 Chris Risdon 所建立的接觸點盤點，出自他的文章〈The Anatomy of an Experience Map〉，經同意使用

圖 6-6：Jim Kalbach 進行研究分析的範例，以 MURAL 建立

圖 6-8：圖片出自 Indi Young 的《Mental models》（Rosenfeld Mdeia，2007 年），取自於 flickr：*https://www.flickr.com/photos/rosenfeldmedia/ sets/72157603511616271/*

圖 6-9：一份 Google 線上試算表資料蒐集的範例，原始版本改編而來

圖 6-10：MaxQDQ 的圖片，出自於 Jim Kalbach

圖 6-11：Sonos 音樂串流模型，由 Amber Braden 建立，經同意使用

「圖像的優勢在於
能夠在最短的時間、最小的空間內，
以最少的墨水，帶給觀者最大量的想法。」

—— 愛德華・塔夫特（Edward R. Tufte）
《The Visual Display of Quantitative Information》

本章內容

- 圖表的編排

- 整併內容

- 設計資訊

- 工具及軟體

- 案例：圖像化實驗室檢驗經驗

CHAPTER 7

繪製：經驗躍然呈現

「我不是視覺設計師，也不會畫畫，怎麼建立圖表呢？」在對焦協調圖表講座和工作坊上，我常常收到這樣的反應。

好消息是：經驗圖像化並不一定要有藝術天份才能進行，你的任務就是把所有的發現整理成一份完整的故事。比起做漂亮的圖，建立有內容、有意義的故事才是比較困難的部分。

參考圖 7-1，由設計策略師及《行動介面設計模式》一書作者艾瑞克・伯克曼（Eric Berkman）所建立的圖表，圖中只有少少的視覺元素，但呈現出星巴克正負面服務的關鍵洞見。圖表不用畫得很漂亮，就能讓人看得懂。

在某些情況下，例如，在小型公司非正式地密切合作中，可能只需要在牆上一排便利貼即可。而當向大型銀行的執行長報告正式專案時，則需要更完善的方法。無論圖像需要的精細度如何，運用一些基本設計的原則，對於建立漂亮的視覺故事也很有幫助。

本章討論了三個繪製圖表過程中的相互依存的要素：

1. 編排圖表，確定整體形式

2. 將內容整理為精簡的形式

3. 將資訊設計成引人注目的視覺圖像

在專案中，通常會在這三個部分之間來來回回，要隨時做好修改的準備。在閱讀本章之後，你就可以將訪查中的洞見轉化成一張有意義的圖表。

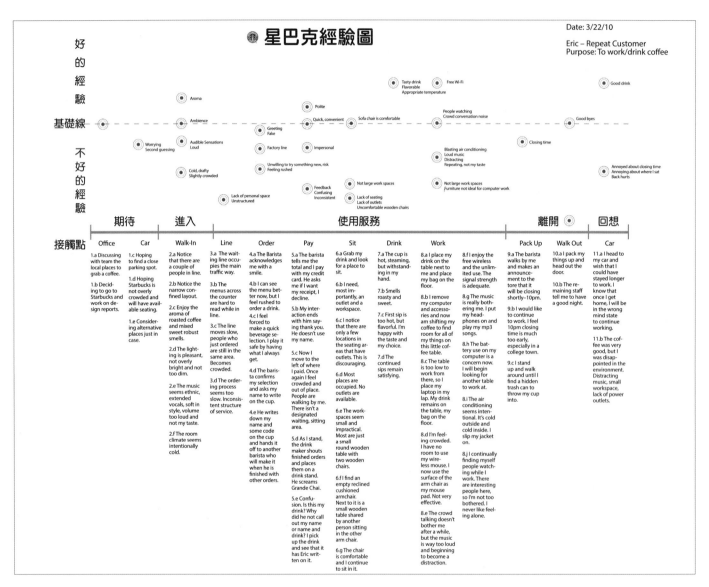

圖 7-1　艾瑞克・伯克曼這張簡單但易懂的星巴克經驗圖，用最少的視覺元素揭露出重要的洞見

圖表的編排

有些方法本身就帶有既定的版型樣式，像心智模型圖，會把資訊階層性整理成塔的形式，或是正式的服務藍圖都有類似表格的形式。否則一般來說，圖表呈現的形式是由製圖者自行決定。

我會建議使用簡單的表格或時間軸，在大多數情況下都適用。但是，思考一下不同的選擇也不錯，如同在第二章所討論到的，典型的編排形式（時序性、階層性、空間性，或是網絡狀）會影響到你的圖表排版，圖 7-2 呈現的是一些可能的版型。

無論使用哪種排版，需要考慮的重點是資訊的形式如何能加強所要傳達的訊息。舉例來說，挪威的策略設計師 Sofia Hussain 建立了圖 7-3 的圖表，她特意選擇圓形的樣式來展示一個成功的活動規劃 app 仰賴的是回頭重複使用，這個形式能將訊息加強放大。

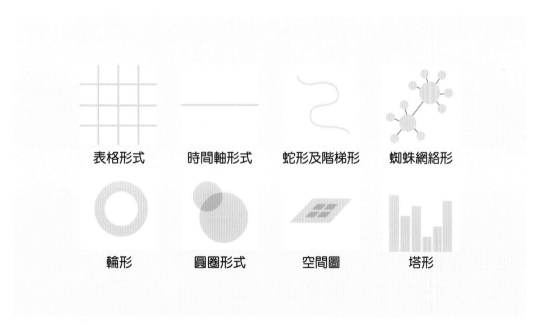

圖 7-2　選擇圖表不同的排版，以加強故事性

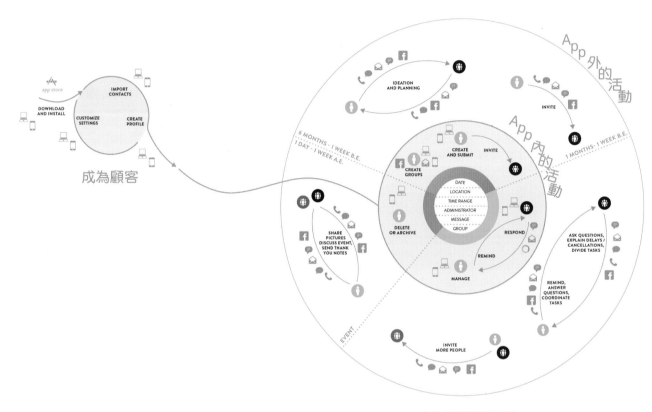

圖 7-3　讓圖的形狀有意義：例如，圓形的圖表彰顯活動規劃 app 需要回頭重複使用

時序性呈現

時序性的地圖是最常見的圖表種類，它比較容易懂，但也會遇到一個問題：並非所有經驗的面向都是有順序的。有些事件是持續進行的，有些可能有不同的順序，有些則可能帶有不同的次流程。必須克服所謂的「時序問題」，或是在時間軸中呈現非常態狀況，如圖 7-4a 至 7-4d 所示。

圖 7-4a

重複行為：用箭號和圓圈來呈現重複的動作。例如，在一通電話中，業務員會在說明產品和回答問題之間來回。

圖 7-4b

多樣順序：雲狀的非線性圖形，能指出活動並不是依照先後順序發生。例如，業務員會同時開發新的潛在顧客、維持現有關係、並擴大觸及。

圖 7-4c

進行中的活動：指出第一次事件發生的時間，然後標注這是持續在進行的或是把線延伸至整個圖表，避免在同一張圖中一直重複。舉例來說，業務員可能一直都在尋找新顧客。

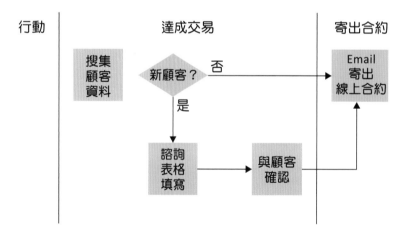

圖 7-4d

選擇性的流程：你可能會在繪製的圖中遇到特殊的次流程，可以插入一個決策點來分開這個流程。保持精簡以免讓圖表變得太過複雜，舉例來說，業務員會依據顧客的類型而有特殊的活動。

整併內容

這個階段的目標是將經驗目前的狀態描繪出來。對未來狀態的描繪及產出解決方案通常會在稍後進行，如第八章及第九章所述。

將你所蒐集的資料精簡並切入要點，找出共通的模式。同時由下往上及由上往下之間交替進行（圖 7-5）。進行群集、分類，直到獲得最關鍵的洞見為至。同時，在草稿中由上往下進行，協助引導資料整併。

做好心理準備，在這個過程中會把資料搬來搬去。你的第一個目標是先建立一份原型圖表，並將質化和量化的資料都涵蓋進去。

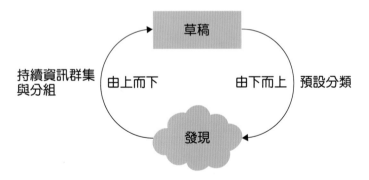

圖 7-5　不斷重複地由下而上，再由上而下整併研究發現

質化資料

大部分描述經驗的資料是質化的，多方描述了「為何」及「如何」，而量化的資料則是描述「有多少」。以下是納入質化元素的一些方法準則：

建立階段、種類及分類

決定模型中主要的「銜接點」，在時序性的圖中，就是建立階段，如認識、購買、使用、獲得支援。圖上通常會有四至十二個階段，對於空間性以及階層性的圖表來說，則必須建立群組，試著找到你與利害關係人都感覺最對的方式。請記住，階段的標籤概念應從使用者而非組織的角度來設定。例如，若是在描繪找工作的經驗，則第一階段應該是「開始尋找」（使用者做的事），而不是「招聘」（組織做的事）。

描述經驗

決定要用什麼樣的面向來描述經驗。核心元素包括行動、想法及感受，要設法將經驗的豐富感描述清楚，可以加入研究中顧客的引述或實地訪查的照片。你可以自行決定哪些內容與目前專案範疇最相關，目的是透過訪查的結果，展示對顧客和組織都有價值的事物。

呈現出接觸點

> 在每個階段納入顧客與組織互動的介面，將使用脈絡考慮進去。記住，接觸點是根據某個情況所產生的，要確保在圖上與介面相關的資訊能提供妙術接觸點的脈絡。

納入組織的各面向

> 指出每個接觸點涉的角色或是部門，其他可以對焦描繪的元素包括組織的目標、策略當務之急和政策。試著呈現出對組織有價值的事物。

格式化內容

格式化內容算是經驗圖像化中最棘手的部分之一。在彙整資料及研究之後，常會想把所有的發現都放進去，別衝動，要以簡潔為主。精簡地呈現資訊需要時間和經驗累積。

表 7-1 列出一些可以在這個階段參考的指南，同時也用兩個例子來說明從轉換研究所得到圖表中精確內容的過程。你可以看到表上方的研究洞見一路精簡為圖表中一段一段簡明扼要的陳述。在這個表格裡，假設是在為一家軟體公司建立顧客旅程圖。

表 7-1 的上方第一行從研究中發現的洞見開始。這不是直接放進圖中的內容，相反地，目標是按照表中建議的過程進行轉換，將原始洞見精煉到洞見的本質。

對每個面向的資訊保持相同的句型是很重要的。前後連貫的內容系統可以讓圖表更容易閱讀，也更能有效傳達。

以下是一些最常用的資訊類型範例格式：

- 行動：用動詞起頭，如，下載軟體、致電客服中心。

- 想法：用問句描述，如，有沒有隱藏的費用呢？我還要找誰呢？

- 感受：用形容詞，如，緊張的、不確定的、如釋重負的、開心的。

- 痛點：用動名詞（V-ing）起頭，如，等待下載、支付發票。

- 接觸點：用名詞來描述介面，如，Email、客服專線。

- 機會點：用動詞起頭來表示改變，如，提升安裝的簡易度、減少不必要的步驟。

表 7-1　透過從上到下整理的過程，將原始觀察結果濃縮為簡單扼要、結構明確的語句。

指南	描述	例子 1	例子 1
從洞見開始	從研究中群集的發現開始	研究群集 1：人們指出在顧客開發階段時，他們有時會因為高價定價模式而猶豫並重新考慮。	研究群集 2：有一個與解決方案相關的明確痛點，主要是因為缺乏必要的技術知識。
利用自然的語言	使用能反應個人經驗的語言及他們的說話方式。	由於對高價位感到緊張或不安，人們會在購買時重新考慮。	使用者如果缺乏所需的技術能力，在第一次安裝軟體時往往會感到困難。
保持一致的用語	將洞見重新以第一人稱或第三人稱描寫（擇一），但不要混在一起。	我在做購買決定時重新考慮了一下，因為我對這個高價位感到不安及緊張。	因為缺乏所需技術能力，我第一次安裝軟體的時候感到很困難。
省略代名詞及冠詞	為節省空間，省略冠詞或名詞。	購買時會重新考慮，因為高價位感到不安及緊張。	缺乏所需技術能力，在第一次安裝軟體時感到困難。
聚焦根本原因	精簡資訊，反應出背後動機及情緒。	購買時由於高價位感到不安及緊張，因而重新考慮。	在安裝時感到困難，因為缺乏必要技術能力。
保持簡單扼要	重寫敘述，用越少字越好，必要時可用同意字。	購買時對價位感到不安，因而重新考慮。	因缺乏技術能力，在安裝時感到困難。
謹慎使用縮寫	可使用常用的縮寫。	購買時對價位感到不安，因而重新考慮。	因缺乏技能，在安裝時感到困難。
利用圖中的脈絡	有些資訊可以就其位置被推論出來，若是表格形式的圖，可以利用列及欄位的標題	對價位感到不安 （在「購買」欄及「感受」列交集的格子） 重新考慮 （在「購買」欄及「行動」列交集的格子）	因缺乏技能而感到困難 或 缺乏技能 （假設有一欄是「安裝」及一列是「痛點」）

量化資訊

加入量化內容能增加圖表的效度。思考如何將指標、問卷結果、和其他資料放進圖表中。表達量化資料的方式有很多種，如圖 7-6a 到 7-6d 所示。

1. **口耳相傳**（48%）

2. **網路搜尋**（26%）

3. **網路廣告**（19%）

4. **電視廣告**（7%）

圖 7-6a
顯示數字：用數字來顯示絕對值。舉例來說，人們如何找到你的服務會有量化資料。

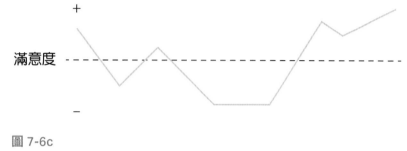

圖 7-6c
將數值標在折線圖上：用簡單的走勢線條就可以在圖表中呈現曲線的高低點。舉例來說，一段旅程終點的顧客滿意度會有量化資料。

圖 7-6b
使用長條圖來顯示量：長條圖通常用來呈現出相對的量。若需要的話，絕對的數值可以放在內容中

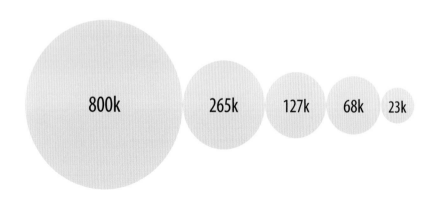

圖 7-6d
使用大小來顯示量：也可以用形狀的大小來顯示量。舉例來說，這個例子可以用來呈現購買漏斗過程的顧客數量。

設計資訊

大家都喜歡豐富的資訊呈現。運用色彩、質感及風格來呈現內容與我們的生活及工作習習相關，圖表的視覺呈現會影響人們對內容的了解。

一定要建立一套一致的視覺語言來彰顯故事線。要強調什麼樣的洞見？想要溝通的關鍵訊息是什麼？要怎麼讓圖表更平易近人、更美觀也更引人入勝呢？

即便你不是平面設計師，還是有些讓圖表更清晰的基本決定可以做，請遵守這些原則：

- 簡化。避免瑣碎及裝飾性的圖表，要有效率地呈現資訊。

- 強化。保持專案的目標及贊助者內心的期望，用設計來強調整體訊息。

- 清晰。致力於讓內容愈清楚愈好。

- 統一。所有的資訊要有整體連貫性，維持資訊呈現的一致性，保持完整的輪廓。

要特別注意的重要面向，包括字型、圖像及視覺層級的建立，將在接下來一一討論。

字型

字型指的是字體的選擇及文字內容的設計，對焦協調圖表主要是以文字所組成的，因此，字型對於圖表的使用與資訊傳達就顯得相當重要。

字型的選擇可能多到讓人不知如何是好，可以用功能及目的來引導選擇。當有疑慮時，應優先考慮易讀性及易理解性而非風格表現。要注意字體、大小及寬度、大小寫及粗體、斜體的型態（圖表 7-7a 至 7-7d）。

圖像元素

在整併內容之後，思考一下怎麼用視覺呈現出來。圖形元素扮演了很重要角色，你可能沒辦法自己畫出這些圖形，但了解一些基本的原則有助於規劃及檢討成果。

用線段來表達關係

線條是一個主要表達視覺對焦的手法，在對焦協調圖表中有四個主要的功能：區分、涵蓋、連結及展示途徑。

小心不必要的線條，如果表格中的每一個方框都有框線，整個表格就會看起來太過沈重。大原則是線條愈少愈好，並且只在對圖表有意義時使用。

襯線字體

The quick brown fox jumps over the lazy dog.   Times New Roman
The quick brown fox jumps over the lazy dog.   Georgia
The quick brown fox jumps over the lazy dog.   Courier

無襯線字體

The quick brown fox jumps over the lazy dog.   Arial
The quick brown fox jumps over the lazy dog.   Verdana
The quick brown fox jumps over the lazy dog.   Trebuchet

圖 7-7a

選擇字體：字體主要分成兩種，襯線字體及無襯線字體。一般來說，有大量資訊的圖表會使用無襯線字體，標題則常用襯線字體，在一張圖表中最好只用一到兩種字體。

不同字寬

The quick brown fox jumps over the lazy dog.   Verdana

The quick brown fox jumps over the lazy dog.   Frutiger
The quick brown fox jumps over the lazy dog.   Frutiger Condensed

The quick brown fox jumps over the lazy dog.   Arial
The quick brown fox jumps over the lazy dog.   Arial Narrow

The quick brown fox jumps over the lazy dog.   Franklin Gothic
The quick brown fox jumps over the lazy dog.   Franklin Gothic Condensed

圖 7-7b

考慮字級大小及寬度：你可能會為了納入較多的資訊而選擇較小的字體，避免字體小到看不清楚，要試著調整內容，只保留最有意義的精華？

同時，留意字型整體的寬度。舉個例子，Verdana 這個字體本身就非常寬，所以比較不推薦，可以選擇壓縮體或較窄的字體。將窄版與原版字體搭配使用來達到更好的一致性。

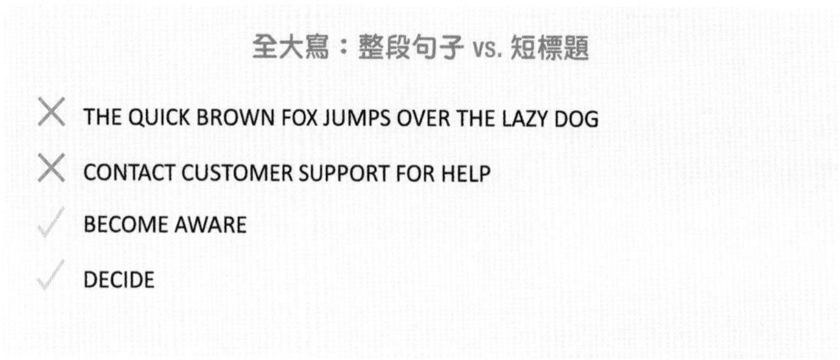

全大寫：整段句子 vs. 短標題

✕ THE QUICK BROWN FOX JUMPS OVER THE LAZY DOG

✕ CONTACT CUSTOMER SUPPORT FOR HELP

✓ BECOME AWARE

✓ DECIDE

圖 7-7c

注意大小寫：一般來說，較長的內容全用大寫字母會比大小寫混合難閱讀。全大寫字體也比較占空間，但像是標題或是旅程階段小標題的單字或是短句子，用大寫字體呈現就不錯。謹慎地選用大寫字體來加強重點或是凸顯差異。

以不同字體形式來強調

The quick brown fox jumps over the lazy dog.   Frutiger
The quick brown fox jumps over the lazy dog.   Frutiger Ultra Black
The quick brown fox jumps over the lazy dog.   Frutiger Light Italic

圖 7-7d

用粗體或是斜體來強調重點：利用粗斜體來幫助區分出不同的資料種類，但要謹慎地運用。一般來說，使用一樣的字體大小及字型能夠讓資訊更容易閱讀，混用粗體及斜體較易混淆。

可讀性同時也會因為粗體及斜體而改變，把文字變大變粗不見得會讓它變得更易讀。舉例來說，Frutiger UltraBlack 字體會引起注意，但並不會比較容易閱讀，同樣地，長篇文字若用 Frutiger Condensed 斜體也並不易閱讀。

用色彩傳達資訊

顏色不只是裝飾而已，它能夠幫助建立輕重順序，讓整個圖表更容易被了解。在經驗圖表中，色彩的兩個主要用途就是編碼資訊類型及顯示出背景區塊，如圖 7-8 所示：

- 色彩編碼能讓觀者看見整個圖表中個別的資訊類型。這在建立視覺對焦上相當重要。舉例來說，痛點或是關鍵時刻可以分別帶有一樣的顏色，即使它們不位在同一個視線上，顏色也能把在不同區塊的同類資訊連結在一起。

請注意，色盲的觀者可能不容易區分顏色，而且顏色在不同的文化中可能具有不同的含義。

- 利用顏色在圖表中建立背景，這樣可以避免不必要線條的使用，像是用不同的顏色來區分旅程中的各個階段。也可以利用單一的色系而非新顏色來區分或涵蓋不同內容。

用太多的顏色反而可能造成反效果，因此建議用來強調重點，且要保持色彩的一致性。

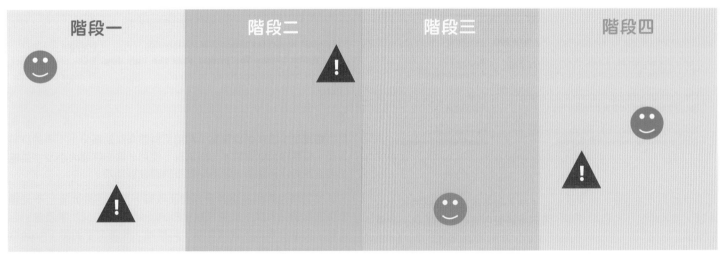

▲ 痛點　　☺ 開心時刻

圖 7-8　用色彩傳達資訊

用圖示讓溝通更有效率

圖示能以小量的空間傳達很大量的訊息，也能增加視覺趣味，通常經驗圖表中會有圖示的包括人、接觸點實體證據、情感、及關鍵時刻（見圖7-9）。

圖示的形式無窮多（例如，填色背景／線匡，如圖7-9的第一行所示）。發想自己的圖示樣式，並在整個圖中保持一致。

請記住，並非所有資訊類型都可以用圖示來表達。若有不是很明確的狀況，可以建立一個對照表來說明圖示，也要記得，如果圖示太多，整個圖表可能會很難閱讀：讀者要不斷來回參照說明才能了解資訊。盡量讓圖表內容不用對照說明或進一步解釋就能讀懂。

另外要注意，圖示在不同的文化中可能具有不同的含義。思考如何用圖示傳達想法或概念，同時盡可能減少偏見和文化的影響。

The Noun Project 是一個彙集來自世界各地圖示及符號的網站（*thenounproject.com*）。這些圖像都可以直接下載使用，有些是開放授權，有些是創用 CC 授權。這是一個很棒的圖庫資源，可以幫你達到圖表內容的一致性。

圖 7-9　用圖示讓溝通更有效率

視覺層級

並不是所有圖表中的資訊都一樣的重要，建立一個視覺的層級來引導圖中經驗的瀏覽。如圖 7-10a 至 7-10d 的描繪說明，利用對齊、不同的視覺重量的手法來達到聚焦、分層，同時也避免造成圖表垃圾（Chartjunk）。

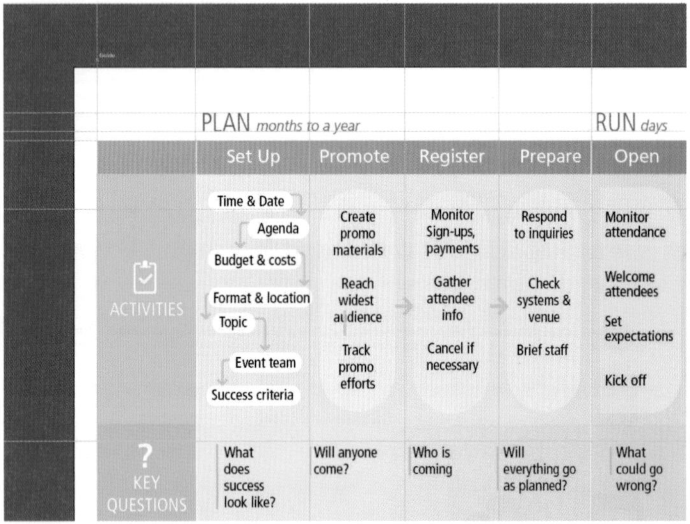

圖 7-10a

對齊元素：視覺上的對齊對圖表非常重要。網格（grid）是一種隱形、用線條均等分配空間的結構系統，圖表中的元素會被配置到這些格線內，這樣就會建立出明確的線條，引導讀者水平及垂直的視線走向。即使是用試算表或在牆上貼便利貼，也要好好進行對齊。

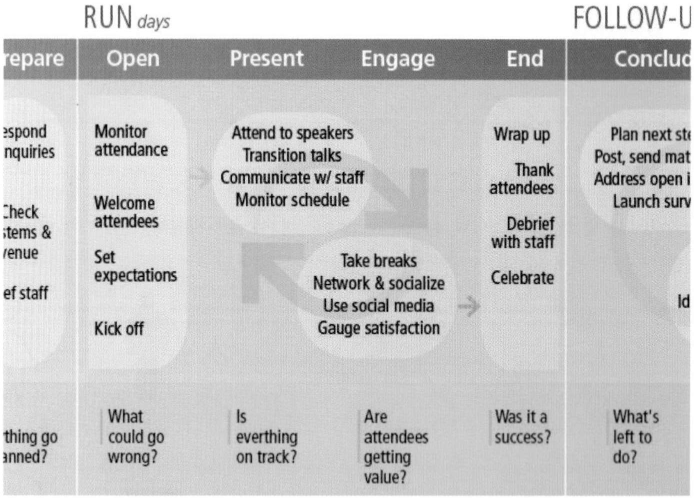

圖 7-10b

強調重點：文字或是圖像元素的粗細及大小可以用來引導重點和區別。例如，在圖中各階段的標題（「規劃 PLAN」、「進行 RUN」等）都比其他文字內容的字大，這樣就提供了視覺層級。途中箭頭的大小也不同，以顯示經驗的不同面向。

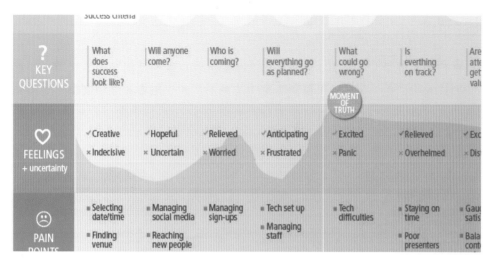

圖 7-10c

資訊分層：運用不同字級、不同色彩來達到分層的效果，讓某些元素能更明顯。在這個圖表範例中，「不確定性 uncertainty」以反白顯示，各類情感以正面或負面顯示在圖表上的很小的空間內。

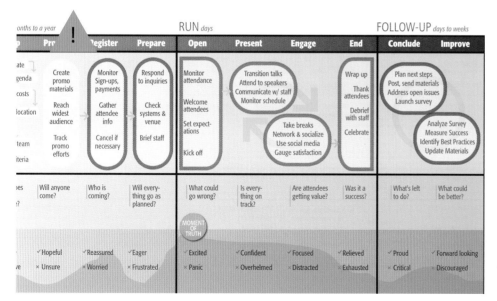

圖 7-10d

避免圖表垃圾：「圖表垃圾（Chartjunk）」是資訊設計專家愛德華・塔夫特（Edward Tufte）所提出的說法，指的是所有沒必要顯示的資訊。要讓每個元素都有意義。

圖表建立流程範例

整體而言，在一張圖表中描繪經驗的過程是迭代的。洞見會引導視覺化，而視覺化會影響這些洞見的形式。

圖 7-11 是舉辦研討會活動的草圖範例，顯示了將研究觀察結果整併到圖中的第一步。一般會考慮時間順序、措詞格式、以及內容的平衡。

活動主辦單位

| | 活動前 | | | | 活動中 | | | | 活動後 | |
	Plan	**Promote**	**Invite Attendees**	**Prepare**	**Initiate Event**	**Start Main Presentations**	**Engage Audience**	**End Event**	**Follow-Up on**	**Improve Event**
行動	· Set budget, costs · Determine topic · Create agenda · Set date and time · Set success criteria · Figure out reporting	· Create materials · Reach widest audience · Decide where, when · Cross promote · Track data on promotion · (Re-)evaluate promotion	· Maintain contact lists · Figure out who to invite · Create calendar entry · Send save the date notices · Send invitations and follow-up reminders	· Co-create materials · Organize materials · Make materials accessible · Discuss handoffs · Check equipment	· Show up early · Go over ground rules · Communicate time · Monitor attendance · Greet audience	· Welcome attendees · Give overview, timings · Set expectations · Instruct attendees on environment, tools	· Integrate social media · Gauge attentiveness · Take breaks · Network	· Wrap up · Thank people · Stay for questions · Debrief · Plan next steps	· Address unanswered questions · Send out materials · Collect feedback · Launch survey	· Analyze survey results · Review metrics, compare to goals · Gauge effectiveness · Update materials
想法	Who is this for? Will they come? What does success look like?	Who do I target? How do I best promote? Is promotion effective?	Who am I attracting? What are their needs? Will everything go as planned? Will I remember everything?	Will anyone come? What does success look like? How do I best promote? Is promotion effective?	Who is signing up?	Will everything go as planned? Will I remember everything?	Is the audience engaged? Are they getting their money's worth?	Was it well-received? A success?		
感受	creative indecisive	hopeful uncertain	relieved worried		MoTI excited panic (high uncertainty)	relieved overwhelmed	relieved exhausted	forward looking discouraged	proud	
痛點	· Figuring out when to schedule an event	· Determining social media channels · Managing social media promotions · Unprofessional looking material	· Having to reschedule the event · Updating meeting details, agenda, etc.	· Locating materials · Consolidating materials · Setting up hardware · Coordinating staff	· Unexpected technical difficulties	· Unexpected technical difficulties	· Maintaining focus · Gauging attendee understanding		· Lack of time to follow-up right after	· Lack of motivation to update materials · Lack metrics collected · Inability to show effectiveness of event
目標	· Maximize reach to the widest audience	· Maximize reach to the widest audience	· Maximize the number of people that attend · Increase the likelihood that the right people attend	· Increase the likelihood audience will be engaged · Maximize professional appearance	· Increase the likelihood of a smooth start	· Increase the likelihood that attendees have a positive experience · Maximize utilization of time while not "on stage"	· Maximize audience engagement · Reduce the likelihood that attendees get distracted	· Maximize overall satisfaction	· Maximize the length of the relationship with attendees	· Increase the quality of future events · Maximize buzz around the event and topic
目前滿意度		7.1 / 10	4.2 / 10		8.2 /10	6.5 / 10	5.5 / 10		8.7/10	

圖 7-11　在加上視覺設計細節之前，要先規劃好排版，並將調查中的洞見整合到草圖中。

	計畫 *數個月至一年*				進行 *數日*				後續追蹤 *數日至數週*	
	安排	**推廣**	**註冊**	**準備**	**開場**	**發表**	**互動**	**結束**	**總結**	**改善**
活動	Time & Date / Agenda / Budget & costs / Format & location / Topic / Event team / Success criteria	Create promo materials / Reach widest audience / Track promo efforts	Monitor Sign-ups, payments / Gather attendee info / Cancel if necessary	Respond to inquiries / Check systems & venue / Brief staff	Monitor attendance / Welcome attendees / Set expectations / Kick off	Transition talks / Attend to speakers / Communicate w/ staff / Monitor schedule	Take breaks / Network & socialize / Use social media / Gauge satisfaction	Wrap up / Thank attendees / Debrief with staff / Celebrate	Plan next steps / Post, send materials / Address open issues / Launch survey	Analyze Survey / Measure Success / Identify Best Practices / Update Materials
關鍵問題	What does success look like?	Will anyone come?	Who is coming?	Will everything go as planned?	What could go wrong?	Is everything on track?	Are attendees getting value?	Was it a success?	What's left to do?	What could be better?
感受 +不確定感	✓Creative ✗Indecisive	✓Hopeful ✗Unsure	✓Reassured ✗Worried	✓Eager ✗Frustrated	✓Excited ✗Panic	✓Confident ✗Overhelmed	✓Focused ✗Distracted	✓Relieved ✗Exhausted	✓Proud ✗Critical	✓Forward looking ✗Discouraged
痛點	■Selecting date/time ■Finding venue	■Managing social media ■Reaching new people	■Managing sign-ups	■Tech set up ■Managing staff	■Tech difficulties	■Staying on time ■Poor presenters	■Gauging satisfaction ■Balancing content w/ networking	■Selecting date/time ■Finding venue	■Lack time ■Lack energy	■Lack metrics ■Showing effectiveness
參與者 滿意度		8.2/10			5.5/10	6.3/10		4.2/10	6.4/10	
預期成果	↑Value to org	↑Reach	↑Registrations	↑Professional image ↓Mishaps	↑Contact with staff ↓Tech issues	↑Helpful appearance	↑Engagement ↑Satisfaction	↑Success	↑Profit ↓Follow-up work	↑Value ↑Future success

MOMENT OF TRUTH

↑ = increase ↓ = decrease

圖 7-12 使用視覺設計元素來講故事，引導受眾走過整段經驗。

下一步是加入更具視覺吸引力的敘述。圖 7-12 顯示了設計和 UX 副總 Hennie Farrow 從上一版草圖建立的新版本。

設計的各面向在圖 7-12 中完整融合，以更吸睛的方式引導觀眾閱讀這段經驗：

字型

這個圖表在一般字型（Frutiger）之外，也使用窄版的字型（Frutiger Condensed），相當省空間，每列的標題都用大寫來強調重點，並區別於其他文字內容。文字的粗細重量也相當平均適當，很少使用粗體和斜體。

層級

水平及垂直的內容對齊，建立了整個圖表的欄及列結構。不同的背景色將行列的標題以及階段（「規劃」，「進行」和「後續追蹤」）與圖的主要內容區分開。

內容

語法使用一致，例如，主要的階段使用動詞，感受則使用形容詞，整個陳述的語句是一致的。

圖像元素

顏色被用來區分每列中不同的資訊面向，每列的第一欄用的是較深的背景顏色，提供整個圖表的深度並強調資訊的重要性。

圖示增加了視覺上的趣味，每一類資訊也加入獨特的元素以保持一致性。舉例來說，組織的目標用箭頭來顯示預期的方向目標，痛點用正方形項目符號，關鍵問題則用線段。這段經驗中的關鍵時刻以一個圓形圖像呈現在中間。

> "
> 大家都喜歡豐富的資訊呈現。
> 圖表的視覺呈現會影響人們對內容的了解。
> "

表達情感

情感在我們的經驗中扮演著重要的角色，因此在進行經驗圖像化時，必然要涵蓋一個人當下的情緒狀態，只是情感並不那麼容易用圖表描述。

最簡單的方法是用文字表示情感，也可以用臉部表情圖示。圖 7-13 是一張 Craig Goebel 為 Intuit 建立的簡單但易懂的圖表。

請注意，圖 7-13 中的情感旅程是在一條線上根據不同的感受狀態上下移動，這也是過去幾十年來常用的方法。圖 7-14 是 Ed Thompson 和 Esteban Kolsky 於 2004 年發表的〈How to Approach Customer Experience Management〉報告中的範例，摘錄自評估美國某航空公司商務旅客的經驗圖表。

用畫線的方式來表達情感的一個問題是，這是一種量化的表現方式。但是，這些資訊其實很少來自量化研究，通常是憑直覺估算出來的。因此，要注意溝通的內容和方式。

更重要的是，畫線法簡化了情感，畢竟人們不太是一次產生一種情感。舉例來說，在兩個星期的假期後從飯店退房時，你可能會因服務好而覺得很愉快，但對於要離開感到有點低落，又為了下週一要上班而感到焦慮。這些情緒會同時出現。

我通常採用的方法是指出經驗每個階段中最普遍的正負面情感，以關注一系列可能的情緒感受。圖 7-12 中的「感受」欄位就是一個例子：請注意，曲線特別反映了「不確定性」，從而引出研究過程中發現的許多情感。

理解和表達情感是相當具有挑戰性的。斟酌拿捏內容，思考如何完整、適當地表達經驗中的情感訊息。

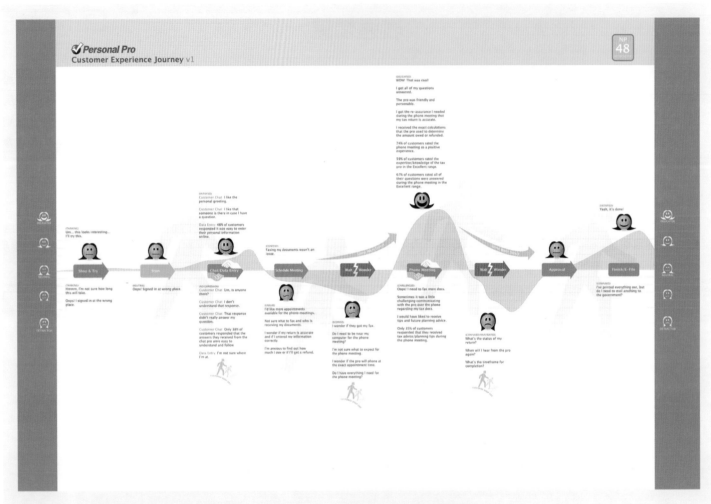

圖 7-13　Craig Goebel 建立的旅程圖主要由情感狀態組成，並在曲線上加上了表情圖示。

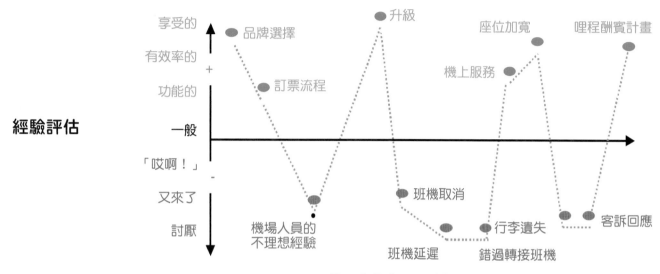

經驗評估

享受的
有效率的
功能的
一般
「哎啊！」
又來了
討厭

+

-

品牌選擇
訂票流程
升級
座位加寬
哩程酬賓計畫
機上服務
機場人員的
不理想經驗
班機取消
班機延遲
行李遺失
錯過轉接班機
客訴回應

Touch Points and Torch Points

Source: Gartner Research (October 2004)

圖 7-14　繪製情感高低的想法在經驗圖像化中很常見，早在 2004 年就出現了。

工具及軟體

你可以根據能力及需要運用多種工具及軟體來繪製圖表。對於非正式的專案來說，簡單的白板加上便利貼可能就已足夠，在其他的情況下，也可以用修飾過的圖表對客戶或利害關係人做正式的簡報。

桌面軟體

以下將討論幾種經驗圖像化的工具。

圖表工具

Mac 的 Omnigraffle 及 Windows 的 Visio 常被用來建立工作流程圖、流程圖表及網站地圖。兩者的繪圖功能都滿好的，可以產出高品質的完成圖表。

高階圖像設計軟體

這類型工具像是 Adobe Creative Suite 設計軟體，特別是 Illustrator（如圖 7-15 所示）是很普及的工具，Sketch 是很受歡迎的新工具，Sketch 是一種非常流行的較新工具，Figma 直接透過瀏覽器提供了功能強大的線上設計功能。使用這些軟體需要經過訓練及練習。

試算表

使用像微軟 Excel 這類程式也可以建立圖表。這類程式最大優點是它能用來製作大型、近乎無邊際的畫布。PowerPoint 或 Keynote 等簡報程式的寬度高度不能延伸太多，無法一次展示出對焦協調圖表的全貌。

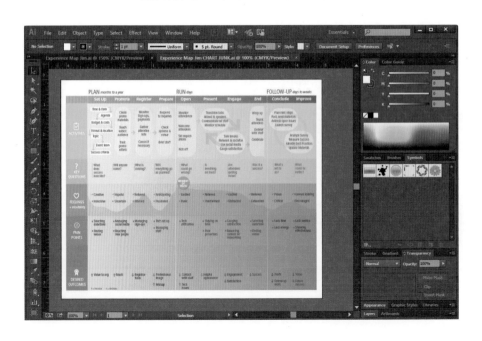

圖 7-15

圖 7-12 的範例經驗圖是用高階圖像設計軟體 Adobe Illustrator 所繪製的

線上工具

線上圖像化工具愈來愈成熟了。這類工具的優點是容易共享並且隨處可存取，若是和位於不同地點的人共事，線上工具能夠讓雙方遠端協作。以下是一些常見的工具：

接觸點管理程式

Touchpoint Dashboard（touchpointdashboard.com）是一款用來管理接觸點的線上工具（見圖 7-16）。這類型的工具特別適合用在追蹤接觸點在一段時間以來的改變，由於這算是一個資料庫工具，因此也可以同時以不同觀點做資訊呈現。舉例來說，你可以篩選及改變觀點，從多方不同面向檢視資料，這是其他桌面軟體及圖像軟體無法做到的。

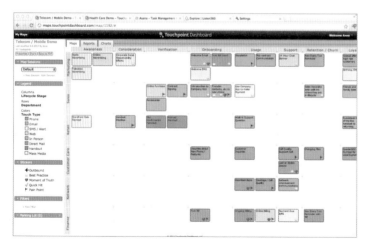

圖 7-16 Touchpoint Dashboard 是一款用來管理接觸點的線上工具

線上圖像化工具

UXPressia（uxpressia.com）是一款專門的線上圖表繪製工具，提供了許多模板來幫助入門，以及直接在圖表中與他人協作的功能。其他工具還有 Smaply（smaply.com）和 Canvanizer（canvanizer.com）。

線上圖表工具

Lucidchart（lucidchart.com）是一款類似於 Omnigraffle 或 Visio 的線上圖表工具。它的優勢是可以直接與 Google Drive 整合。

線上白板

線上白板如 MURAL（mural.co）和其他類似的工具在整個圖像化過程中都很有用。這些工具的彈性及大型畫布區域讓圖表細節的建立全部在網路上完成，如此一來，大家就能在專案進行的過程中持續參與。

圖 7-17 呈現的是用 MURAL 完成的經驗圖像工作。首先，可以看到一張圖表中包含多種活動：價值鏈繪製、人物誌、同理心圖，以及經驗圖。再者，大型的虛擬服務讓我們能比較兩種不同的經驗，在這個例子中，將騎腳踏車和開車到超市進行比較。最後，線上作業可以整合所有的圖片，讓經驗的描述更加豐富。MURAL 也支援多人的線上即時協作。

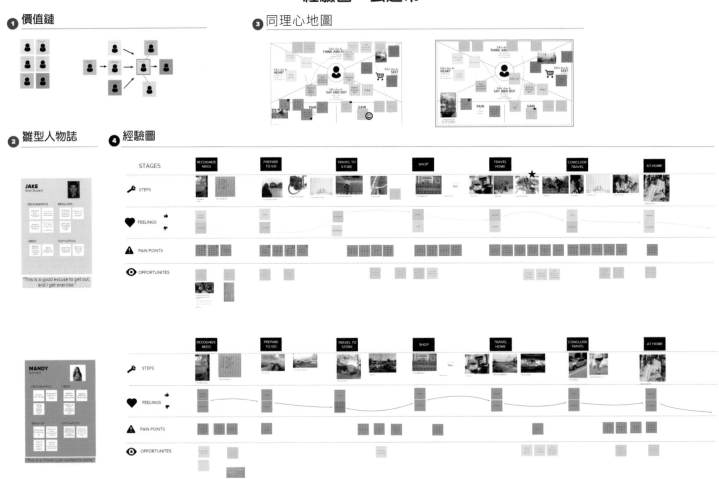

圖 7-17　使用 MURAL 能同時在一個地方進行多個經驗圖像化工作及不同經驗的比較

小結

這個階段的目的就是要將訪查所得到的洞見全部整合到一張圖表中。經驗的對焦協調不僅能在精實的空間中展現大量訊息，更可以提供吸引人的講故事形式，讓利害相關人樂意參與其中。

圖表的型式能傳達意義。一般來說，時序性的圖表會有一個類似表格或時間軸的編排，但是也有其他像是圓圈、蜘蛛網狀網絡，以及「蛇形及階梯形」等版型。要考慮如何用形式來加強欲傳達的整體訊息。

將所有內容放進一個緊密的格式是相當具有挑戰性的，這是迭代修正的過程，不斷群集分類、再群集、再分類，目標是將資訊精簡到能夠代表目標族群的整體行為。由上而下思考有助於達到此目的。運用圖表的形式及結構來引導內容的整併。

即使你不是平面設計師，了解資訊設計的基礎以及視覺化的重要性也是很必要的。字型相當關鍵，因為圖表最主要的內容就是文字，圖像元素能增添視覺上的趣味，並讓資訊傳達更有效率，線條、形狀、圖示及色彩都可以增強資訊理解性。

視覺層級也扮演著重要的角色。並不是所有的元素都同等重要，運用層疊以及不同的大小將一些面向往前帶，將比較不重要的向後推。若要委託平面設計師製作，你也應該要具備這些能與他們溝通的基礎。

繪製圖表的工具有很多種，使用試算表和圖表工具可輕鬆開始，並快速得到結果。比較高階的圖像軟體可以產出精美的圖，但操作需要技巧。現在也有愈來愈多線上工具，包括專門為經驗圖像化所設計的工具，以及多功能白板的解決方案。

延伸閱讀

Robert Bringhurst, *The Elements of Typographic Style*,
3rd ed. (Hartley & Marks, 2008)

> 這是一本相當吸引人且寫得非常好的書，許多人稱之
> 為「字型設計聖經」。裡面用到的說明及例子都無可
> 挑替並相當引人入勝，涵蓋許多實用的資訊，像是瀏
> 覽字體的選擇以及一個完整的專有名詞表。這是一本
> 值得永久珍藏的參考書。

Edward Tufte, *Visual Explanations* (Graphics Press, 1997)

> 塔夫特是一位資訊設計的先驅。這兩本書是他眾多資
> 訊設計基礎原理著作中的一小部分，了解這些概念可
> 以有效幫助你建立對焦協調圖表。

案例：圖像化實驗室檢驗經驗

由 Mad*Pow 策略及服務設計團隊提供：Jon Podolsky、Ebae Kim、Paul Kahn、Samantha Louras

一家國際實驗及診斷公司聯繫了 Mad*Pow，委託 Mad*Pow 協助改善病人的檢驗經驗。一般來說，我們在設計使用者經驗的過程中會先進行研究，因為要改善一項服務，必須要從顧客的觀點來了解這項服務。

我們從繪製目前的經驗開始，利用一個利害關係人與使用者綜合的訪談，加上直接接觸這項服務、員工及運作來產出所需的素材及洞見。

從研究中，我們建立了一段故事，用來描述顧客與這項服務的互動。故事可能會有點過於廣泛或是只能夠代表一個透過研究發展出的特定人物誌之情況。我們利用時序性的流程整理出顧客經驗的步驟，並且將這些步驟分類到不同的階段，找出有意義的經驗轉換。

舉例來說，我們的研究發現許多階段在預約之前就會發生。

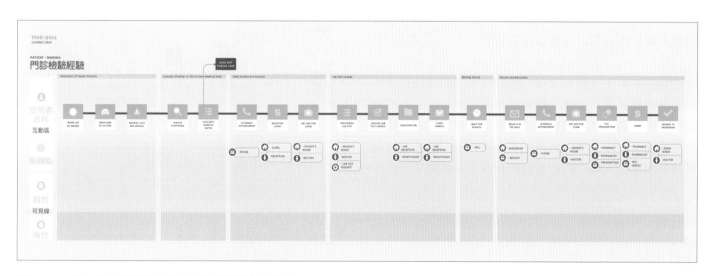

圖 7-18　第一個步驟是找出使用者旅程階段和接觸點

第一個階段是「意識到健康問題」，接著是「評估是否尋求醫療協助」，這時大多數的使用者會自行搜尋症狀評估，透過這樣的方式，我們產出了一份顧客旅程圖，展示出各個階段、步驟以及與各步驟相關的病人接觸點（圖 7-18）。我們將圖表呈現給客戶，讓他們了解所提供的服務在顧客整體健康照護旅程中的樣貌。

旅程的各個階段也是建立個別顧客情境的架構，我們可以選定一組研究中所得出的人物誌（圖 7-19），為這個人物誌建立一段情境，並在旅程中加入顧客的情感層面。

這些情感反應幫助我們找出需要改善的步驟，這個人物誌的擔心時刻、不舒適及不安可以用情緒符號與引述來清楚呈現，讓顧客的經驗變得更鮮明。

在這個例子中，我們利用單一色彩及不同的臉部表情將人物誌的情感進行編碼，顏色的差異只用在強調兩個旅程中有機會帶來正面影響的特殊時刻。我們將等待檢驗結果時產生不安的階段拆解成三個額外的步驟，以強調等待帶給這個人物誌的負面感受有多少（見圖 7-20）。

圖 7-19　在第二個步驟中，選擇一組人物誌來建立一段個人旅程

在這個情境中，顧客與健康照護機構及檢驗室內的人員互動，透過增加兩個地點的前台流程，然後對應支援顧客接觸點的後台流程，這份圖也可以延伸加入服務藍圖的元素（圖 7-21）。

這個手法可以產出一份高度易讀且豐富的顧客旅程圖，必要時也可以加入更多的複雜服務藍圖資訊，來說明目前服務缺口及機會點，以改善現有的服務與產品。

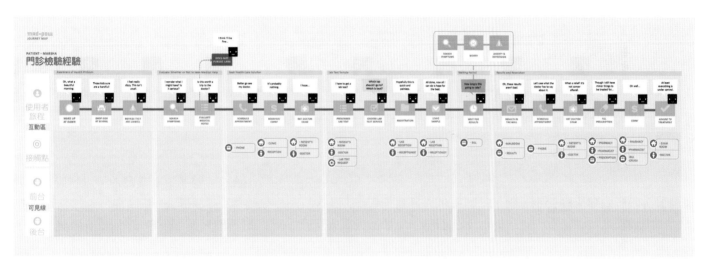

圖 7-20　第三個步驟，將人物誌的情感加入每個步驟中

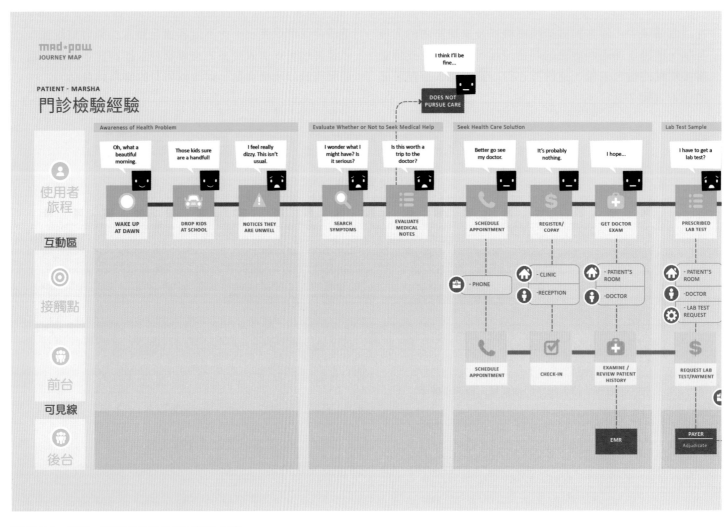

圖 7-21　最後，將前台及後台流程加入圖中

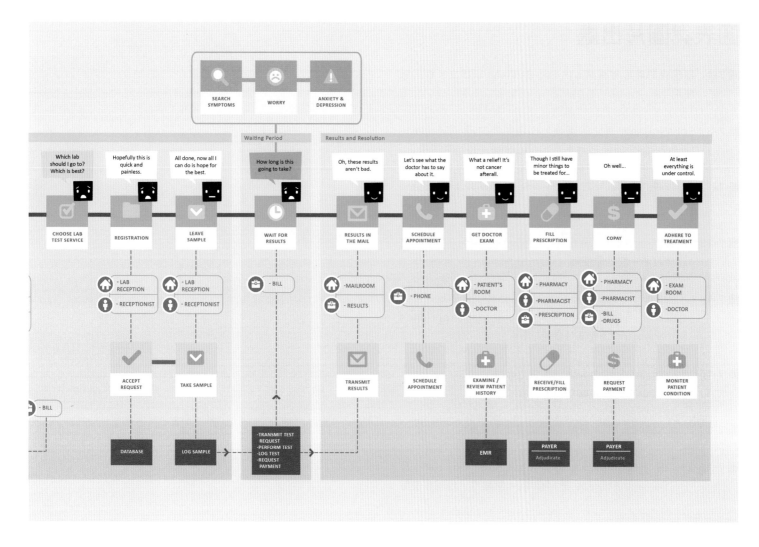

SEARCH SYMPTOMS

WORRY

ANXIETY & DEPRESSION

Waiting Period

Results and Resolution

Which lab should I go to? Which is best?

Hopefully this is quick and painless.

All done, now all I can do is hope for the best.

How long is this going to take?

Oh, these results aren't bad.

Let's see what the doctor has to say about it.

What a relief! It's not cancer afterall.

Though I still have minor things to be treated for...

Oh well...

At least everything is under control.

CHOOSE LAB TEST SERVICE

REGISTRATION

LEAVE SAMPLE

WAIT FOR RESULTS

RESULTS IN THE MAIL

SCHEDULE APPOINTMENT

GET DOCTOR EXAM

FILL PRESCRIPTION

COPAY

ADHERE TO TREATMENT

- LAB RECEPTION
- RECEPTIONIST

- LAB RECEPTION
- RECEPTIONIST

- BILL

- MAILROOM
- RESULTS

- PHONE

- PATIENT'S ROOM
- DOCTOR

- PHARMACY
- PHARMACIST
- PRESCRIPTION

- PHARMACY
- PHARMACIST
- BILL
- DRUGS

- EXAM ROOM
- DOCTOR

ACCEPT REQUEST

TAKE SAMPLE

TRANSMIT RESULTS

SCHEDULE APPOINTMENT

EXAMINE / REVIEW PATIENT HISTORY

RECEIVE/FILL PRESCRIPTION

REQUEST PAYMENT

MONITER PATIENT CONDITION

- BILL

DATABASE

LOG SAMPLE

-TRANSMIT TEST REQUEST
-PERFORM TEST
-LOG TEST
-REQUEST PAYMENT

EMR

PAYER
Adjudicate

PAYER
Adjudicate

圖表與圖片出處

圖 7-1：星巴克的顧客旅程圖，由 Eric Berkman 所建立，經同意使用

圖 7-3：Sofia Hussain 建立的圖表，出自她的文章〈Designing Digital Strategies, Part 1: Cartography〉，經同意使用

圖 7-12：舉辦研討會的經驗圖，由 Hennie Farrow 與 Jim Kalbach 一同建立

圖 7-13：Craig Goebel（*linkedin.com/in/craiggoebel*）所建立的旅程圖，經同意使用

圖 7-14：引用 Ed Thompson 及 Esteban Klosky 於高德納研究報告的圖表〈How to Approach Customer Experience Management〉，經同意使用

圖 7-16：Touchpoint Dashboard 的圖像，出自 touchpointdashboard.com

圖 7-17：Jim Kalbach 用 MURAL 建立的經驗圖截圖

圖 7-18-21：由 Jonathan Podalsky、Ebae Kim、Paul Kahn 及 Samantha Louras 在 Mad*Pow 所建立，經同意使用

「視覺化就像營火，讓大家圍繞在一起說故事。」

—— 愛艾・沙洛威（Al Shalloway）

本章內容

- 利用圖表來取得同理心

- 構思解決方案

- 評估想法及假設概念

- 案例：以假設性設計讓團隊在欲解決的問題上保持對焦

- 主持對焦協調工作坊

- 案例：顧客旅程圖遊戲

CHAPTER 8

對焦協調工作坊：找出對的問題

我是很幸運的。在我大部分的職涯中，都能有幸與公司的顧客直接接觸。我曾在人們的工作場所、在零售商店，或是在他們的家中觀察過許許多多各領域的人，在他們經驗發生的場域進行觀察。

理想中，在組織中的每一個人應該都要能與顧客親自接觸過，但對許多人來說，這類的接觸其實很有限，即便是像客服人員這樣的第一線人員，可能也只能瞥見一部分的顧客經驗，事情毫無脈絡可循。

為了連接線索，我們需要較完整的全局，而圖表就能提供這樣的全貌。但建立一份圖表並不是最終的目標，它只是讓組織中的人都能夠參與對話的手法，你有責任讓這個對話發生。

你必須將顧客實際經歷的故事帶回來給組織。因此，在這個過程中，你的角色會從製圖者轉變成主持人。你的目標是將目前情況以及組織理解顧客經驗的想法試著相互對照。如果團隊成員現在都無法同意彼此，他們要怎麼認同未來的最佳方向？圖表就能協助大家達成共識。

對焦協調工作坊是一項活動，將大家聚集在一起，由外而內關注經驗。在工作坊中發想的概念能幫助我們找出欲解決的問題，但不見得馬上能落實。

> " 圖表是一個讓大家都能夠參與對話的手法。"

本章將描述一場對焦協調工作坊中四個階段，如圖 8-1 所示：

- 同理：獲得由外向內的個人經驗觀點

- 構思：尋找機會並想像未來的解決方案

- 評估：快速評估想法並快速測試想法以獲得回饋

- 在最後一個階段，要規劃實驗，以測試假設

在下一階段（於下一章討論），要進行規劃好的測試，並著手設計具體的解決方案。

圖 8-1
對焦協調工作坊的主要部分為同理、構思、評估、以及依具體的解決方案規劃測試

同理

光是你一個人同理人們的經驗是不夠的，你必須要確保其他人和你有一樣深度理解，要試著把這樣的同理散播到組織的每一處。在這裡指的同理，是一種了解和理解，要透過別人的眼睛來看待世界。

除此之外，要讓大家願意解決問題並創造正面的使用者經驗，鼓勵大家把共感轉變為共情。目標是用一種無可言喻的感受去了解一段經驗、了解人們的價值以及其中的情感。圖表讓你能夠慢動作地走過整段經驗，幫助你在組織中建立共情。

這個過程從理解現況經驗開始。接著，檢視你對這些經驗提供的支援，最後才找出創造獨特價值的機會點。

在工作坊的一開始，先以小組的方式讓大家一起檢視訪查的發現，讓圖表成為焦點，可以用像是人物誌等其他物件作為資訊補充。

你也可以播放訪談影片來強調特定的狀態或是痛點，或者讓一位共同研究員來述說實地訪查的故事，讓經驗更加栩栩如生。用豐富的描述呈現你所觀察到的世界，並設法讓故事與組織連結。

前置作業準備好後，讓小組與圖表互動，清楚地呈現圖表，使大家可以站著圍觀（圖 8-2）。

目標是讓團隊共同檢視圖表，並沈浸在經驗的細節中。如果圖表有很多不同段落，可以讓各小組分別閱讀不同部分。

工作坊不是被動吸收訊息的簡報方式，而是要讓所有的參與者可以主動地貢獻，以下是幾個有用的方法：

在圖表上書寫

　　邀請大家一同評論、修正，或是直接增加資訊到圖表上（圖 8-3）。即使圖表是輸出的精美版本，還是要開放接受回饋，舉例來說，可以建立空白欄位讓大家補充自己的觀察。

強化討論

　　嘗試引導小組做思考的練習。舉例來說，讓團隊指出關鍵時刻，並討論每個接觸點的重要性。

講故事

　　讓小組中的每個人描述實地訪查中的故事。在人們經驗的每個階段聽到了什麼？要加入哪些證據呢？用角色扮演來描述情境，讓經驗栩栩如生。

同理不會從圖表中直接產生，圖表只是提供一個促進大家對話的平台，並建立對經驗的深度了解，身為主持人，一定要適當引導，讓有意義的對話發生。我發現讓每個人說話其實沒有這麼困難，對話往往是自然而然就會發生的。

圖 8-2　清楚地呈現圖表，讓大家圍繞觀看。

圖 8-3　無論是在現場或遠距，邀請每個人在圖表上做出貢獻。

商業摺紙

商業摺紙是一種建立經驗和理解的經驗圖像化方法。它使用實體（紙張）物件來代表旅程圖中的元素，讓參與者可以實地移動這些元素。商業摺紙的目的是對焦各類角色、物件和其他服務元件之間的互動，如圖 8-4 所示。

商業摺紙是在日立設計中心（Hitachi Design Centre）發展出來的，並在 2010 年左右由服務設計專家 Jess McMullin 做了進一步開發。這是一種製作服務經驗原型的方法，因為服務經驗很難在單一介面或物件中呈現出來。更重要的是，這是一種互動式和參與式的活動，能促進對話和有意義的辯論。

在此下載商業摺紙版型：*http:// www.citizenexperience. com/wp-content/uploads/2010/05/ Business-Origami-Shapes1.pdf.*

有關在桌面上運用實體物件的類似方法，見 Christophe Tallec 在本章末的案例研究。

延伸閱讀

- Jess McMullin, "Business Origami," Citizen Experience blog (Apr 2011) *http://www. citizenexperience. org/2010/04/30/business-origami*

- Chenghan Ke, "Business Origami: A Method for Service Design," Medium (Aug 2018) *https:// medium.com/@ hankkechenghan/business-origami-valuable-meth- od-for-service-design-43a882880627*

圖 8-4　商業摺紙使用紙張物件在工作坊中展現服務的互動。

找出機會點

經驗的圖表以一種有助於發現改善空間和創新機會的方式來講述故事。為此，請將組織的行動與每個步驟的個人經驗進行比較。讓小組參與發現機會點的活動包括：

找出關鍵時刻

讓大家一起找出對人們來說最重要的經驗。給每個人一些彩色點點貼紙，請他們指出最關鍵的時刻。對得分最高的部分進行討論。

對組織重要的部分進行投票

看看什麼對組織來說是有價值的。利用點點投票來找出得分最高的重要經驗。

自我表現評分

我最喜歡做的一項活動是要求工作坊的參與者對他們的產品或服務在每個階段對顧客的支持程度進行評分。使用學校打成績的方式可以讓大多數人都感到熟悉，或者可以設計一份簡單的評分系統（一到五分，或類似的評分系統）。若是多個小組一起進行，彙集分數後再比較評分。討論各組中獲得不同分數的階段。

舉例來說，圖 8-5 呈現某次工作坊中兩個不同小組的給分。給分標準是從一到六分，一是最高，六是最低，可以看到在某部分一組給六分，一組給了三分，兩組相差很多。

圖 8-5　在這個例子中，表現評分揭露出兩組人員的想法差異

事實證明，該組中某些給出較低評分的成員在那時與真實的顧客回饋更接近，他們最近發現了另一組還不知道的重大客訴和問題。隨後的對話對整個團隊都很有啟發，建立起團隊的共識，以及對顧客的同理。

這類型的活動是為了幫助人們對問題的不同觀點進行對焦協調。試著強調下列幾個面向，盡力讓機會點明確：

- 劣勢：尋找失敗點。要怎麼提供更好的支援給使用者？他們的需求何時最沒有被滿足？

- 缺口：找出沒有提供支援之處。哪些痛點沒有被處理？哪些關鍵時刻被忽略了？

- 費力：找出人們必須花費最大精力才能繼續的部分。如何增加或減少人們的工作？如何減少摩擦？

- 競爭者：看看其他服務提供者在旅程的每個步驟中做了什麼。你在哪些地方表現不足？他們在哪裡提供讓人更滿意的經驗？

圖 8-6
一個簡單的模式從作者的經驗圖中浮現：作者的參與在出版階段下降許多

在圖上呈現機會點，能使團隊退後一步，以組織的產品服務脈絡來思考機會點。例如，在影響最大的干預點上加上星星或其他圖示。這樣做通常會浮現更廣泛的模式。

舉例來說，我曾經擔任一家大型出版社的顧問，協助對方改善與既有及新作者的關係。我們在工作坊中發現一個趨勢：出版社在作者交件後，就不會那麼緊密地與作者聯繫。

圖 8-6 呈現一個疊在經驗圖上的模式。長條圖呈現的是每個階段的大致參與程度，團隊接下來的重點就是在整個旅程中增加與作者的接觸。要如何讓作者覺得有較多的聯繫呢？要怎麼建立歸屬感呢？

用這種方式探索問題空間，能使議題從吸引新作者和與旗下作者的編輯工作流程轉移到了稿件提交後的階段，也是出版商以前所忽略的部分。經驗的圖像化讓我們更容易進行重塑，並重新看待欲解決的問題。

獨立顧問和設計衝刺（Design Sprint）大師 Jay Melone 在他的問題重塑方法中運用了經驗圖像化手法。[1]「問題重塑有助於我們驗證的確有值得解決的問題，」Melone 說。他的方法有五個步驟：

---

[1] 見 Melone 關於問題重塑的四部分文章〈Problem Framing v2: (Parts 1-4)〉，出自 New Haircut 部落格（2018 年 8 月）

- 問題發現：找出關鍵問題所在，以在後續重塑練習中加以改善

- 商業脈絡：調查公司商業方面的脈絡和商業需求

- 使用者視角：徹底了解顧客的需求和體驗

- 公司企業 - 使用者對焦：在統一的圖表中對焦商業脈絡和使用者視角

- 問題重塑：產出清晰且可行的問題陳述

這裡每個步驟都可以幫助團隊更深入地了解所面臨的挑戰及其根本原因。但是團隊必須願意接受質疑：你下定決心要解決對的問題了嗎？作為主持人，請以更有效的方式細心引導討論，以取得共識。通常，這種自省會帶出問題陳述的新表態，也稱為觀點（point of view）。

Melone 建議在問題陳述中，要明確聚焦四個要素：

- 是誰的問題？

- 問題是什麼？

- 什麼時候發生？問題脈絡如何？

- 為什麼必須要解決？使用者會在意嗎？

為了展開概念發想，請將觀點改寫成發想問題。需要的話，將大問題分解成較能發想的小問題。以下是一些可以試試看的有用方法：

我們該怎麼 ...... ？

「我們該怎麼」將重點從現在轉移到未來。舉例來說，根據圖 7-5 的模式，我問工作坊的參與者，我們該怎麼在整個出版過程中讓作者參與其中呢？

用清晰陳述來開啟發想能使團隊專注於找到特定的解決方案。使用的語言很重要：以「我們該如何……」來提問提供了一種安全感，讓大家可以共同探索各種選擇，而不必擔心失敗。這是在告訴大家，團隊從一開始就沒有答案，但是要努力一起尋找答案。例如，根據圖 8-6 中的模式，我問工作坊的參與者，「在作者交稿後，我們該怎麼讓他們更有機會參與出版過程中的每個階段？」

假如……？

「假如」有助於改變方向並更深入探究。舉例來說，在上述的情境中，你可以問「假如我們只著重與作者的面對面聯繫呢？」，或是「假如我們運用過去合作的作者來幫助新的作者呢？」。

詢問「假如……」通常是為了把點子聚焦在特定解決方案的方向上，也可以用來限縮腦力激盪。例如，在出版情境中，你可以問「假如我們只著重與作者的面對面聯繫呢？」這句也可以用來轉移注意力，例如，透過問「假如我們運用過去合作的作者來幫助新的作者呢？」就能在團隊關注的重點上加上限制，鼓勵他們進行更深入探究。

先把情況惡化

我成功運用的另一項方法是花一些時間思考如何把問題放大。當大家在觀點上達成共識後，請參與者一人或一組想方設法，把體驗弄糟。與小組分享這些點子很有趣，通常會笑成一團。列出點子之後，再思考如何達成相反的情況。

總體而言，經驗對焦圖表、對焦協調工作坊，最終都能幫助組織以符合顧客需求的方式來解決各種問題。經驗對焦的成果是共享的觀點，讓我們以實際觀察為基礎，來找尋合適的解決方案。

> "
> 創新的出現往往不是靈光乍現。
> 千萬不要以為創新是立即的。
> "

構思解決方案

在我的經驗裡，圖表能立即激發想法。

一般來說，利害關係人腦中一定有許多改善服務的方法，在過程中會有很多想法產生，你要能以主持人的身分來匯集能量，引導重點。

在這個階段，讓大家從了解現在的經驗轉移至構思解決方案，此過程鼓勵大家發想「又廣又遠」的點子和概念，這個工作模式通常被稱為發散思考（圖 8-7）。此時的目的不是要決定一個解決方案或方向，而是探索各種可能。

接著，在團隊中確立正確的期望，確保大家從同理共感轉移到構思階段。對發散思考的原則進行溝通：

- 想法愈多愈好。試著產出一大堆點子，不需要太多細節，先不要篩選想法。

- 不加評斷。建立自在安心的環境，讓大家可以保有創意。參與者要能夠很自在地貢獻想法，即是還沒有想清楚。

- 延伸點子。設法讓團隊對概念說「對，而且⋯」，而不是「可是⋯」。找到這些想法背後蘊藏的價值，並根據這個價值延伸更多概念。

- 尋找替代方案。努力從初步的點子發想變化及替代方案，不要太快就將點子丟掉。

- 鼓勵瘋狂的點子。克制在概念開展時的自我審查，之後還會有許多機會可以排序及評估點子。

- 畫出來。在白板及紙板上將這些點子畫下來。在腦力激盪時發掘新的關係與連結。

做這些的意圖是要保護這些點子的原始想法，建立能包容一定程度可能性的環境，接著再把這些點子相互組合，產出創新的點子。

在小組發想初步點子後，用直接的演練來產生更多的創新概念。我曾經成功用過的兩個方法是「移除障礙」和「挑戰業界假設」。

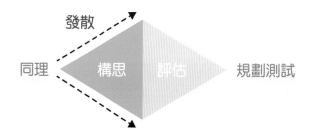

圖 8-7　用發散思考開始探索不同方向和點子

移除障礙

找到創新和改善機會的好方法是檢視在經驗中是什麼讓人們不敢往前。找出每個階段中妨礙任務完成的障礙。表 8-1 整理出幾個必須要克服的障礙類型，也包含一些例子和辨識每種類型的方法。

記得也要同時考慮到情感及社交層面。例如，在一段參加研討會的經驗裡，你可能會發現人們害怕對講者提問的窘境。該如何克服這樣的情感及社交障礙呢？[2]

表 8-1 導致使用者無法獲得價值的障礙種類

障礙	範例	如何辨識
使用：某些經驗受限於特定時間或地點。	手機讓我們在路上也能講電話。智慧型手機讓我們隨時能上網取得資料。	查看人們沒有辦法使用產品或服務的情況。他們是不是被限制住，無法獲得價值呢？
技術：人們可能缺乏執行必要任務的能力。	1970 年前，電腦僅限於受過訓練的使用者使用，直到圖像使用者介面及滑鼠於 1982 年出現。 19 世紀末，在柯達相機簡化拍照之前，攝影是一門複雜的藝術。	過程中的步驟繁多是技術障礙的一個跡象，你該如何將任務變得簡單，讓任何人都能完成呢？
時間：與產品或是服務互動可能就只是太花時間。	在有 eBay 之前，買賣收藏品是相當花費時間的。	查看在過程中最高的放棄率之處，然後評估根本原因是不是沒時間。要怎麼做才能縮短過程呢？
金錢：人們可能買不起某項產品或服務。	1970 年前只有有錢人才可以搭飛機旅遊。	找出服務何處需要高額花費。問自己，要如何提供一樣的服務，但免費？
努力：以減少困難的方法來進行改進。	在優步（Uber）出現之前，叫計程車都要碰運氣，讓乘客在冷天或雨中等車，而且付款時要在後座拿出錢包翻來找去。	尋找減少顧客完成任務時間的方法，以及如何從整體經驗中盡可能消除困難。

---

[2] 此表格出自 Scott Anthony 及同仁的《The Innovator's Guide To Growth》(2008 年) 一書。請見此書了解更多關於創新障礙的討論。

挑戰業界假設

有意義的改變，來自於打破規則。為了強化破壞式的心態，找出既定的產業假設，或那些業界的不成文規定，然後對這些假設提出挑戰。[3]

首先，用以下的公式產出假設陳述：

> 在 < 某個產業或領域 > 中，大家都知道 < 某個假設 >
> ……

先讓每個人都單獨寫下假設。用使用經驗的階段來發掘更多的業界假設，愈多愈好。然後投票選出對專案或欲解決問題最相關的假設。圖 8-8 的例子是在一場工作坊中引導參與者收集並進行優先順序排列的產業假設。

接著，針對每個陳述想出改變或轉換的方法。有什麼可以顛倒的？有哪些傳統可以打破？刪去某個步驟或元素會怎麼樣？

圖 8-8　在工作坊中挑戰產業假設

---

[3] 有關更多資訊，請見 Luke Williams 的《Disrupt》一書，其中詳細介紹了挑戰產業假設的完整方法。

思考以下一些改變了遊戲規則的創新，以及他們如何打破產業的假設：

- 在拖把產業中，大家都知道拖把是一次性購買的商品，直到 P&G 設計出拋棄式 Swiffer 拖把。

- 在航空產業中，大家都知道乘客的座位是事先劃位的，直到西南航空將選位變成先到先選。

- 在租車產業中，大家都知道租車必須要見到顧客、按日租車，並且要填寫很多文件，直到 Zipcar 發展出線上預約、計時付費。

- 大家都知道有輕微症狀時還是要去看醫生，直到 CVS 的 Minute Clinics 發展出部分症狀不需要醫師親自診斷的看診方式。

要改變遊戲規則，你必須要先知道自己在玩什麼遊戲。圖表提供了一個基礎，從個人的角度揭露常見的產業假設。顛覆或拒絕市場中的常見規約，能讓團隊跳出框架思考。

評估

對焦協調工作坊進行至此，團隊應已產出了很多概念。那只是第一步，不要就此結束，要直接將評估活動整合到工作坊中。換句話說，要從發散思考轉換為收斂思考（圖 8-9）。

將點子做優先排序，對每一個概念的細節進行說明，並進行快速測試來得到立即的回饋。

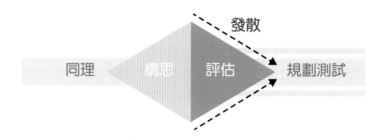

圖 8-9　發散思考之後，將點子收斂成概念並排序

> "
> 圖表不提供答案；圖表能促進對話。
> "

優先排序

利用「可行性 vs 價值」的矩陣來進行初步的優先排序,如圖 8-10 所示。在其中一軸,考慮這個點子有多容易被落實,也就是評估「可行性」,在另一軸上,考慮它對人們的「影響力」。運用圖表和找到的機會點來幫助評估影響力。

目標是要將發想的產出歸類到這四個象限,完成後,可以接著在每個象限中再次進行優先順序的排列。此外,當一個點子的可行性較低時(即很難落實),可以將它改得更容易落實、採取其他方式來落實、或兩者兼具,這樣就能將點子在矩陣中往上移。

圖 8-11 呈現的是我在一次工作坊中進行優先排序矩陣的例子。我們運用窗框來作為矩陣的格子,很快速地找出五個最具影響力的點子,而且是工程團隊可以立即執行的(基本上是隔天就能做出來),毋需任何額外的經費或資源。

找到優先順序最高的點子後,再來看具有高價值但是較難落實的點子。這些通常需要經過規劃、設計、開發,試著選擇最具潛力且大家最有熱忱的概念繼續發展下去,並讓產品負責人來做選擇,或是用團隊投票取得共識。

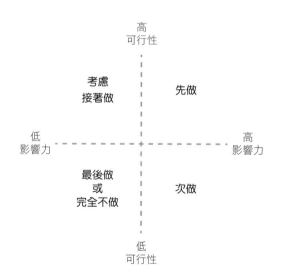

圖 8-10 一份簡單的優先排序矩陣,關注對經驗的影響力以及落實的可行性

圖 8-11 可以使用簡單的框格來做可行性和顧客價值的優先排序

說明

創新的出現往往不是靈光乍現。千萬不要以為創新是立即的，你得先以迭代的方式發展點子。聚焦發展代表每個概念的輕量物件，但要使其易於解讀和學習。

盡量很快地說明所有你想要測試的點子，用幾小時將主要的點子整理成能評估的形式。這樣能對思考進行「除錯」，也可以很快地證明或推翻點子的價值所在。以下是一些方法技巧：

寫下情境

以散文的方式寫下概念的細節，盡可能地詳實寫下預期的經驗。即使是最簡單的概念也可能有好幾頁的內容，讓其他人閱讀並進行評論。

建立故事板

用一系列的圖板來呈現預期的經驗。接著一起對這個點子進行評論。圖 8-12 是一個在工作坊中建立的故事板，上面有團隊給的評論內容。在這個例子中，根據這個初步的評估，我們決定將其中一個概念暫緩。

繪製流程圖

快速以流程圖的形式描述點子，這可以幫助你思考關聯性，並一次看到所有的動作。

繪製草圖

快速繪製一個產品或服務的草圖給他人看。

圖 8-12
故事板以直接簡單的方式傳達點子，以測試概念。

繪製 Wireframe

建立簡單的畫面來描述互動（圖 8-13）。

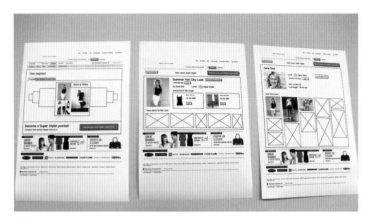

圖 8-13
在對焦協調工作坊中繪製的 Wireframe 能快速地讓想法栩栩如生

建立低擬真原型

利用像是 InVision 等簡易的線上原型工具，很容易就能在數小時內做出簡單的原型，足以用來獲得關鍵流程的回饋圖。

即便是實體產品也可以在一天的工作坊中做出原型。在先前帶的一場工作坊中，我們鎖定一個改善大型電子商務網站寄貨經驗的點子。我們到當地的郵局買了尺寸相仿的箱子，模擬做成想像中的模樣，然後把用它來取得潛在顧客立即的回饋。

概念回饋

即使是在工作坊進行當中，也要盡快取得對點子的回饋意見。這不是在進行良好掌控的科學研究，目的只是要更加了解對解法的假設。你有解決對的問題嗎？方向正確嗎？

為了取得潛在使用者的回饋來完成評估，試試看以下幾個方法：

走廊測試

向周遭沒有參與工作坊的人取得回饋，例如，其他部門的同仁能夠對概念提出快速直接的反應。在遠距協作中，請沒有參與工作坊的同仁用電話／視訊會議對概念提供回饋。

線上測試

有許多線上服務可以提供對概念及原型的回饋，如 *Usertesting.com*。通常可以在幾小時內就得到結果。

焦點團體

在工作坊前事先招募一群人來給予直接的回饋，將概念呈現給兩三人的焦點團體看，觀察他們如何反應。

放聲思考訪談

　　要求受訪者在與原型或成品互動時放聲思考，但進行焦點團體的時候，你必須要在之前就招募好受訪者。圖 8-14 是一個工作坊中的概念測試，這個測試是在另一個空間進行的，工作坊的團隊透過鏡頭觀看即時影像。

對你蒐集到的回饋進行討論，決定在下一步是否要改動，或要將概念暫緩。不管怎麼樣，一定要將評估的所獲整合到你的思考中。

此時的整體目標是先了解欲解決的問題，然後運用在工作坊中製作的物件（故事板、圖表、概念等）快速獲得回饋。在開發完善的解決方案之前，要讓自己有信心解決對的問題。

圖 8-14　在對焦協調工作坊中進行概念測試以獲得立即的回饋

案例：以假設性設計讓團隊在欲解決的問題上保持對焦

作者：Leo Frischberg

身為 UX 策略師，無論是在產品團隊內部還是作為外部顧問，我發現組織無法像推動解決方案開發一樣，用細膩成熟地方式推動問題驗證。如果我們將敏捷、迭代測試的流程應用在策略和問題驗證中呢？在花資源執行策略之前，我們該如何對策略進行「測試」？

我和共同作者 Charles Lambdin 撰寫了《Presumptive Design: Design Provocations for Innovation》，以解決這些問題。假設性設計（PrD）是一種以設計導向的研究方法，從設計該問題的物件（創造階段）開始，關注策略或功能層級的問題驗證。

接著，團隊將這些物件提供給受某些問題困擾的（假設）使用者進行測試，在評估階段中，讓使用者用這些物件來解決問題。在幾個回合後，團隊將了解使用者的實際問題，並進行修正調整，一直重複這個過程，直到團隊確定找出值得解決的問題為止。

在雅典舉行的 UXStrat 2015 大會上，Georgia、Charles、Jim 和我有機會將 PrD 應用在工作坊活動中（圖 8-15）。在 Jim 的經驗圖工作坊中，參與者建立了一張圖表，

呈現了一個假設性的策略問題：假想的市政府觀光局認為，優化網站就能改善其使命和影響範圍。

之後，在我們另一場工作坊中，參與者向旅客展示地圖，並以簡單的提示請對方進行評估：「請想像您正在旅行。用這張圖表，指出您規劃行程的步驟。」

在這兩場簡短的工作坊中，觀光局在網站優化策略上獲得了確切可行的回饋，那就是「不要做！」問題不在網

圖 8-15　UXStrat15 參與者評估了圖表，對新概念提出即時的回饋。

站，觀光局應該要檢視旅客的整體經驗，以提供更好的服務。

總體而言，PrD 與常用的使用者導向設計方法有所不同。PrD 的設計流程並非從研究開始，而是先製作物件，像是旅程圖、草圖、還是由手工藝材料做成的模型，來讓使用者試用。接著，用這些物件作為測試研究的重點，對欲解決的問題進行驗證。

PrD 用以下方式幫助團隊對焦，以解決對的問題：

1. 幫助管理階層和內部利害關係人合作，一同提出包含假設的「解決方案」。在 UXStrat15 的例子中，觀光局認為要改造網站。

2. 快速將內部團隊的假設（假設、問題陳述、可能解決方案）呈現給重要利害關係人（重要顧客或使用者）試用，在 UXStrat15 例子中，團隊產出的圖表讓旅客的想法發散，表明原始策略存在缺口。

3. 減少「河馬（HiPPO，最高薪人士的意見）」對問題驗證的影響。即使設計團隊知道所提出的方法是錯誤的，PrD 也能迅速擷取團隊需要的資料，說明是錯到什麼程度、錯在什麼地方。

4. 透過一系列迭代測試，提高團隊對問題空間（「未知的未知數」）的理解。

延伸閱讀

- Leo Frishberg and Charles Lambdin, *Presumptive Design: Design Provocations for Innovation* (Morgan Kaufmann, 2015)── 線上閱讀第一章 *https://www.uxmatters.com/mt/archives/2015/09/pre- sumptive-design-design-provocations-for-innovation.php*.

- PresumptiveDesign.com── 文章、討論、購書優惠碼

- Leo Frishberg and Charles Lambdin, "Presumptive Design: Design Research Through the Looking Glass," UXmatters (Aug 2015),*https://www.uxmatters.com/ mt/archives/2015/08/presumptive-design-design-research-through-the-looking-glass.php*── 假設性設計如何顛覆研究和設計流程的看法。

關於作者

Leo Frishberg 是一位策略師、設計管理者和思想領導者，擁有 20 多年的經歷，協助醫療保健軟體公司 Athenahealth、英特爾（Intel）、和家得寶（The Home Depot）等公司推動使用者導向的創新。他與 Charles Lambdin 合著的《Presumptive Design》一書描述了一套降低未來創新風險的革命性方法。

主持對焦協調工作坊

圖表並不能夠提供答案；而是用來強化對話。作為工作坊的主持人，你的責任就是確保這些對話發生，無論是實地還是遠距工作坊，都要細心準備，接著主持整場活動，也要進行後續追蹤。

1. 準備

事先完善地規劃對焦協調工作坊。在許多組織中，要大家保留一天或是好幾天的時間是很困難的，將工作坊納入提案，儘早把工作坊的時段定下來，甚至在開始建立圖表前就先安排好時間。工作坊就是經驗圖像化的其中一環。

對焦協調工作坊可以實地進行，也可以與遠距的參與者一同進行。我建議避免將遠距和實地的參與混合在一起，因為在混合情況下，很難平衡互動。最好是全部實地，或全部遠距。

思考一下討論環境的設置。對於實地的工作坊，最好安排在工作場所之外，以免分散注意力。我喜歡在超大的空間裡，方便進行很多活動。

實地的工作坊通常可以安排一整天，甚至是好幾天。若是遠距進行，就要把工作坊分成較短的時間；例如，連續兩天安排兩場四小時的活動，而不是一天八小時的活動，以提高參與度。

規劃中場休息、餐食、和社交活動。例如，在工作坊空間外吃午餐可以讓大家恢復精力，幫助他們在下半場集中精力。好的主持還包括運用正確的工具、材料、和流程。為參與者細心規劃工作坊體驗的所有細節。

對焦協調工作坊是參與式的活動，所以要邀請不同部門的利害關係人一起參加。目的是獲得大家的支持和投入，包括外部產業專家的各方意見。從這個角度來看，遠距工作坊更能讓無法到場的同仁參與其中。一組有六到十二位的參與者最佳，更多也可以。

> 對焦協調工作坊是參與式的活動，
> 所以要邀請不同部門的利害關係人一起參加。

分配角色，並向每個人說明清楚大家的任務，這對遠距工作坊特別重要。重要的角色有：

- 主持人：負責主持整場工作坊，最好也是繪圖者，也可以有共同主持人協助引導。

- 小組長：若是分成較小的小組，讓每組選一個人，保持討論和任務的進行。

- 決策者：邀請資深利害關係人參與資源或資金的商業決策，並在無法下決定時擔任決策者。

- 設計師：邀請設計師及其他可以幫助描繪概念願景的人參與。

- 外部產業專家：邀請組織外的產業專家參與，並事先向大家介紹他們的角色。

- 測試員：若有需要，同時請能夠主持使用者測試的人參與。

- 貢獻者：包括小組中的所有人。

如本章所述，為工作坊規劃議程，以確定所需的互動形式。到時候即興發揮是沒關係的，但有一份工作坊議程可以讓整個流程更容易被掌握。

與遠距團隊進行工作坊時，要思考如何在即時活動之前和之後讓各方完成其他工作，以節省時間。

以工作坊的預期成果來引導流程：了解經驗（同理）、根據排序優先的洞見來探索解決方案（構思）、並選擇前進的方向（評估）。重點是要在整場活動中做完這三種工作模式，以確保達到目標。圖 8-16 呈現了為期一天的工作坊流程。

多日工作坊也是可行的，如圖 8-17 和 8-18 所示。目的是要在下一個階段測試解決方案之前，經歷幾次同理、構思、和評估這三種思維模式。

對於遠距小組，可以將一天的工作坊分成兩場半天的活動。與遠距團隊合作時，要把活動拆成小較短的場次，像是四場兩小時的活動。另外，進行遠距工作坊時，試著多做一點活動前後階段的工作，讓實際做工作坊時更有效率。

我建議在工作坊開始一周前進行一次簡短的行前電話會議。分發材料、介紹彼此、並在會議中設定期望，事先把行政事務處理好。分配活動前準備工作，以加快主要工作坊的議程，並讓人們在到場參與前先思考一下主題。

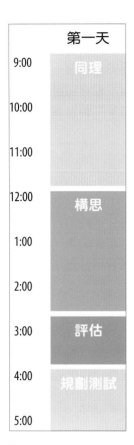

圖 8-16
一日工作坊範例流程，
進行互動的三個階段，
包括規劃後續的測試。

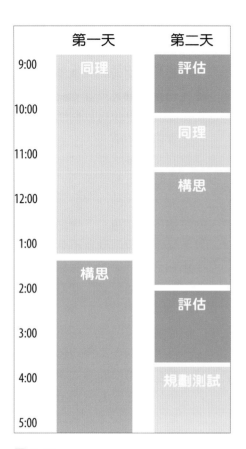

圖 8-17
二日工作坊可以進行對焦協調工作坊的各
個階段大約兩次，接著再規劃後續的測
試。

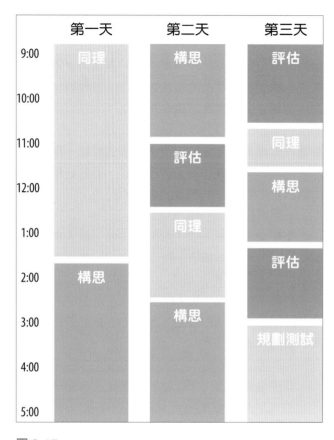

圖 8-17
三日工作坊可以在規劃後續測試前的整個過程中，對同理、
構思、和評估進行多次迭代。

2. 進行工作坊

當組成小組後,就要設定期待。與團隊再次檢視工作坊的形式,讓大家知道還會有後續工作,這些對話並不會隨著工作坊終止,而是會持續進行。

在進行暖場後,聚焦圖表中所呈現的經驗。讓圖表成為工作坊的核心,然後依照上述的形式,從對經驗的理解,轉向對概念的探索,到概念的評估:

- 理解現況經驗。從了解圖表開始,讓大家能夠吸收內容,請參與者讀過一遍,並評估人們目前的經驗。

- 引導發散思考。腦力激盪是激發新點子的基本方法。利用圖表作為出發點,並運用本章提及的方法來引出新的概念。

- 製作模型物件。快速繪製草圖,並將點子做成原型。工作坊的空間應該比較像是戰情室而不是大型會議室。對焦協調工作坊應該是動手做的活動。

- 選擇概念。專注在對顧客及組織價值高的點子。

- 進行測試。快速評估被選出的主要概念。

此外,也要規劃社交活動。在許多情況下,你邀請的參與者很可能未曾共事過。對於實地工作坊,可以加入一個像是晚餐的社交活動。遠距工作坊則可以在議程中安排團隊建立活動。讓大家互相認識並建立交情,對於後續合作是相當重要的。這可以幫助建立互信及尊重,對專案長遠的成功會很有助益。

3. 追蹤

對焦協調工作坊是一場創意的共同努力,以產出可行的成果。對焦協調活動並不會隨著工作坊結束而結束。確保你能夠在活動結束後將氣氛延續下去,試著用些方法讓團隊繼續共事,並分享工作的成果:

- 取得活動回饋。利用簡單的問卷來對這場活動進行追蹤,可以在工作坊尾聲的時候用口述的方式進行,或是利用簡短的線上問卷來完成。這麼做的目的是了解未來如何讓這類的活動更進步。

- 更新圖表。用得到的回饋來更新圖表,加入其他人補充及給予的意見,也可以把其他成果納入圖表中。

- 發送材料。剪輯工作坊產出的內容並分享給沒有參加的人,用簡報來將工作坊的成果呈現給更多的利害關係人看。

- 讓圖表能被看見。建立不同形式的圖表,並讓圖表可以被看見。輸出大圖放在辦公空間中,設計傳單或圖表單張讓大家可以放在桌上。也可以將圖表整合到簡報及其他內部的文件中。如果是線上作業,請在與團隊溝通的整個過程中,分享圖表的 PDF 檔案或連結。

此外,也要確保測試真的有在進行,如下一章所述。維持這樣的氣氛,建立行動方案並指派每項測試的負責人,若有必要,可以進行每週進度追蹤。

小結

圖表是一個讓團隊對焦協調、達成共識的手法,但是圖表並不會提供答案,而是激發對話。圖表就像是營火一樣,讓大家聚在一起分享故事,並讓創造的經驗有意義。

在這個過程的階段中,你的角色會從繪圖者變為主持人。目標有兩層:將組織內部觀點與外在世界協調對焦,並運用這樣的洞見來產出新的點子。在一場對焦協調工作坊中,你將會在三個活動模式中切換:同理、構思及評估。

把圖表想成一個經驗的原型,它可以讓團隊成員以使用者的觀點來思考。在對焦協調工作坊中,首先把圖表讀過一遍,並評估每個階段的目前表現。接著透過看到劣勢、缺口及冗餘的部分,以及競爭者表現好的地方來找出機會點。圖表可以幫助我們定義對的問題。

發想可能的解決方案。選出最具潛力的點子,並用一些方法來呈現,可以很快地運用情境、故事板及 Wireframe 來完成。用這些模型物件來取得其他人的意見。評估結果,並持續迭代修正。

即使是單日的工作坊,也可以進行輕量的測試。邀請幾位外部的成員來評論故事板及草圖。盡可能進行多次迭代,並在工作坊後繼續迭代修正。若是與遠距小組合作,請將工作坊拆成幾個小部分,並在每場小活動之間進行測試、獲得顧客回饋。

舉辦一場工作坊不是件容易的事,需要很多的規劃。對焦協調不止於圖表或是工作坊,在激起這股協作氣氛後,試著將動力延續下去。下一章將討論如何進入規劃和開發。

延伸閱讀

Daniel Stillman, *Good Talk* (Management Impact Publishing, 2020)

Stillman 是主持方法的領導者，這本書是他多年經驗的展現。經驗圖表的本質是溝通工具，本書將幫助你用這些工具引導最有效的對話。Stillman 的寫作輕量易懂，並提供了大量實用建議。

Mark Tippin and Jim Kalbach, *The Definitive Guide to Facilitating Remote Workshops* (MURAL, 2019)

我與 MURAL 的同事 Mark Tippin 共同撰寫了這本免費電子書。這是一本實用的指南，以我們幫助並觀察許多遠距工作團隊的經驗為基礎。在後疫情的世界中，遠距團隊協作將成為標準的工作方式，需要遠距引導的技能。免費下載 PDF：mural.co/ebook。

Chris Ertel and Lisa Kay Solomon, *Moments of Impact* (Simon & Schuster, 2014)

這本書是關於如何在組織中設計有效的會議。作者的建議將會幫助你與其他人共同規劃時間，你將會更加了解團隊合作的即時動態，同時也能舉辦更有效率的工作坊。

Dave Gray et al., *Gamestorming* (O'Reilly, 2010)

《革新遊戲》這本書是互動活動工作坊不可少的收藏，內容包含詳細的指引及例子，導讀部分提供了一個舉辦工作坊的完整概覽。

Leo Frishberg and Charles Lambdin, *Presumptive Design*: Design Provocations for Innovation (Morgan Kaufmann, 2015)

假設性設計是一種以設計研究方法，透過快速找出創新和改進機會來降低風險。它與常用的使用者導向設計方法有所不同，假設性設計先快速製作物件，並從顧客和團隊成員的反應獲得意見。在本書中，作者詳細介紹了進行創意活動的完整方法。

案例：顧客旅程圖遊戲

作者：Christophe Tallec

與多位利害關係人一起工作是個挑戰，不論是來自工程、商業或公共策略背景，由於每個人各自的目標和觀點不同，他們對於事物的看法也就大不相同。

服務創新公司 We Design Services（WDS）開發了一套「顧客旅程圖遊戲」，讓溝通在如此複雜環境中更容易進行。這個遊戲運用顧客旅程作為團隊互動的催化劑。

雖然遊戲方式可以自行調整，但一般會包括下列步驟：

1.　準備遊戲。在遊戲開始之前，建立一張空白旅程的工作頁面，畫出數條泳道欄位，以列出相關接觸點和資料類型。接著，提供一組代表接觸點的卡片。卡片內容將根據所觸及的領域和情況而有所不同。

2.　選擇人物誌。在遊戲的一開始讓所有參與者選定一組人物誌，問他們：「現在想要畫誰的旅程呢？」

3.　設定目標。為這個人物誌定一個目標。整體需求是什麼？他們想要完成什麼事呢？

4.　加入接觸點。接著，根據人物誌會經歷到的順序放置接觸點。以團隊的方式來進行這一步。

5.　反思。找出這個經驗中，跨越不同接觸點的共通模式。模式中的缺口及問題在哪裡？情感的高低點在哪裡？組織的機會點在哪裡？

6.　重複進行。選擇一組不同的人物誌或是改變目標，然後重複這個過程。旅程有什麼不同呢？他們共通的模式是什麼？極端使用者會如何經歷這些接觸點呢？

我們在一個想要召集利害關係人一起共創的法國大城市測試了這個方法。目標是重新設計都會大眾運輸。

這個專案是一大挑戰，因為每個參與者的觀點差異很大（圖 8-19）。除了系統的使用者外，還有來自汽車製造公司、大型商業公司、大眾運輸公司、和工會的參與者。

圖 8-19　旅程圖遊戲讓工作坊的每個人參與感更高

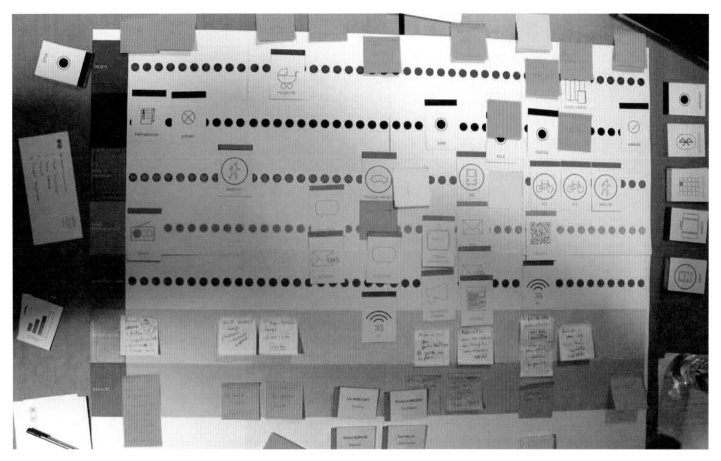

圖 8-20　完整的旅程圖遊戲在基本旅程框架的基礎上，納入來自整個團隊的想法。

這個新方法讓我們發展出一種所有人共享、卻不為任何人主導的共通語言。這樣的語言有助於找出不同利害關係人之間共享的價值。

這個初步的工作坊證實了讓團隊一起繪製使用者旅程，是一個讓常見接觸點、利益、及價值創造方式視覺化的好方法。它也讓參與者大開眼界。

在這個案例中，參與者表示在參加我們的研討會之後，團隊對焦和跨部門協作的意識增強了許多。只可惜，這個方法很少被地方政府用於在地生態系統的復甦。

背後根本的問題是穀倉效應的思維。旅程圖遊戲能夠打破各部門間的屏障，讓公司能夠以一種全面的、協作的方式思考。

我們與其他公司測試了這個方法，也同樣發現將分散的觀點對焦，確實能幫助組織找到新的商業機會點。

顧客旅程圖遊戲最初是由 Christophe Tallec 和 Paul Kahn 所開發。圖 8-20 是一張顧客旅程遊戲板及元素的例子。Tallec 和 Kahn 也製作了旅程遊戲的線上模板：*http://prezi.com/1qu6lq4qucsm/customer-journey-mapping-game-transport*。

關於作者

Christophe Tallec 是 Hello Tomorrow 的合夥人兼董事總經理，Hello Tomorrow 是一家使命導向的顧問公司，致力於解決最迫切的工業、環境、和社會問題。他對設計、科學、技術、和系統思維充滿熱忱。Christophe 先前在法國創立了服務創新公司 We Design Services（WDS），並與空中巴士（Airbus）、世界銀行（World Bank）和其他國際公司合作過。

圖表與圖片出處

圖 8-2：Nathan Lucy 主持工作坊的照片，經同意使用

圖 8-3：Jim Kalbach 提供的照片

圖 8-4：團隊使用商業摺紙的照片，由 Jess McMullin 提供，經同意使用

圖 8-5：Jim Kalbach 的工作坊圖表照片

圖 8-6：作者 Jim Kalbach 以 Visio 建立的旅程圖表

圖 8-8：Jim Kalbach 提供的假設性挑戰活動照片

圖 8-11：Jim Kalbach 提供的優先排序照片

圖 8-12：Erik Hanson 在工作坊中建立的範例故事板，經同意使用

圖 8-13：Jim Kalbach 在工作坊中製作 Wireframes 的照片

圖 8-14：Jim Kalbach 在工作坊中進行概念測試的照片

圖 8-15：Leo Frishberg 的假設性設計評估的照片，經同意使用

圖 8-19、8-20：Christophe Tallec 提供的照片，經同意使用

「如果你不知道要去哪裡，走哪一條路都無所謂。」

—— 路易斯‧卡羅（Lewis Carroll)

本章內容

- 進行測試

- 設計地圖和使用者故事地圖

- 商業模式圖及價值主張圖

- 案例：快速線上圖表和設計工作坊

CHAPTER 9

構思未來經驗：發展對的解方

在序言中，我希望你們對所服務的人有同理心。建議很明確：由外而內，檢視你所提供的服務與產品，而不是由內而外。但很重要的是，要在構想新的解決方案前先進行同理，將獲取同理與應用同理做區別。

我之前也有類似經驗，以前公司為例，一個小團隊花了兩個月的時間，關起門發展出幫助人們規劃活動的新概念，但他們基本上沒有與任何潛在顧客接觸過。

很明顯地，對於與目標使用者有密切接觸過的人來說，這個解決方案有很大的瑕疵。它並沒有回應使用者的真實需求，也不符合他們的心智模型。儘管團隊充滿熱忱，這個概念已註定要失敗。如果能先將問題定義清楚，就不會浪費這些時間。這裏並不是在提倡一開始就進行大型的研究。圖像化的過程能夠幫助團隊發展出對一個人經驗的共同理解，並定義對的問題，這並不需要花太多的時間。基於這個理由，本書著重在現況視覺化，也就是描述當下情況的圖表。

但是，在獲得同理並正確連結目標機會後，就必須設計具體的解決方案來落實。這也是作為製圖者的角色，不僅是進行研究和建立圖表而已，你也要對解決方案空間進行有力的跟進。

本章討論讓圖像化更容易操作的一些方法。首先，進行在對焦協調工作坊結束時規劃的測試。然後，思考如何以故事板、設計地圖、和使用者故事地圖來設計未來經驗。最後，設計出使圖像化工作持續活躍進行的方法。對顧客的同理應永不止息。

進行測試

建立新價值會帶來不確定性。雖然已經有了對點子的初步回饋，但還是不知道市場會如何回應你們提出的創新及使用情境。

重要的是要與團隊和利害關係人一起確認對工作坊產出的正確期待。成果不是馬上就能落實的點子，而是需要測試的假設。還需要不少心力讓新概念變得完整，並進行測試證明商業可行性。

從每一個決定要繼續下去的概念開始建立假設，結構如下，有三個主要的部分：

我們相信，為 [人們、顧客、使用者] 所提出的 [解決方案、服務]

會帶來 [預期的成果、假設的效果]

當見到 [結果、可量測的影響] 時，我們就能確認這一點

這些假設是以信念的方式敘述，因為直到進入市場前，你都不會知道它真正的影響。如果沒有可量測的成果，就不會有可測試的假設，一定要設計量測指標，然後規劃未來幾週要進行的測試。以下是一些特定的方法：

- 說明影片。用一段影片來說明服務，並在網路上廣傳。以流量及回應率來評估大家的興趣。

- 登陸頁面。設計一個登陸頁面（有時稱為「假店面」），來發表模擬上線的的服務。

- 原型測試。模擬一個你的概念之可動版本。用它來對潛在顧客進行測試，並量測具體的面向，如任務完成度及滿意度。

- 親自服務。從一個模擬的版本開始。找一組限定的潛在顧客來報名，然後為他們手動提供服務。

- 有限商品發布。建立一個只有一兩個功能特點的服務版本。測量這些特點是否成功並吸引人。

上述幾項方法也可以併用。舉例來說，若你熟悉近期的「精實」方法，會發現一些類似的手法。欲了解更多定義及執行市場測試的內容，見艾瑞克‧萊斯（Eric Ries）的《精實創業》及艾許‧莫瑞亞（Ash Maurya）的《精實執行：精實創業指南》。同時也推薦 Jeff Gothelf 與 Joshua Seiden 的《精實 UX 設計》。

重點是要事先讓大家同意在工作坊後進行後續工作。例如，我曾經舉辦了一場為期多天的對焦協調工作坊，以經驗圖的探索作為開始。

我們輕鬆地產生了幾十個想法，排定了優先順序，並收斂至幾個在工作坊期間快速發展和測試的點子。

其中一位工作坊的參與者是一名專案經理，專門規劃需進行的測試。我們留了一些時間在會後繼續研究這些概念。因此，工作坊不止是做到概念和粗略的原型，還為後續規

劃更多的測試和資源。

對於其中一個領先的概念，專案團隊找了專業的圖像藝術家來畫故事板，然後再加入配音，製作成影片。在製作故事板和影片時，原始概念不斷變化和延伸。在完成概念的過程中，我們學到了很多，並進行了修正。

接著，我們把說明影片放上登陸頁面，訪客可以瀏覽影片然後註冊以獲得 beta 版本上線的通知（圖 9-1）。在註冊後，會請他們填寫一份短短三個問題的問卷。我們認為最

有效益的某些部分吸引了頁面訪客的好評，而其他我們未強調的部分則受到了更多關注。藉此調整了優先順序，並修改了概念。

從這些接觸點我們可以測量特定一段時間內的網站的流量、註冊的數量、問卷的回應等。我們也與幾位使用者對話，以更深入了解他們的動機及哪些價值主張讓他們感到興奮期待。最後，SnapSupport 早已變得與工作坊剛開始時完全不同。

圖 9-1
SnapSupport 從一段概念影片與登錄頁面開始，在可動原型建立之前就先測試市場反應

麥克・許瑞吉（Michael Schrage）提供了一套名為「5×5手法」的正式測試方法來驗證商業價值。方式是組成五個小組，每個小組五個人，並給他們五天的時間規劃一系列測試。然後，提供每組五千美元和五週的時間來進行測試。

測試的目的不是發佈產品、服務、或功能，而是了解哪種解決方案最能解決你的問題。通常，小型測試可以提供具有重大影響的洞見。因此，你的角色不僅從製圖者轉換為主持人，還必須負責確認後續行動有正確進行。

點子都被高估了

發想點子很有趣，甚至會讓人上癮。我應該要知道：作為設計主管，我在職業生涯中參與了很多概念發想活動。可以叫我發想狂之類的。

你可能也曾經歷過這樣的狀況：團隊花幾個小時或幾天來進行腦力激盪。他們收到指示「點子愈多愈好」。最後，工作坊空間牆上出現了幾百個點子（圖 9-2）。成功與否，是用便利貼的數量來衡量的。

但是點子的數量通常不是問題。我從來沒有遇到點子「不夠」的組織。事實上，大部分的人都在不確定怎麼做的點子中遊蕩，但我們還是繼續發想，累積越來越多的點子。

一部分的問題出在我們用達爾文主義觀點的謬誤來看待點子的生命週期。我們認為最棒的概念會自己浮出來，因此若數量足夠，那麼邏輯上來說，出現好概念的機會就愈大。

但這不是大多數組織做決策的方式。好的點子不會自動浮出來，所有組織內部都會有一股自然力量會壓制點子，無論點子是好是壞。其中最主要的原因是不確定性，造成企業內部的創新抗體。

簡而言之，即使用高擬真原型展示得很完整，新概念還是代表了風險管理的賭注。

許多點子剛想出來時似乎很棒。「對！就是這個！我們要拯救公司了！」大家對點子充滿信心。但是，當需要做出艱難的決策，讓天真的點子付諸現即時，即使是最棒的想法也會很快消失。

圖 9-2 產出很多點子很容易，但這不應該是終點。

好的點子容易過分承諾且產出不足。如果陷得太深，會使我們的精力從可能幻化成天鵝的「醜小鴨點子」上分心。

問題的一部分在於，很難（雖然不是不可能）在初始的階段就看出好點子。我們總假設會有某種「靈光乍現」的時刻，一切感覺都對了。但是創新的感覺是什麼？你怎麼知道自己在做大事？

創新的歷史顯示了，即使最深刻、改變人生的創新通常在一開始也無法被看出來。正如史考特·貝肯（Scott Berkun）在他的《創新的神話》一書中提醒的，大多數創新都不是頓悟而來的。

舉萊特兄弟的首次飛行為例子。只有少數人觀看了這一歷史性事件，他們甚至花了六年的時間才賣出第一架飛機。沒有人預見這個發明後來成為數十億美元的產業。

我們沉迷於創意點子的起源，但真正要思考的是，點子在組織中最後的去向，跟點子怎麼來的一樣重要。我們必須對點子的自然生命週期以及組織如何前進抱持誠實的態度。

重點是要由你來設定正確的期望。首先要認知到，便利貼上的點子只是漫長的迭代過程的開始。工作坊牆上的便利貼不會直接用來落實，而且點子要能賺錢，可能要花費數年時間。

當然，組織會努力縮短創新的時間。但是，創新是在各個層面上持續不斷進行翻新的過程：概念、技術、和商業發展。好的方面是，可以用一些簡單的方式來維持新概念的發展：

- 將發想作為一個正在進行的專案來管理。邀請專案經理參加發想或腦力激盪活動。在參與過後，他們的主要功能是將結果分解為可行動的步驟。讓他們為點子的持續發展訂定計劃。

- 以測試為目標。讓測試成為對焦協調工作坊的成果。這需要虛心學習的心態，但能設定正確的期望。

- 下小注。避免僅以突破性創新作為目標。當然，每個人都想為自己的產業生出下一個 iPod，但是野心大並不永遠最好。可以嘗試下很多小賭注，你不會知道一個點子會變得多大。

- 在開始前先確認資源。提前讓大家同意要繼續進行測試，甚至是在開始產出點子之前就要先確認。讓有時間進行測試的人組成小團隊，也要提前釐清預算。簡單的測試可能只要四到八週的時間就可以完成，大約需要規劃幾千美元的預算。

- 進行簡單的測試。準備好要一次又一次地重新修正。在獲得實際回饋並根據回饋進行修正後，你的原始點子可能會與一開始的概念都不像了。

Idea 萬歲！

以上這一切並不是說不應該進行任何形式的腦力激盪。產出點子是對員工經驗有益的，能將人們聚在一起，提供一個鍛煉創意肌群的安全場所。

重點是要記住，點子本身都被高估了。商業決策並不是根據草圖來製定的。想獲得成功的機會，要設定切合實際的期望，並準備好從商業的角度來驗證想法。

使用圖表來設計新經驗

經驗的圖像化是將現實世界中的觀察結果以視覺方式呈現的一種關鍵方法。但是,這也可以是一種產出型的方法,用來描述新解決方案的經驗,特別是用在更複雜或更重要的經驗脈絡中。即使並不能控制所有的經驗流程,團隊還是需要看到整體的經驗,這樣才能設計合適的產品和服務。

有很多種帶有經驗圖像化觀念的方法可以用來掌握整體經驗。包括未來經驗圖、故事線、設計地圖、以及使用者故事地圖等方法。

未來狀態圖,或目標狀態藍圖

如前所述,這本書著重於現況圖表:了解當前的經驗,以提供同理和理解,進而找到機會點。不過,到了某個時間點,就要開始繪製未來的圖表,也稱為未來狀態圖或目標狀態藍圖。

顧名思義,未來狀態圖概述了尚不存在的解決方案經驗。與現況狀態圖不同,未來狀態圖不是以研究為基礎的,而是代表了潛在的經驗願景,以作為團隊建立新服務的溝通工具。

繪製未來經驗的方法有很多。一般來說,我會盡量避免建立另一張獨立的圖,而是將未來的經驗涵蓋在現況狀態圖中,例如,放在圖的底部(見圖 9-3)。這突顯了從現在到未來的狀態轉換,把問題和解決方法都集中在一處。

但是,有時未來狀態會有不同於現況的互動流程,並且步驟的時間順序也不同。例如,搭乘計程車的經驗圖與使用 Uber 的時間順序會有所不同。

圖 9-3 將現況對應至未來狀態,呈現出兩者的關係

使用 Uber 時，付款方式是在搭車之前就確定了，目的地是在乘客上車之前就提供給駕駛的，而小費則是在很晚以後才給。在這種情況下，最好是用完全獨立的圖表展示這種未來狀態。

IBM 的企業設計思考工具包中有一組建立未來情境圖的工具。根據網站中（*https://www.ibm.com/services/business/design-thinking*）的介紹，目的是作為使用者未來經驗願景的草稿，以呈現點子如何滿足其現況需求。

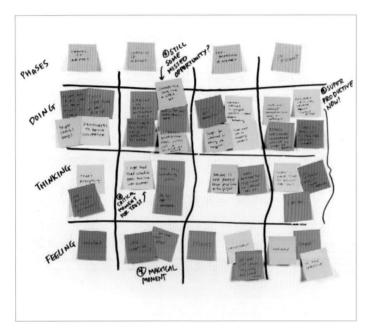

圖 9-4　IBM 的簡單未來經驗圖方法包括在預期的經驗中找出目標「神奇時刻」。

首先，繪製四行欄位並標示出「階段」、「做什麼」、「想什麼」、和「感受如何」。接著，無論是獨自作業或小組進行，想像理想的經驗，並把想法用便利貼貼在圖上。將理想的狀態與當前狀態進行比較，並找到高點和低點。機會點在哪裡？可使解決方案與眾不同的「靈光乍現」時刻在哪裡？見圖 9-4 中的「神奇時刻」。

故事線

說故事不只是一個溝通願景的手法，它也能用來說明複雜的問題。數位產品策略師及《The User's Journey: Storymapping Products That People Love》一書作者 Donna Lichaw 認為，故事線的原則可以用來引導產品與服務的設計。

為此，Lichaw 發展出一個共通於大多數故事的結構，稱為故事弧線（圖 9-5）。這個結構並非新概念，它可以回溯到亞里斯多德時期，是沿用了數千年、跨越各文化且歷久不衰的說故事型式。

故事弧線的元素包括：

- 曝光：好的故事會在一開始建立脈絡，並介紹人物及情況。

- 事件激發：一個有事開始出錯，或情況有了一些改變的點。

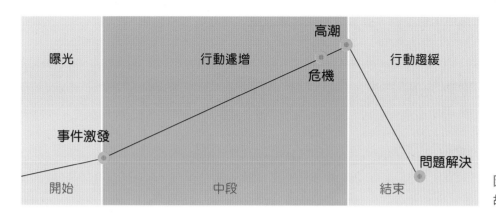

曝光　　　　　行動遽增　　　　高潮

事件激發　　　　　　　　　　危機

開始　　　　　　中段　　　　　行動趨緩

　　　　　　　　　　　　　　問題解決

結束

圖 9-5
故事弧線的原型呈現在問題解決之前行動遽增

- 行動遽增：一段好的故事會隨著時間發展累積，隨著故事的展開，增加強度及行動。

- 危機：故事慢慢堆疊到高潮點，到達一個再也無法回頭的點。

- 高潮／問題解決：高潮是故事最刺激的部分，也是觀眾認為情況都會再變好的點，在這個時候，在事件激發出現的問題被解決了。

- 行動趨緩：等等，還沒結束。在高潮之後，接下來故事就會漸漸平緩，開始進入結局。

- 結局：這是整個故事的大結尾。一般就是回歸到原本狀態。

故事線的重點不是說故事，而是讓你用故事描寫的方式設計產品和服務。也就是說，可以將故事弧線用在設計流程上，為此，Lichaw 建議先依照故事線畫出一段理想的旅程，然後根據這個流程來設計產品或服務。

圖 9-6 是一個運用故事弧線來規劃數位服務內容的例子。此例中的意圖是將使用者旅程變成一個戲劇化、吸引人的故事。最後產出了策略，以設計符合受眾需求的內容及特點。

在設計工作坊中運用故事弧線是相當直觀的。Lichaw 與 Lis Hubert 在她們的〈Storymapping: A MacGyver Approach to Content Strategy〉一文中描述了這樣的流程。

1. 舉辦一場工作坊，廣邀利害關係人參與。

2. 在白板上畫出使用者旅程作為故事弧線。

3. 分別加入使用者在每個階段會需要的內容。

4. 在下方，寫下現有的內容。

5. 找出現有內容中的缺口及劣勢。

6. 優先排序，並規劃更大的內容策略。

按照這些步驟，我們便可以產出有重點及意義的內容策略，並能讓團隊對焦協調、為共同目標達到共識，也能發展更多吸引人的服務。

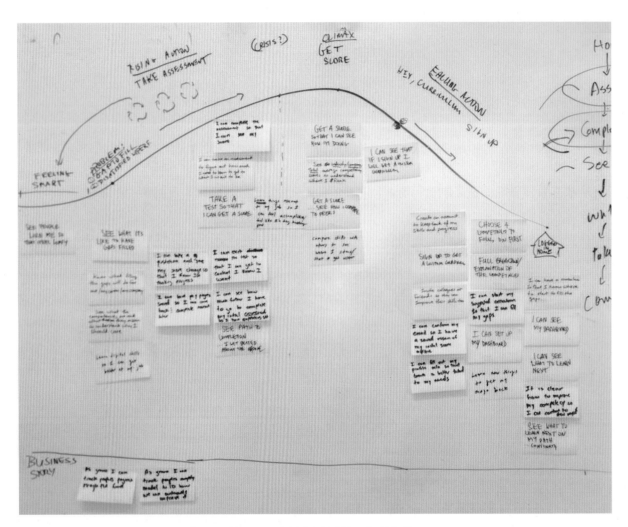

圖 9-6　工作坊中的故事弧線與願景內容範例，呈現行動的遞增與問題的解決

對轉變的嚮往

只能連結、取悅人們並提供正向經驗的產品與服務是無法走得長遠。我們需要更好的方式來想像使用者可能的行動。

運用「大哉問」，這是麻省理工學院的教授麥可·許瑞吉（Michael Schrage）在《你想要你的顧客變成什麼樣子？》一書中提到的簡單問題。許瑞吉認為，成功的創新幾乎不用叫使用者做什麼不同的事，而是讓他們變成另一個不同的人。

舉例來說，喬治·伊士曼（George Eastman）在 19世紀末不只是發明便宜、簡單操作的自動化相機；他還創造了攝影師。他的創新讓每個人都能做到以前只有受過專業訓練的人才能做的事。

透過「大哉問」，我們能看到 Google 不只是厲害的搜尋引擎，它讓每個人都可以成為專業研究員。而 eBay這個普及的交易平台，創造出新一代的創業者。

然而，要求人們變成他們不喜歡的樣子，這樣的創新往往會失敗。以 Segway 為例，它要我們變成什麼呢？一個瘋狂、戴著安全帽的科學家，在人行道上橫衝直撞？還是權威的象徵（如警察），還比行人跑得快？抑或只是

騎車的怪咖（圖 9-7）？

麥當勞的「加大餐」活動是另一個例子。從商業上的角度來看是很有效益，多花一些錢就可以獲得更超值的餐點。但這其實是在讓顧客變得不健康，最後這個活動反而傷了公司的聲譽。

表 9-1 總結了這些例子，呈現出這些產品與服務的轉變如何對人們產生影響，包括正面及負面的例子。

圖 9-7　Segway 讓我們變成我們不喜歡的樣子

表 9-1
創新產品與服務讓人們轉變的整理，包括正面及負面的例子

柯達	=相機	＞攝影師
Google	=搜尋引擎	＞專業研究員
eBay	=拍賣平台	＞創業者
但…Segway	=新交通工具	＞騎車的怪咖
加大餐	=超值划算	＞不健康的人

以下是將「大哉問」應用到對焦協調圖表中的方法。

- 在圖表的每個主要區塊，問這個問題：「我們想讓顧客變成什麼樣的人？」

- 收集大家的答案，並選出一個最好的。

- 繼續在圖表的每個區塊重複上述動作。

- 最後，用腦力激盪發想解決方案。

舉例來說，圖 9-8 是一份前面章節中由 Brandon Schauer 建立的服務藍圖。最上層的資訊是在旅程中每個階段用「大哉問」提問的假設性答案。

這樣的提問方式為啟發式思考與轉型創新打開了一扇門。從結果出發，而不是解決方案。根據結果來進行腦力激盪，通常能夠得到從工作坊中脫穎而出的新點子。

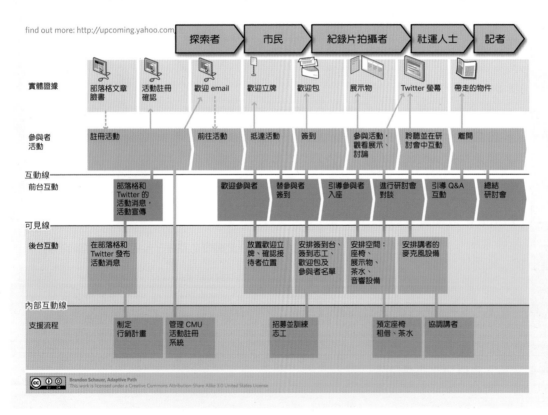

圖 9-8
範例服務藍圖呈現在每個階段回應「大哉問」的答案

設計地圖

設計地圖是由團隊共創，呈現理想經驗的圖表。此方法在 Tamara Adlin 及 Holly Jamesen Carr 撰寫的《The Persona Lifecycle》一書中第十章有詳細描述。

建立設計地圖很簡單，只需要便利貼和白板，最後會得到一張理想未來經驗的地圖。地圖共有四個基本的元素，每一個元素用不同顏色的便利貼呈現：

- 步驟：藍色的便利貼代表特定人物誌在過程中採取的步驟。

- 意見：綠色的便利貼提供每個行動的更多細節，包括想法、感受、及痛點。

- 問題：黃色的便利貼呈現團隊對這個經驗的問題。這部分彰顯知識上的缺口，以及對預期經驗的假設。

- 點子：粉紅色的便利貼用來記錄點子，以及如何提供更好的服務。

圖 9-9 是一個虛擬 App 的設計地圖範例。藍色便利貼中的步驟，在整張圖的最上方，形成基本的時序。意見、問題還有點子都出現在每個步驟的下方，形成相互交錯的便利貼網格。

LUCAS DOWNLOADS THE APP	LUCAS CREATES AN ACCOUNT	LUCAS ALLOWS HIS CAMERA, EMAIL AND CONTACTS TO BE ACCESSED	LUCAS BUYS A NEW PRODUCT, E.G. ELCCTRONICS	LUCAS TAKES A PICTURE OF A BARCODE WITH THE APP	THE SYSTEM AUTOMATICALLY CONNECTS TO THE RIGHT USER MANUAL	(LATER) LUCAS HAS A PROBLEM WITH THE PRODUCT	LUCAS ACCESSES THE APP OR THE WEBSITE	LUCAS OPENS THE USER MANUAL	LUCAS AUTOMATCALLY CONTACTS CUSTOMER SUPPORT	LUCAS SPEAKS WITH AN AGENT	– OR – LUCAS CAN FIND A SERVICE PROVIDER IN HIS AREA
THE APP IS FREE	WE WILL OFFER SOCIAL SIGN IN	WILL PEOPLE ALLOW THEIR CONTACT INFORMATION FOR THIS APP?	OVER TIME, WE CAN MAKE RECOM-MENDATIONS FOR PRODUCTS AND STORES	THE SYSTEM NEEDS A DATABASE OF BARCODES	THE SYSTEM AUTOMATICALLY REGISTERS IT FOR WARRANTY	WE CAN OFFER A "PANIC BUTTON" IF LUCAS JUST WANTS HELP NOW	THE WEBSITE IS ALWAYS IN SYNC WITH THE APP	IF HE CAN'T FIX THE PROBLEM, HE CAN CONTACT CUSTOMER SUPPORT RIGHT AWAY	WITH ONE CLICK, THE APP FINDS THE SUPPLIERS CUSTOMER SUPPORT	THE PHONE TAKES OVER, BUT THE APP IS STILL RUNNING	WHAT ABOUT COST OF A SERVICE PROVIDER?
THERE IS A DIRECT LINK FROM OUR HOMEPAGE	WHICH SOCIAL NETWORKS SHOULD WE ALLOW?			CAN PEOPLE ALWAYS FIND THE PRODUCT BARCODE?		WILL HE REALLY REMEMBER THAT HE LISTED IT IN THE APP?	THE MANUALS CAN BE INTERACDTIVE		WE CAN PASS THE INFORMATION TO THE AGENT SO SHE ALREADY HAS A HISTORY	WILL PEOPLE TRUST THE SERVICE?	
WHAT IS OUR REVENUE MODEL EXACTLY?				THE APP AUTOMATICALLY FOCUSES ON THE BARCODE – NO BUTTON REQUIRED			WE CAN PUSH NOTIFICATIONS IF A WARRANTY EXPIRES	THE APP REMINDS HIM IF THE WARRANTY IS GOOD OR NOT		WE TAKE A CUT OF THE COST AS A FINDERS FEE	

Adlin 和 Carr 建議用非同步方式使用設計地圖，概念是將地圖放在辦公室的公共區域，並邀請同仁個別提出想法。在幾天或幾週的過程中，團隊成員可以隨時把想到的問題和點子加上去。如此一來，這張地圖就會慢慢自然被完成。

設計地圖也可以在工作坊當中用來幫助發想未來經驗願景。舉例來說，我曾經在一場對焦協調工作坊中讓三個小組使用設計地圖，首先，每一組從三組目標經驗中選一個，為這段經驗發想理想的流程，同時也加上意見，來描述步驟的細節。

接著，讓小組輪替，換做其他組的設計地圖，請大家閱讀新設計地圖的步驟及意見，並利用不同顏色的便利貼對每個步驟提出問題。

最後，再一次輪替組別，閱讀所有先前組別的步驟、意見及問題後，這時的任務就是腦力激盪發想新的點子，放置在地圖的最下方。我們也以 Wireframe 把最好的點子畫出來。如此一來，每一組都會接觸到三份圖表，且有機會延伸其他人的想法。

圖 9-10 是上述活動的部分內容。使用的便利貼顏色與 Adlin 和 Carr 設定的不一樣，我們用黃色代表步驟，藍色代表意見，粉紅色代表問題，綠色代表點子。但是建立設計地圖的流程是一樣的。

圖 9-10　在工作坊中建立的設計地圖，呈現不同顏色便利貼上的資訊

使用者故事地圖

小時候，我的鄰居有一個馬鈴薯先生的玩具，這個玩具是一個沒什麼特別的塑膠頭，可以在上面加上各種臉部表情。有些組合表情很好笑，像是戴著格魯喬·馬克思（Groucho Marx，美國喜劇演員）的眼鏡配上大口紅。

軟體開發者一般都希望避免創造出長得像馬鈴薯先生一樣滑稽的產品，但若對正在打造的東西沒有共同的願景，就很有可能無意間把不相容的元素組合在一起了。

軟體開發的領導方法「敏捷開發」致力於將產品拆解為較小的模組，稱之為使用者故事。使用者故事是從使用者的觀點出發的簡短特點描述，通常用以下的形式呈現：

> 身為一個〈使用者類型〉，我想要〈某個目標〉，因為〈某個原因〉

雖然使用者故事可以讓開發變得更易於管理，但同時也可能讓團隊失去對產品或服務的全貌，聚焦在個別的特點讓團隊的視野變窄，無法顧及全貌。

為了在軟體開發中避免馬鈴薯先生現象的發生，敏捷教練及專家傑夫·巴頓（Jeff Patton）提出了稱為使用者故事對照的方法。他建議開發團隊不要假設每個人對於最終產品都有相同的看法，在他的《使用者故事對照》一書中，巴頓描述了這個現象及克服的方式：

如果我腦中有一個想法，然後把它寫下來，當你閱讀這份文件的時候，可能會想成一個很不一樣的東西……然而，如果我們在一起用聊的，你可以告訴我你怎麼想，我也可以問問題。如果能透過畫畫或是用卡片、便利貼來整理概念，將想法外部化，對話就會更有效益。如果我們給彼此一點時間，用文字或圖來解釋想法，就能建立共享的理解。

使用者故事地圖的優勢就是它很容易消化理解。圖 8-12 是一個由 Protegra 公司的敏捷教練 Steve Rogalsky 所建立的範例。可以看到使用者活動的對焦協調（橘色及藍色便利貼）以及預計的特點（黃色）。

使用者故事地圖深根於任務模型，由賴瑞·康斯坦汀與露西·康斯坦汀夫婦（Larry and Lucy Constantine）首先提出。[1] 這個方法很有彈性，製作地圖的方式也很多，大部分使用者故事地圖的主要元素如下：

- 使用者類型。一個系統設計給不同角色的簡短描述。通常這會被列在最上方或是一側（圖 9-11 未呈現）。

- 架構。這是使用者活動的流程，列在圖表的上方，通常帶有比較細的使用者任務描述，以流程圖的形式跨越各階段呈現，以水平的方式列出於階段架構之下。

---

[1] 見賴瑞·康斯坦汀的〈Essential Modeling: Use Cases for User Interfaces〉，ACM Interactions (Apr 1995)

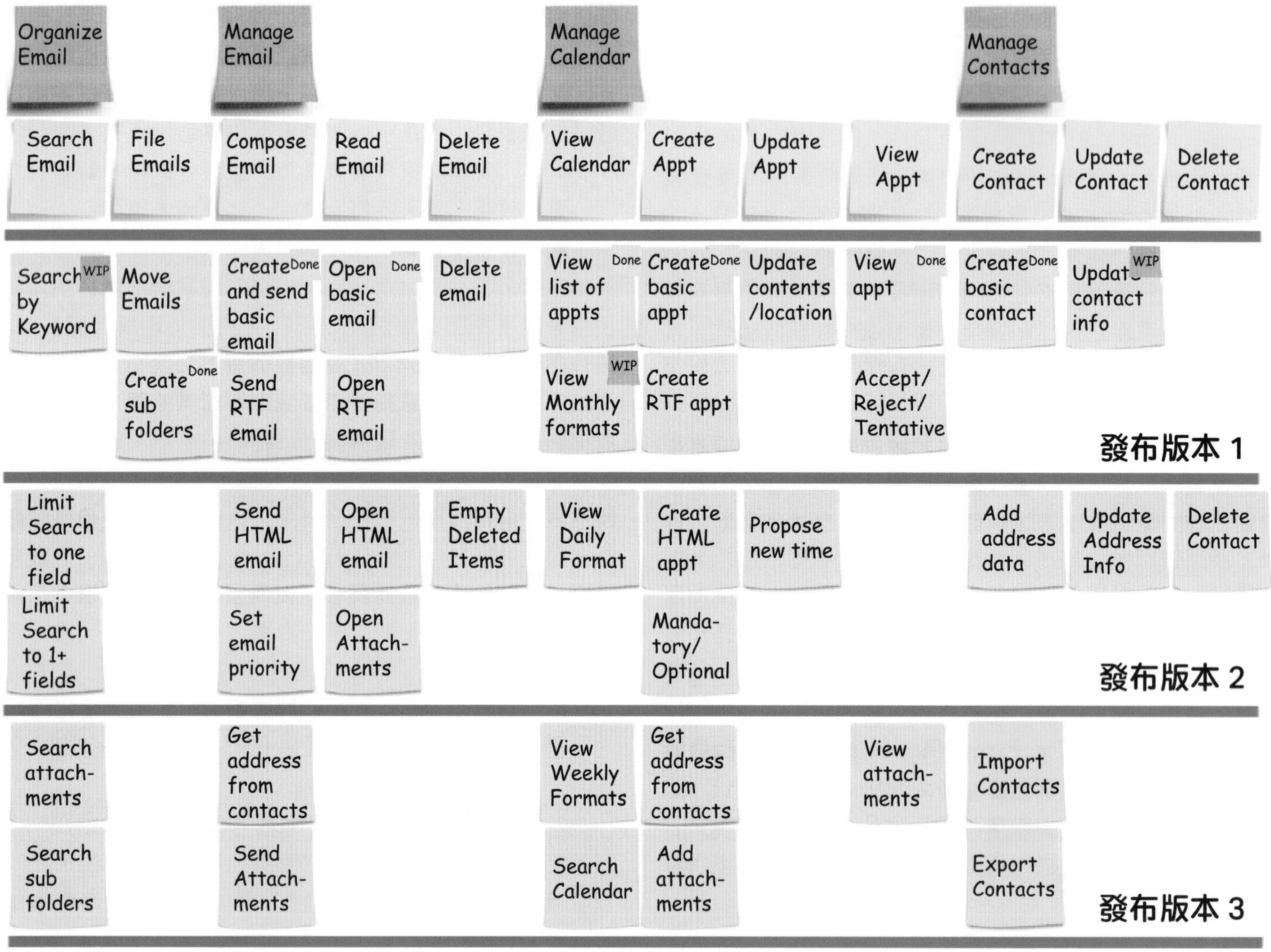

Organize Email | **Manage Email** | **Manage Calendar** | **Manage Contacts**

| Search Email | File Emails | Compose Email | Read Email | Delete Email | View Calendar | Create Appt | Update Appt | View Appt | Create Contact | Update Contact | Delete Contact |

發布版本 1

- Search by Keyword [WIP]
- Move Emails
- Create and send basic email [Done]
- Open basic email [Done]
- Delete email
- View list of appts [Done]
- Create basic appt [Done]
- Update contents/location
- View appt [Done]
- Create basic contact [Done]
- Update contact info [WIP]

- Create sub folders [Done]
- Send RTF email
- Open RTF email
- View Monthly formats [WIP]
- Create RTF appt
- Accept/Reject/Tentative

發布版本 2

- Limit Search to one field
- Send HTML email
- Open HTML email
- Empty Deleted Items
- View Daily Format
- Create HTML appt
- Propose new time
- Add address data
- Update Address Info
- Delete Contact

- Limit Search to 1+ fields
- Set email priority
- Open Attachments
- Manda-tory/Optional

發布版本 3

- Search attachments
- Get address from contacts
- View Weekly Formats
- Get address from contacts
- View attachments
- Import Contacts

- Search sub folders
- Send Attachments
- Search Calendar
- Add attachments
- Export Contacts

圖 9-11　故事地圖將開發任務與預期使用者經驗相互對焦

- 使用者故事。地圖的主體包含欲達到預期成果所需的故事。通常這些會被優先排序,且分成幾個發佈版本。

這個架構就類似於經驗圖中的時序,但使用者故事地圖通常缺乏經驗圖中像是想法及感受的脈絡及細節,而較著重在軟體產品開發。

使用者故事對照的過程需要團隊從最一開始就共同參與,根據以下步驟來讓每個人參與地圖的建立:

提出點子

讓團隊一起討論為什麼要做這個產品。找出並記下它可以帶來的效益,及能解決的問題。同時決定你們是為誰打造產品。在地圖的最上方寫下答案。

描繪全貌

以時序性描繪出解決方案的流程,包括特定活動的細節。能的話,要包含使用者當前的痛點及開心點,作為開發決策的參考。

探索

利用地圖來引導對話,討論預期的成果及經驗,描述對使用者有幫助的功能,並以故事的形式將之加進地圖中。畫出解決方案的草圖,並與顧客進行訪談。

建立發佈版本策略

將使用者的故事拆解成不同的發佈版本,從最能達到預期成果的必要版本著手。

開發、量測、學習

隨著開發的進行,用使用者故事地圖追蹤團隊從所獲得的心得,把它放在大家都看得到的地方,時常回頭參考。

使用者故事地圖描繪出使用者故事彼此之間如何相互關聯,這讓團隊更能掌握整個系統。更重要的是,它能讓規劃及開發過程與真實使用者經驗做對焦及協調。使用者故事地圖能讓大家對欲打造的軟體擁有共同理解,來幫助引導決策、改善效率,並產出更好的結果。

這個活動通常是運用便利貼及白板完成。圖 9-12 是一個在團隊工作坊中進行的範例。

不過,也可以用 MURAL 這類軟體在線上建立故事地圖。我曾經受一家大型出版社之託,協助繪製使用者故事地圖,該公司同仁遍佈各地,從芝加哥到都柏林都有。

圖 9-12　團隊在一場實地工作坊中建立的使用者故事地圖範例，呈現將想法優先排序，分成不同發佈版本。

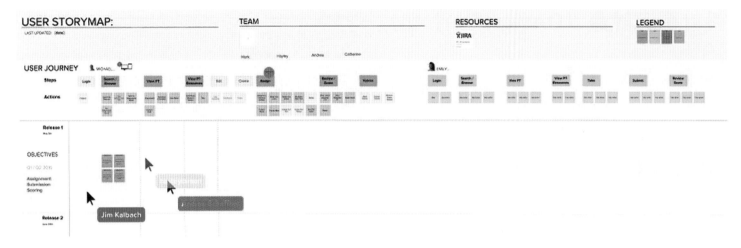

圖 9-13　即使大家不在同一地點，也可以與遠距團隊輕鬆地在線上完成使用者故事地圖，以保持對焦。

我們使用視訊會議軟體為工作坊連結聲音和影像的，然後使用 MURAL 線上白板繪製使用者故事（圖 9-13）。

我們心中的底線是，不要假設每個人對專案或工作目標都有相同的想法。為了彰顯過程視覺化的重要性，傑夫・巴頓在他的書和其他地方使用了圖 9-14 的圖像。

無論是描繪現況還是未來情境的圖表，視覺化在建立想法共識和讓團隊保持對焦都有很大的幫助。

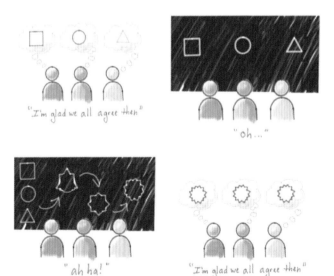

圖 9-14　別假設每個人都對解決方案有相同的想像

設計衝刺計畫（Design Sprints）

設計衝刺是一種廣為人知的形式，幫助團隊透過一系列結構化的活動，來設計解決方案。在上一章了解對焦協調工作坊的方向後，就可以進行設計衝刺，在短時間內有效達成解決方案的共識。

「衝刺」一詞的使用源於敏捷開發方法，將開發工作拆成一至四週的流程。而設計衝刺將重點放在開發開始之前，解決概念上的挑戰。

多日對焦協調工作坊和設計衝刺之間有許多相似之處，如傑克・納普（Jake Knapp）的暢銷書《Google 創投認證！SPRINT 衝刺計畫》中所述，使用者旅程圖是設計衝刺的核心。圖 9-15 顯示了設計衝刺的基本流程。

圖 9-15　設計衝刺通常從經驗圖開始，以了解團隊將在下週內需設計的解決方案脈絡。

《Design Sprints》的作者 Richard Banfield、Todd Lombardo、和 Trace Wax 更強調了地圖在設計衝刺過程中的功用。他們表示：「（經驗圖像化）能為你的專案增加脈絡，並彰顯出可能錯過的機會點。」

但是，對焦協調工作坊的重點是要就對的問題達成共識，設計衝刺則聚焦提出具體的解決方案。衝刺將經驗圖作為起點以了解脈絡，但很快會進入特定的設計活動。對焦協調工作坊和設計衝刺相輔相成，代表著不同的思考模式。

小結

本書中描述的大部分方法主要集中於描繪現況狀態的圖表，或將現況觀察到的經驗視覺化。未來狀態圖則是描繪欲創造的預期經驗。

首先，規劃測試以驗證未來經驗的假設。這階段可以是輕量的測試，仰賴精實手法，模擬情境以獲得回饋。

接著，在圖上呈現出理想的未來經驗。在許多情況下，可能不需要單獨畫一張：未來狀態可以直接附加到現況圖上。但是，若有必要，可以建立其他圖表，讓團隊能夠對目標經驗進行反思。

用於說明預期經驗的手法包括故事線、設計地圖、和使用者故事地圖。設計衝刺是一種濃縮的模式，用以解決特定的設計問題，並且隨著解決方案的出現，逐步進入落實。

總體而言，經驗的視覺化（無論是現況還是未來經驗）都能幫助大家形成共識並灌輸同理，進而讓團隊達到對焦。

延伸閱讀

Michael Schrage, *Who Do You Want Your Customers to Become*? (Harvard Business Review Press, 2012)

這本簡短的電子書挾帶了強大的訊息。不管是檢視既有的顧客或是試圖取悅他們，都要試著轉變他們：讓顧客變成與現在不同的某個人或某種樣子。「我們想讓顧客變成什麼樣的人？」這個簡單的問題重新架構了焦點，更幫助你提供更好的服務。

Donna Lichaw, *The User's Journey*: Storymapping Products That People Love (Rosenfeld Media, 2016)

Donna 定期撰寫並教授故事線的相關內容。這是一本集結她多年來發展方法的完整作品。網路上有更多資訊，包括在 UXMatters 上的一些文章（*UXMatters.com*）。

Jeff Patton, *User Story Mapping* (O'Reilly, 2014)

巴頓在他這本書中率先提出使用者故事地圖的方法，並在書中說明了細節。這本書內容流暢，且能快速地切入重點，書中後面幾個章節討論了透過精實流程進行驗證的細節。

John Pruitt and Tamara Adlin, *The Persona Lifecycle*: Keeping People in Mind Throughout Product Design (Morgan Kaufmann, 2006)

本書是一本討論人物誌的重要參考書籍。本書有將近七百多頁詳細且完整的論述。

Jake Knapp, *Sprint* (Simon & Schuster, 2016)

這是設計衝刺趨勢的創始書籍，並持續作為此方法資訊的原始來源。另見 Richard Banfield、C. Todd Lombardo、以及 Trace Wax (O'Reilly, 2015) 的《Design Sprint》一書。

John Vetan, Dana Vetan, Codruta Lucuta, and Jim Kalbach, *Design Sprint Facilitator's Guide V3.0* (Design Sprint Academy, 2020)

這份指南非常易懂，並涵蓋具有多年經驗的專家提出的一系列實務建議。我很幸運能夠與 Design Sprint Academy 合作進行設計衝刺實用指南的撰寫，特別是有關經驗圖表的部分。

案例：快速線上繪圖及設計工作坊

作者：Jim Kalbach

MURAL（mural.co）是一款用在設計協作的虛擬白板先驅。MURAL 是雲端服務，不論身在何處，都可以在線上進行視覺作業。我在 2015 年三月加入 MURAL 的團隊。

我們利用產品來檢視 MURAL 使用的經驗並進行改善，為此，我們在布宜諾斯艾利斯舉辦了一場一天半的工作坊，共有八位參與者，各有各自不同的角色。這個工作坊有三個部分。

第一部分：同理

目標是先了解使用者的經驗。因此，我在工作坊前用 MURAL 繪製出經驗的元素（圖 9-16），圖中有三個主要的部分：

- 價值鏈。為了了解價值流，我繪製出顧客的價值鏈（左上方），呈現出角色之間關係的全貌。

- 雛型人物誌。在圖 9-16 右上方可以看到三組雛型人物誌。這是根據圖表中價值鏈的角色而來，設計主管 Sophia 是我們這次的主要人物誌。

- 經驗圖。中間是一份經驗圖，根據先前與團隊合作進行的研究及近期顧客訪談而來。環狀的圖形代表重複的行為。

在這些資料下方保留一些空間，用來呈現工作坊第二部分的結果。

為了更廣泛地了解經驗，我們以小組的方式對每一個元素進行討論。這個圖表的數位格式讓我們可以隨時增加、更新，舉例來說，我們在討論的時候就直接把一些細節新增到人物誌原型當中。

第二部分：構思

接著，用腦力激盪發想出消費的障礙。我們問：「什麼是讓主要人物誌不回頭使用我們服務的原因呢？」

有了很大的虛擬空間，我們可以很方便將答案記錄在經驗圖下方，同時也用 MURAL 內建的點點投票功能做了群集及優先排序。

接下來,進行探索解決方案的活動,稱為「設計工作室」。對每一個找出的障礙,每位參與者都試著草繪出可能的解決方案,然後將草圖拍照下來,上傳到另一張壁畫檔案中,讓工作坊中的每個人都可以看到(圖 9-17)。

ONBOARDING EXPERIENCE 到職經驗

① 價值鏈

② 雛型人物誌

③ 經驗圖

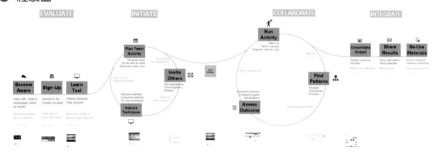

腦力激盪

What are the barriers to consumption?

圖 9-16
一個壁畫檔案中結合價值鏈、雛型人物誌及經驗,以及初步腦力激盪的結果

第三部分：評估

午餐後，分成兩個小組，分別將草圖整併成一個解決方案。我們的目標是在今天下班前製作出一個可測試的模型物件。

利用 *Usertesting.com* 線上遠端測試服務，快速地取得概念提案的回饋。這個測試進行了一個晚上，隔天早上我們就得到了初步的結果。

有一部分的假設獲得驗證，有一些則被推翻。我們參考測試的回饋，迭代修正了設計提案。最後，建立一套未來幾個月的具體落實計劃。

結論

這個快速的方法讓我們在不到兩天的時間，就從了解經驗到做出了測試的原型，其中沒有書面提案、報告，或是其他任何文件。

經驗的圖像化不需要是冗長的過程。利用像是 MURAL 這類線上工具，可以讓整個過程更加快速地進行，此外，線上作業還可以讓我們一次結合所有元素，以得到更完整的全貌。此外，我們還能在工作坊後將不在場的人都納入。在線上建立經驗圖讓整個過程可以持續進行，而不是靜態、一次性的活動，不論大家身在何處。

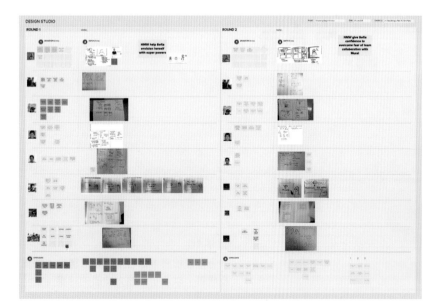

圖 9-17
「設計工作室」手法讓團隊能一起發想最終解決方案
（此案例中使用 MURAL 線上作業）

圖表與圖片出處

圖 9-2：Jim Kalbach 工作坊照片

圖 9-4：IBM 企業設計思考工具箱（*ibm.com/design*）的未來圖表範例

圖 9-6：Donna Lichaw 建立故事線的照片，經同意使用

圖 9-7：Scott Merrill（*https://skippy.net*）提供的照片，經同意使用

圖 9-8：由 Adaptive Path 的 Brandon Schauer 所建立的服務藍圖，經同意使用

圖 9-9：由 Jim Kalbach 以 MURAL 建立的設計地圖範例

圖 9-10：設計地圖照片，由 Jim Kalbach 提供

圖 9-11：由 Protegra 公司的 Steve Rogalsky（*protegra.com*）所建立的使用者故事地圖，經同意使用

圖 9-12：使用者故事地圖照片，由 Steve Rogalsky 提供，經同意使用

圖 9-13：由 Jim Kalbach 以 MURAL 建立的使用者故事地圖範例

圖 9-14：插圖取自 Jeff Patton 的書《使用者故事對照》

圖 9-15：Jake Knapp 的 Sprint 設計衝刺時間表，經同意使用

圖 9-16：由 Jim Kalbach 以 MURAL 建立的旅程圖與團隊腦力激盪活動

圖 9-17：由 Jim Kalbach 以 MURAL 建立的設計工作室範例

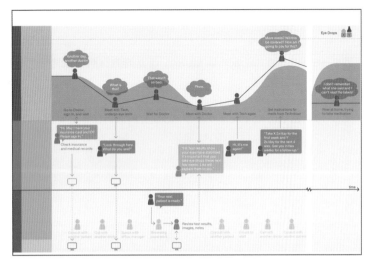

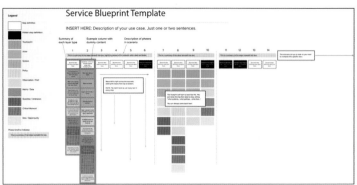

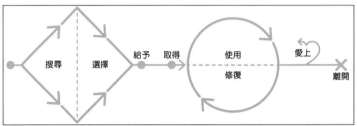

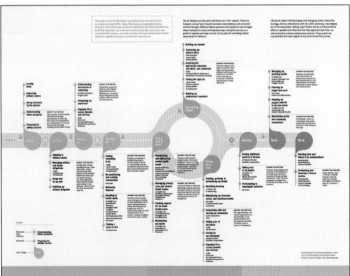

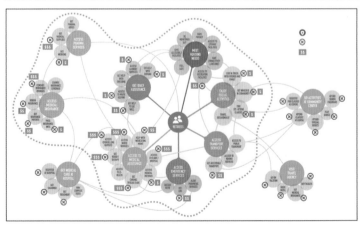

PART 3

細說各類型圖表

第三部分對主要幾類的圖表進行詳細的說明。在說明圖表原型的同時，也會介紹相關方法，以提供圖像化的脈絡。

- 服務藍圖是歷史最悠久的正規方法之一，也為其他圖表訂立基本調性。第十章探討服務藍圖，以及延伸的運用方式。

- 顧客旅程圖應是最廣為人使用的圖表形式，第十一章探討目前實務中的顧客旅程圖繪製以及相關方法。

- 經驗圖與服務藍圖和顧客旅程圖相當類似，但仍帶有重要的差異，在第十二章說明。

- 心智模型圖是由 Indie Younug 所創造的獨特方法。請參閱她的著作《Mental Models》，第十三章中歸納了此方法的重要面向，以及相關手法。

- 第十四章探討生態系統模型，這類圖表提供了整個系統的全貌視角，以及系統內彼此如何支持或抑制單位部門之間的價值流動。

經驗圖像化並不是一種方法，而是讓價值對焦說故事的方式。有很多，本書的重點是探索可能性，而不是窮究單一特定的方法。了解這些基本工具及其變化型，是了解在不同情況下該運用哪種圖表的核心。

本章內容

- 服務視覺化的背景與歷史

- 精實方法與圖表

- 服務藍圖的延伸

- 服務藍圖的組成元素

- 案例：主持實務服務藍圖的協作工作坊

CHAPTER 10

服務藍圖

在我的第一本書《Designing Web Navigation》中，探討了過渡性波動的原理。過渡性波動的概念由 David Danielson 於 2003 年首次提出，指人們在網站上從一個頁面移到另一個頁面時，所經歷重新定位的程度。如果波動太大，人們就會在裡面迷失方向。

圖 10-1 呈現了這種互動模式。這是一段慢慢熟悉一個位置（習慣），形成對下一個點的期望（預測），到重新調整適應新位置（重新適應）的流程。這個模式會不斷重複。

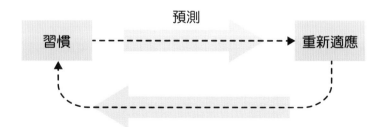

圖 10-1　各個互動點之間的過渡性波動模式。

若以大方向來看，我們會發現當一個人與組織互動時，也有相同的效應，只是這一頁到下一頁的互動變成一個接觸點到另一個接觸點。每個互動都會有一段重新適應的時期，即便很短暫。如果每個接觸點發生太多重新適應的狀況，經驗就會被打斷。

很大一部分的過渡性波動是肇因於接觸點的不一致性，你自己可能也有過這樣的經驗。舉例來說，我曾遇過一次信用卡的不愉快事件，信用卡發卡單位與銀行都不願意負責，雙方互踢皮球，我被夾在中間。

那次經驗長達數月之久，且使用了各種溝通方式。某些事情要用他們的網站操作，有時要打電話，也有許多電子郵件、郵寄信件和傳真，在每個點的重新適應程度都很高。找出解決方案竟變成了我的事，所以不用多說，我絕對不會再繼續和他們往來。

另一個例子是，最近，我在錄音平台上遇到了很糟的經驗。即使有共享資源（例如文件上傳），他們的線上業務還是與實體 CD 業務分開。為了解決這兩個問題，我要重複很多次工作，一樣的對話要對兩邊各說一次。負擔落在我身上，浪費了好幾個小時的時間。

給個明確的建議：不要讓人們來彌補你產品服務中的缺口。那是你的責任。經驗圖像化能夠幫你在廣大的互動系統中看到過渡性波動，並找到相對應的創新解決方案。

這並不是說你必須要設計每一個接觸點，因為在很多情況下，一定有一些方面是無法控制的，然而，即便是超出你能掌控的範圍，了解經驗組成的多面向因素，還是能有助於決定哪些方面需要被關注，以及該如何避免負面的經驗。

此外，圖像化目的不是為了讓所有事情整齊劃一，而是致力於維持整個系統概念及整體設計的連貫性。試著替組織創造平衡的感受，但還是要給予人們形成自身經驗的控制權。

雖然我們身處以服務為基礎的經濟中，但良好的服務設計仍然屈指可數。困難的部分原因是，服務跟實體產品不同的是，服務裡接觸點之間的轉換是無形的，接觸點的經驗在當下即時發生，接著就消失無蹤了。

服務設計是一個蓬勃發展的領域，致力於避免意料之外的服務經驗發生。服務設計的目的在於慎重地採取行動來創造、落實，並長時間、一致且持續地維持正面的服務經驗。運用服務藍圖來將經驗圖像化，是該領域的主要活動。

此章節說明服務藍圖的概述和歷史背景，並著墨相關延伸的方法，例如精實消費（Lean consumption）以及表達型服務藍圖。

讓服務看得見

服務設計並不是個新概念。它最早可溯源至八零年代早期修斯塔克（G. Lynn Shostack）的著作。服務流程圖是服務設計的基石，修斯塔克在文本中以服務藍圖稱之。圖 10-2 呈現的是修斯塔克在 1984 年的文章〈Designing Services That Deliver〉中的一個早期範例。

此藍圖比較簡單，類似流程圖。但它對與折扣券商交易的經驗帶來了有價值的洞見。例如，要完成「準備與寄出帳單」這件事，就需要大約十幾個步驟才能達成。

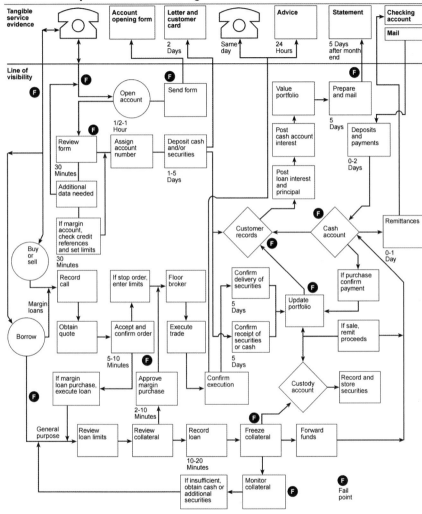

Exhibit V   Blueprint for Discount Brokerage

圖 10-2　修斯塔克的服務藍圖早期範例，呈現出服務提供的複雜度

修斯塔克強調了活動圖像化在服務設計中的重要性，她寫道：

> 事實上，大部分服務問題的根源在於缺乏系統性設計與掌控。藍圖不僅能幫助服務開發者預先找出問題點，也能幫助他們看到潛在的新市場機會。
>
> ……
>
> 藍圖能促進創意、先發制人地解決問題，並讓概念在掌控之下得以落實。它能降低潛在的失敗，並提升管理者有效思考新服務的能力。藍圖的原則有助於減少隨機服務開發的時間和效率低下等問題，並帶來更高層次的服務管理觀點。

自那時起，服務藍圖便被廣為運用。例如，英國標準學會（British Standards Institution，BSI）釋出服務設計的一般性準則 BS 7000-3：1994，提供跨產業從顧客觀點出發進行服務設計管理的參考方向。繪製藍圖的目的是要將失誤點抽離出來，也就是找出服務可能走錯的步驟，並解決這些問題。

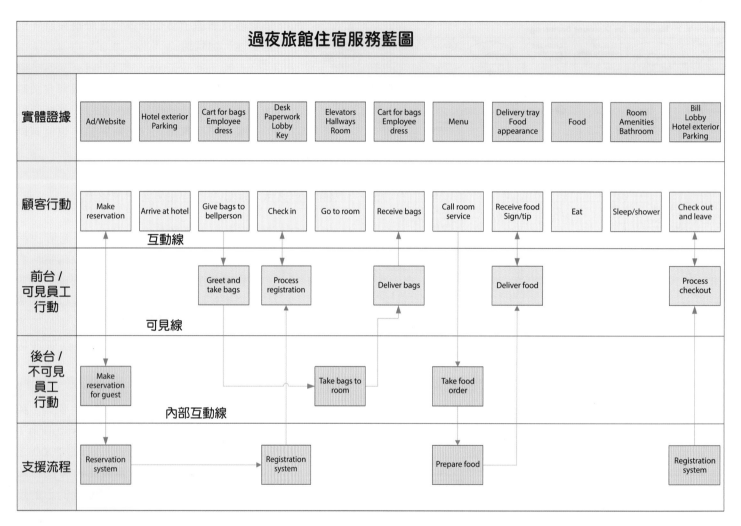

過夜旅館住宿服務藍圖

實體證據	Ad/Website	Hotel exterior Parking	Cart for bags Employee dress	Desk Paperwork Lobby Key	Elevators Hallways Room	Cart for bags Employee dress	Menu	Delivery tray Food appearance	Food	Room Amenities Bathroom	Bill Lobby Hotel exterior Parking
顧客行動	Make reservation	Arrive at hotel	Give bags to bellperson	Check in	Go to room	Receive bags	Call room service	Receive food Sign/tip	Eat	Sleep/shower	Check out and leave

互動線

| 前台／可見員工行動 | | | Greet and take bags | Process registration | | Deliver bags | | Deliver food | | | Process checkout |

可見線

| 後台／不可見員工行動 | Make reservation for guest | | | | | Take bags to room | Take food order | | | | |

內部互動線

| 支援流程 | Reservation system | | | Registration system | | | Prepare food | | | | Registration system |

圖 10-3　比特納等人建立的飯店服務藍圖，這是一種繪製圖表的標準方式。

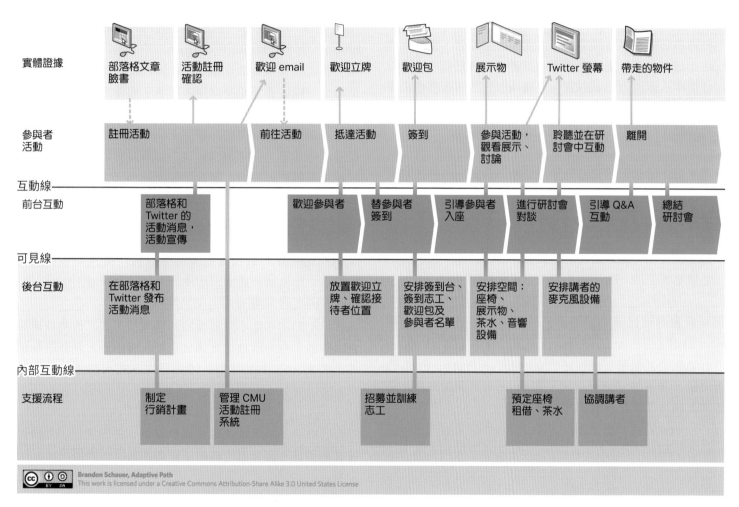

Service Blueprint for Seeing Tomorrow's Services Panel
find out more: http://upcoming.yahoo.com/event/1768041

實體證據	部落格文章臉書	活動註冊確認	歡迎 email	歡迎立牌	歡迎包	展示物	Twitter 螢幕 帶走的物件

參與者活動

| 註冊活動 | | 前往活動 | 抵達活動 | 簽到 | 參與活動，觀看展示、討論 | 聆聽並在研討會中互動 | 離開 |

互動線

前台互動

| 部落格和 Twitter 的活動消息，活動宣傳 | 歡迎參與者 | 替參與者簽到 | 引導參與者入座 | 進行研討會對談 | 引導 Q&A 互動 | 總結研討會 |

可見線

後台互動

| 在部落格和 Twitter 發布活動消息 | 放置歡迎立牌、確認接待者位置 | 安排簽到台、簽到志工、歡迎包及參與者名單 | 安排空間：座椅、展示物、茶水、音響設備 | 安排講者的麥克風設備 |

內部互動線

支援流程

| 制定行銷計畫 | 管理 CMU 活動註冊系統 | 招募並訓練志工 | 預定座椅租借、茶水 | 協調講者 |

圖 10-4　研討會參與者的服務藍圖範例，以視覺化的方式對焦了前台和後台活動。

瑪莉・喬・比特納（Mary Jo Bitner）及其同仁發展出一套更有結構也更正規化的服務藍圖方法，圖 10-3 呈現了一張比特納與團隊繪製的飯店服務藍圖。

他們將每行的資訊分開呈現，並用顏色來區分，讓此圖表比修斯塔克的例子更易閱讀。這張圖的樣式是借用企業流程模型中的泳道流程圖形式，這種繪製方式讓服務經驗和服務的提供更容易被理解，也清楚地揭露服務改善和發展的機會點。

具體來說，這樣的繪製方式強調了前台互動的拆解，也就是要提供一個服務所需的個別經驗、後台互動、及流程。在許多服務設計的文獻中都有提及前台和後台的概念，亦反映出本書中提出的價值對焦協調的基本原則。我們可以用劇場來比喻，觀眾看到的是舞台上發生的事，後台的一切都是看不見的，主要在支援前台經驗的展現。

服務藍圖的現代版本遵循比特納及同仁提出的模式。圖 10-4 顯示了由 Brandon Schauer 建立的服務藍圖，Brandon Schauer 之前是著名顧客經驗設計團隊 Adaptive Path 的策略師，現任氣候變化倡導團體 Rare 的資深副總裁。這張圖表描述了研討會參與者的經驗。

服務藍圖的延伸

服務藍圖方法持續不斷被延伸運用。例如，Thomas Wreiner 與同仁在他們 2009 年的文章〈Exploring Service Blueprints for Multiple Actors〉中，將比特納的藍圖新增了多個服務提供者。圖 10-5 呈現出公用停車場中，機車騎士、經營者、和停車場老闆等三個角色之間的互動。

這個方法說明了，即使從表面上看，停車服務看似簡單，但圖表顯示出，停車服務背後的結構其實相當複雜。隨著服務變得越來越複雜，結合了線下和線上接觸點，揭露複雜幕後關係的圖表方法（如圖 10-5）將變得越來越重要。

Practical Service Design 社群的創辦人 Erik Flowers 和 Megan Miller 也對標準服務藍圖進行了修正。他們的方法是為了整合前台和後台的行動，但考量更廣的面向。

此外，他們的模型不用嚴謹的泳道欄位形式，改為採用顏色編碼的卡片。這樣可以節省空間，特別是方便更輕鬆地線上查看。卡片排列成一列一列的形式，高度也可以調整。

服務互動中步驟或階段的位於一整列卡片的頂部，然後是接觸點描述，這部分可以用螢幕截圖或照片來呈現。

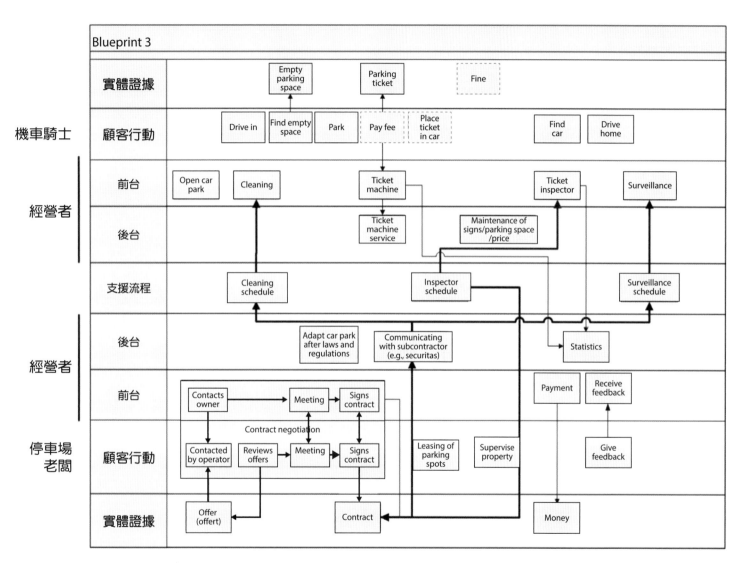

圖 10-5　服務藍圖的延伸方法將多個利害關係人繪製到同一張圖中。

下方是對角色和系統的描述。在大多數情況下，這四層都會帶有相對應的資訊。

接下來的元素是非必要的資訊，數量也可能有所不同。其中包括有關相關政策和規則、觀察和事實、指標和資料、以及關鍵時刻等。為了讓其他人參與度更高，你也可以記下尚未解決的疑問，甚至可以開始對已確認的機會點發想

點子。圖 10-6 是一份基本的服務藍圖模板。

這種方法是靈活的，沒有教條式的規定，易於調整修正，也能延伸應用到不同的情況中。你可以在本章末的案例研究中的一個完整案例了解有關此方法的更多資訊，包括如何在實務中引導服務藍圖活動。

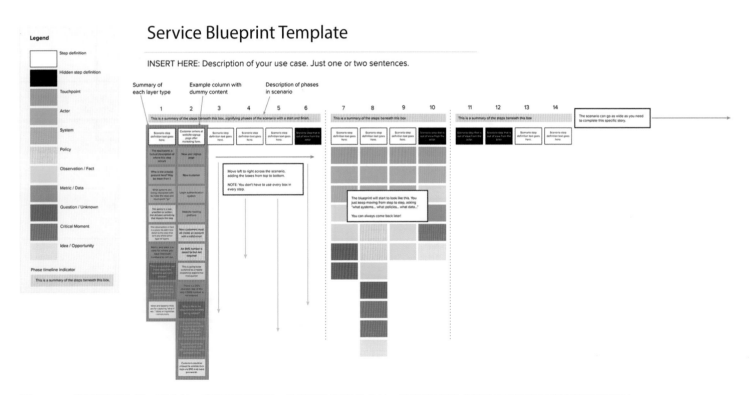

圖 10-6　服務藍圖的另一種方法：實用服務藍圖，使用顏色編碼的卡片，取代泳道形式欄位來呈現服務接觸的不同面向。

表達型服務藍圖

一般服務藍圖稍為人詬病的是藍圖本身並不能清楚地將一個人的情緒狀態展現出來。為了解決這個問題，Susan Spraragen 與 Carrie Chan 在服務藍圖上加入了感受的部分，稱為「表達型服務藍圖」。

圖 10-7 是一張病人到眼科就醫的表達型服務藍圖。表達型服務藍圖的關鍵元件與傳統服務藍圖有所不同的地方如下所列：

- 情感反應。用圖示、照片、圖形或其他元素來清楚呈現消費者情感。

- 排版。比起後台活動，我們給前台顧客旅程較多空間，因為在這個階段的藍圖繪製和設計流程強調的是消費者視角。

- 服務提供者的身分。服務參與者的角色根據他們與服務本身的部門來陳述。因此，與其使用像是「服務提供者」和「消費者」這種一般性的詞彙，最好使用能反映出在服務提供者組織中真實團隊成員的用詞。

這裡描述的一個基本挑戰是病人對服藥的遵從度。在這個例子裡，病人對醫師開的藥感到困惑，並擔心醫藥費用。表達型藍圖呈現了分心和焦慮這兩個情緒狀態，描繪出困惑的來源。這些是在傳統服務藍圖方法中，容易被忽略的資訊。

相關手法

「精實」是一個被多方運用的廣泛主題。在眾說紛紜的用語中，有個概念是相通的：大家都希望能減少浪費。精實運動的先驅詹姆斯・沃馬克（James P. Womack）和丹尼爾・瓊斯（Daniel T. Jones）在他們著名的《精實革命》一書中概述了一些基本原則。書中建議採取的步驟為：

1. 界定價值。描述從顧客視角來看，創造了什麼價值。依此來定義整體經驗，而非只注重個別互動。

2. 定義價值鏈。價值鏈是公司提供價值所需採取的行動和流程。在精實觀念裡，我們的目標即是要減少無附加價值的步驟。

3. 流程最佳化。精實即是提升生產的效率，也就是優化後台服務的流程。

4. 創造客戶拉力。在「流程」建立起來之後，讓顧客帶動價值。從顧客需求開始，確保你提供的服務與需求吻合。

圖表是精實工作中基本的一部分。價值流程圖（Value Stream Mapping，VSM）則是描繪價值鏈的具體方法，見上述第二點。這些圖表僅關注為顧客提供價值所需的後台流程，如圖 10-8 所示。

眼科就診　表達型服務藍圖

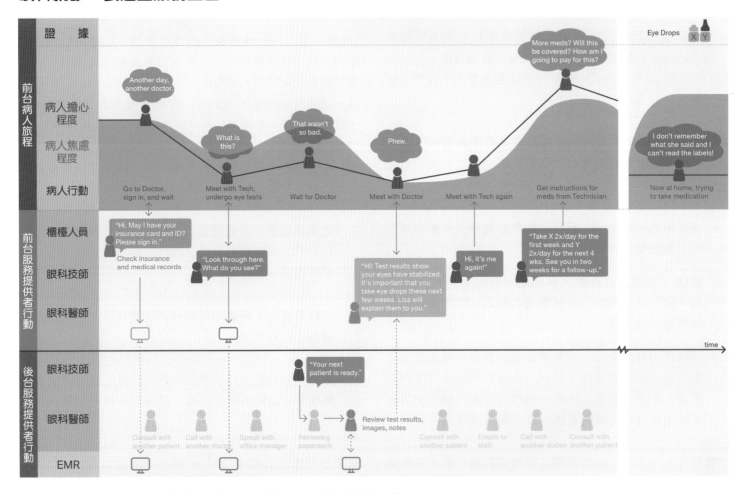

圖 10-7　表達型服務藍圖將情感反應整合到圖表中，以了解經驗中的互動。

這個圖表類似典型服務藍圖的下半部，本質上並不特別以顧客為中心，因為價值流程圖的本意是傳遞價值。作者 Paula Martin、Mike Osterling 在他們的著作《Value Stream Mapping》中說明了此方法的效益：

在大多數的公司中，一個人絕對無法把將顧客需求轉換成產品或服務所需的完整活動描述清楚……這類理解隔閡的問題會造成改進了某一功能，卻在另一個地方帶來了新的問題……也會促使立意良善的公司導入不能解決真正問題或改善顧客經驗的科技「解決方案」。

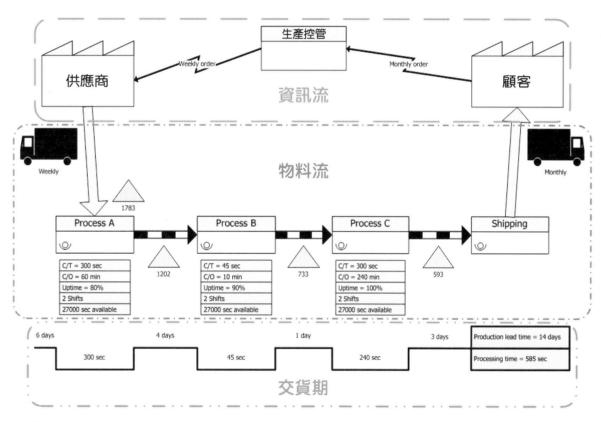

圖 10-8　價值流程圖範例，呈現對時間和效率的關注

精實就是保持對焦協調。因此，對焦協調圖表不僅合乎精實的原則，還可以納入對顧客經驗的豐富描述，以利延伸發展。

圖 10-9 呈現修斯塔克的範例中一個服務接觸的精確時間；在這個案例裡，指的是街角擦鞋服務。由於服務的接觸是即時發生的，服務設計師應該要建立一個標準、可接受的時間軸，並直接標明在服務藍圖上。

精實消費

價值導向設計的目標之一是要替顧客降低複雜度。為了描繪此觀念，修斯塔克在她 1980 年間原始的圖表研究中檢視每個互動的特定時間點。

沃馬克和瓊斯在他們 2005 同名的文章中提出「精實消費（lean consumption）」一詞，為方程式的兩端描述了正向的商業報酬與價值創造提升。兩位作者寫道：

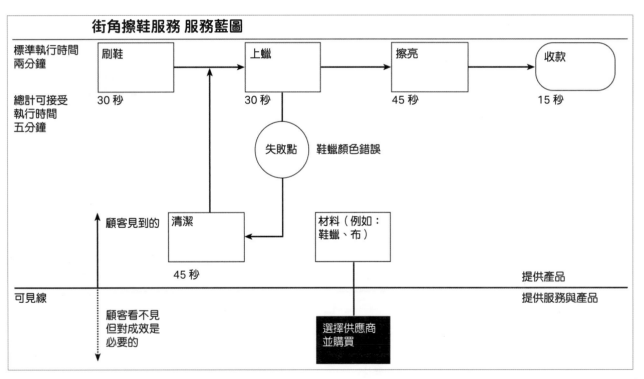

圖 10-9　這張簡單的擦鞋服務藍圖納入了到秒數的時間點

公司可能認為將一些工作加諸於顧客身上能省下時間和金錢，像是讓他們自行操作電腦、浪費他們的寶貴時間。然而，事實卻是相反的。以精簡流暢的系統提供產品或服務，並讓它變得簡單易用，愈來愈多的公司真正地降低了成本，同時省下大家的時間。在流程中，這些公司更加關注顧客、向顧客學習、強化顧客忠誠度，並吸引從產品服務較不友善易用的對手那邊投誠的新顧客。

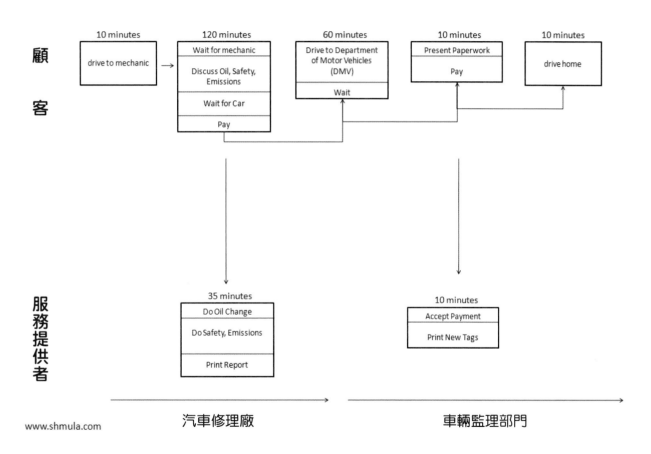

圖 10-10　設計前：＋車輛的檢查和註冊需花顧客 210 分鐘，涉及兩個服務提供者

為了將精實消費圖像化，兩位作者建議要將顧客消費產品或服務的步驟繪製出來。他們將這些圖表稱為精實消費圖（lean consumption maps）。

圖 10-10 與 10-11 呈現出服務設計專家與商業顧問 Pete Abilla 繪製的精實消費圖。兩張圖比較了一個美國年度汽車檢驗和註冊服務的設計前（圖 10-10）與設計後（圖 10-11）的狀態。

長條圖顯示出整個過程總計花費顧客 210 分鐘，接觸點包括兩個服務提供者：汽車修理廠和車輛監理部門。經過於全國連鎖服務站 Jiffy Lube 結合檢查與註冊後，整個流程的時間縮減至 65 分鐘。

從精實消費的角度來看，服務提供者的迫切需求很清楚：別浪費顧客的時間。讓經驗儘可能精實能提升滿意度和忠誠度，這些影響最終都能反映在利潤上。

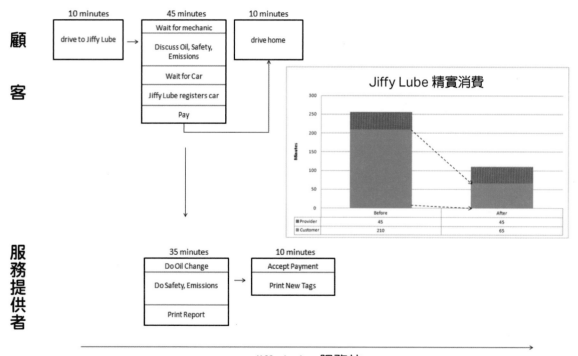

www.shmula.com

圖 10-11 設計後：服務重新設計後，將顧客所需花費的時間縮減至 65 分鐘

服務藍圖的組成元素

服務藍圖包含很多層的資訊，這些資訊層之間的互動提供了服務體驗的系統觀點，服務藍圖有五個主要的組成元件，基本排列形式如圖 10-12 所示：

- 實體證據。顧客與接觸點互動的表現形式稱為實體證據。包括實體裝置、電子軟體和面對面互動。

- 顧客行動。顧客與公司服務互動所必經的主要步驟。

- 前台接觸點。顧客可見的服務提供者活動。可見線（line of visibility）為前台接觸點與後台活動的分野。

- 後台行動。公司內部服務提供的機制，顧客看不見，但直接影響著顧客體驗。

- 支援流程。間接影響顧客經驗的內部流程。支援流程包括公司、合夥人、或第三方服務提供者之間的互動。

表 10-1 歸納出一些定義服務藍圖的主要面向，以第二章中概述的架構呈現。

表 10-1　定義服務藍圖的面向

觀點	個人為服務的接收者。
	通常以單一角色為中心，但當檢視整個服務生態時，也可以納入多個角色。
架構	時序性。
範疇	通常描述單一特定的服務接觸，但也涵蓋整個服務生態系統的綜觀。
關注	關注一段服務接觸的服務提供流程，強調後台行動和接觸點。
	服務藍圖的延伸會加入情感的資訊。
運用	診斷、改善、與管理現有服務系統。
	方便用來分析具體服務互動的時間，有時可以細至分鐘
優勢	具備簡單、定義好的結構與明確的關注焦點。
	只需要相對輕量的研究和調查。
	適合用來與團隊和利害關係人共創。
	單一頁面，讓人容易了解。
弱點	缺乏許多脈絡、環境面的經驗線索（例如，「吵鬧的環境」或「美味的食物」）。
	「藍圖」這個詞彙隱喻有點誤導：其實更像流程圖，而不是建築藍圖。

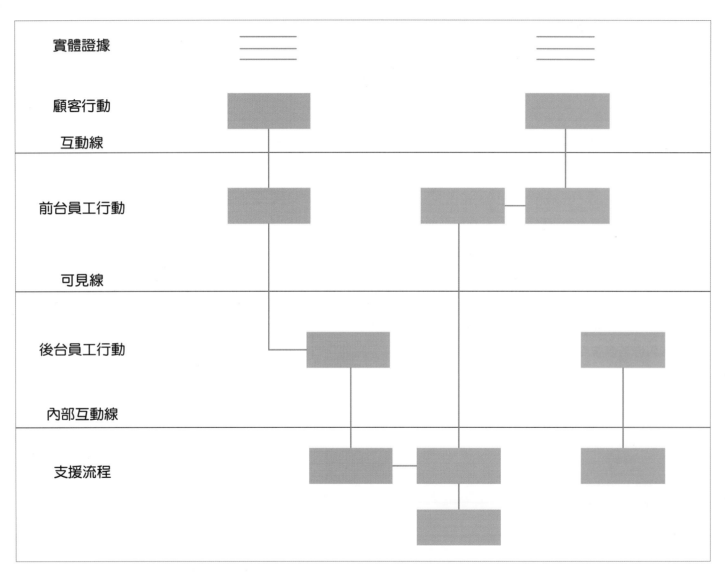

圖 10-12　服務藍圖的基本元素和架構，以不同行排列顯示

延伸閱讀

Erik Flowers and Megan Miller, "Practical Service Design" [website]. *http://www.practicalservicedesign.com*

> Flowers 和 Miller 彙整了極為有用的內容和資源，包括用於實務服務藍圖方法的模板。若喜歡使用線上藍圖的話，他們提供一個完整的教程，介紹如何使用 MURAL 來建立圖表。請加入他們 Slack 的活躍社群。

Marc Stickdorn and Jakob Schneider, *This is Service Design Thinking* (Wiley, 2012)

Marc Stickdorn, Markus Edgar Hormess, Adam Lawrence, and Jakob Schneider, *This is Service Design Doing* (O'Reilly, 2018)

> 這兩本書是服務設計的標準參考。前者著重於一些基礎理論，但也加入了大量的實務知識，並提出了各種圖像化方法。後者是方法手冊，還有一個收錄大量的模板和線上資源庫。

Mary Jo Bitner, Amy L. Ostrom, and Felicia N. Morgan. "Service Blueprinting: A Practical Technique for Service Innovation," Working Paper, Center for Leadership Services, Arizona State University (2007)

> 這是一篇涵蓋豐富實務資訊的論文，包括繪製服務藍圖的細節說明。文中也涵蓋許多案例研討及用法，為服務藍圖提供了很棒的概覽。

Andy Polaine, Lavrans Løvlie, and Ben Reason. Service Design (Rosenfeld Media, 2013)

> 這是理解服務設計最好的資源之一。本書內容詳盡，並為這個發展中的領域提供一套完整的論點。作為服務設計領域的一環，第五章聚焦於圖表的討論。

G. Lynn Shostack. "How to Design a Service," *European Journal of Marketing* 16/1 (1982)

G. Lynn Shostak. "Designing Services That Deliver," *Harvard Business Review* (1984)

> 這兩篇文章常被認為是服務設計運動的推動力量，推薦各位閱讀。雖然這是十幾年前的文章，修斯塔克的觀察和建議至今仍是完全適切可用的。

James Womack and Daniel Jones. "Lean Consumption," *Harvard Business Review* (March 2005)

> 沃瑪克是精實運動的先驅者，在這篇指標性的文章中，他將應用在組織內的精實流程轉移至顧客經驗上。他與瓊斯進行了強而有力的案例，並提出證據，以遵循精實消費的道路前進。

案例：主持實務服務藍圖的協作工作坊

作者：Erik Flowers 與 Megan Miller

服務藍圖能一次呈現整體公司實際運作的方式，以帶來有利後續執行的洞見，形成共識並建立共感。我們發現傳統的藍圖多半聚焦於個人互動上，而忽略了全局。因此，我們將藍圖的形式改得更實用，以提供更清楚的概覽。

我們認為兩者的差異是像在蓋房子時，用藝術家的水彩渲染（傳統藍圖）和用建築師的實際藍圖（實務服務藍圖）之間的區別。兩者都是在講同樣的故事，但只有一個能真的幫助你採取行動。

這份藍圖形式帶有許多其他方法的 DNA，包括經典服務藍圖、顧客旅程圖、同理心地圖、以及說故事法的元素。當與顧客一起解決實際問題時，方法也不斷發展變化，也因為過程中不斷迭代，方法的合適性也相對得到了驗證。實務服務藍圖紮根於以下精神：將周遭的元素納入其中，並運用來自世界各地廣大群眾的意見，進而組成更棒的內容。

我們協助了銀行、醫療照護服務提供者、科技公司、影片串流商、以及政府學會操作這份藍圖，也開發了共創引導方法。我們發現，關鍵是要確保洞見是高度可行的，也要在工作坊中，直接作為活動引導的一部分。千萬不要舉辦沒有產出帶來切實行動方針的實務藍圖工作坊。這不只是工作坊而已，而是工作。

總體而言，實務服務藍圖的進行過程有六個步驟：

- 探索機會空間。首先，定義欲執行的機會點。可能是一個已知問題，也可能是跨通路、團隊、和脈絡欲解決的缺口。

- 選擇情境。選擇一組重要或痛點特別重大的情境來進行藍圖設計。

- 設計情境藍圖。使用我們的藍圖方法，將完整服務經驗繪製出來。

- 蒐集關鍵時刻和點子。服務改進來自於團隊對洞見的共同詮釋。

- 確認主題。將關鍵時刻群集為適用於各種情境中的主題，以檢視長期的整體改進。

- 採取行動。建立服務改進路線圖,其中包括可以立刻進行的策略修正,以及長期的策略創新。

圖 10-13 是一份由 Intuit 的跨專業團隊根據上述過程建立的完整實務服務藍圖範例。圖表中間顯示了關鍵時刻,以及用箭頭和圓圈顯示在服務經驗中需解決的重要事項。

當大家一起建立實務服務藍圖時,有兩個常見的情況。一是部分人在活動的開始會出現抵制的情緒,碎念自己以前習慣的作法是如何。二是當同樣一群人向主持人表達感謝時,他們會不斷表示出這個流程有多麼不同、發現了多少未曾發現的洞見、以及自己以前的方式都錯了云云。

我們親眼目睹了市值數十億美元的企業在活動的當天採取行動,並對其系統、流程、和經驗進行了有意義的翻新。實務服務藍圖方法與理論或實驗室實驗相反,這是一種實用、經過驗證的方法,幫助達到創新發展和奠定基礎的目標。

業界工作者對實務服務藍圖的接受度非常高。世界各地的大型企業、大學、和政府機關都導入了我們的方法,新創公司和小型公司也可以運用它來改善產品與服務。大家廣泛的使用和對方法的興趣證明了此方法的價值。

澳洲雲端服務公司 Cloudwerx 的執行長 Toby Wilcock 在談到實務服務設計時表示:「課程對 Cloudwerx 非常有幫助。我們在 Salesforce 生態系統中充分利用了藍圖,這個方法已是公司的支柱。Erik 和 Megan 真是太優秀了!」

實務服務藍圖是一種開源方法。我們不是代理商,也沒有要商業化,只是將集體智慧放回藍圖形式中。我們相信,這就是成功的原因。最終,真正的榮譽歸於掌握了藍圖的流程和方法,並將其應用到現實世界中的你們。成果不證自明。

關於作者

Erik Flowers 是 Practical Service Design 社群的共同創辦人兼 Intuit 的首席顧客經驗設計師,在業界擁有 20 多年的經驗。透過現代服務設計的視角,Erik 重新思考 Intuit 廣大生態系統中的顧客經驗,並在整個公司構建能量,以全面檢視從表面到核心的整體經驗。

Twitter: @erik_flowers

Megan Miller 是 Practical Service Design 社群的共同創辦人兼史丹佛大學服務設計主任,致力於為校園社群設計無縫接軌、優質的顧客經驗。Magan 擁有很廣的設計工作經驗,包括品牌、傳達、識別、視覺、使用者經驗、產品、和服務設計。

Twitter: @meganerinmiller

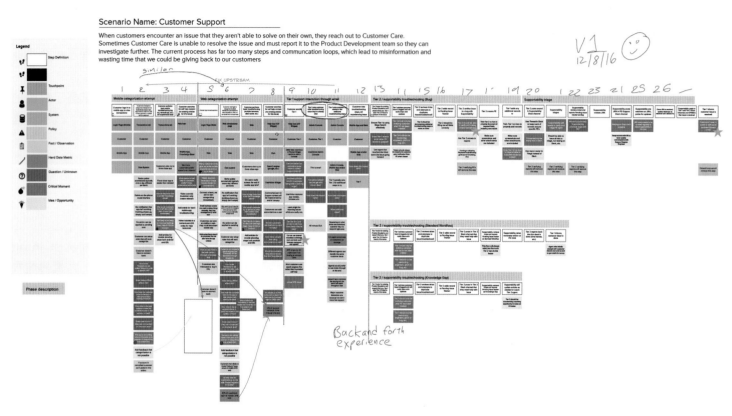

圖 10-13　這份完整的實務服務藍圖範例呈現了分析和對話的層次，以及反映具體後續行動的點子。[1]

---

[1] 有關建立此服務藍圖範例的更多資訊，見 Intuit with MURAL 的數位圖表案例研究：https：//mural.co/cases/intuit。

圖表與圖片出處

第三部分，左下圖：顧客旅程圖，由 Adam Richardson 所建立，首見於〈Using Customer Journey Maps to Improve Customer Experience〉一文中，經同意使用

圖 10-2：由 G. Lynn Shostack 建立的服務藍圖，取自她的文章〈Designing Services That Deliver〉，經同意使用

圖 10-3：由 Mary Jo Bitner、Amy L. Ostrom 與 Felicia N. Morgan 建立的服務藍圖，出自研究手稿〈Service Blueprinting: A Practical Technique for Service Innovation〉，經同意使用

圖 10-4：由 Brandon Schauer 建立的現代服務藍圖範例，經同意使用

圖 10-5：服務藍圖出自 Thomas Wreiner 等人的文章〈Exploring Service Blueprints for Multiple Actors〉，經同意使用

圖 10-6：由 Erik Flowers 與 Megan Miller 以 MURAL 建立的實務服務藍圖模板，經同意使用

圖 10-7：表達型服務藍圖，由 Susan Spraragen 與 Carrie Chan 所建立，經同意使用

圖 10-8：價值流程圖，取自維基百科，由 Daniel Penfield 上傳。創用 CC 署名 - 相同方式分享

圖 10-9：街角擦鞋服務的藍圖，取自 G. Lynn Shostack 的文章〈Designing Services That Deliver〉，經同意使用

圖 10-4：由 Brandon Schauer 建立的現代服務藍圖範例，經同意使用

圖 10-10、圖 10-11：圖表出自 Pete Abilla 的部落格文章〈Lean Service: Customer Value and Don't Waste the Customer's Time〉，經同意使用

圖 10-13：以 Inuit 的 Erik Flowers、Jim Kalbach 與團隊完成的實務服務藍圖的範例，以 MURAL 建立

本章內容

- 顧客旅程圖的背景

- 做決策與轉換漏斗

- 價值故事圖像化

- 顧客旅程圖的元素

- 價值故事圖：CJM 的另一種觀點

CHAPTER 11

顧客旅程圖

顧客旅程圖（CJM）這個詞的確切起源尚不清楚，但它檢視各個接觸點的基本概念似乎源於詹・卡爾森（Jan Carlzon）提出的關鍵時刻概念。[1] 卡爾森主張的是顧客經驗的生態觀點，但他從未明確地談到顧客旅程圖本身。

直到世紀之交，旅程圖出現之時，顧客經驗管理的領域才成為焦點。例如，於 1994 年一篇發表在《Marketing Management》期刊中的文章中，路易斯・卡彭（Lewis Carbone）與史蒂芬・海克爾（Stephan Haeckel）提及經驗藍圖一詞，他們認為經驗藍圖是「用來呈現欲設計的經驗細節的一種圖像說明，並搭配描述經驗的規格與個別功能。」[2]

在 2002 年，顧客經驗專家柯林・蕭（Colin Shaw）提出了名為關鍵時刻圖（moment mapping）的概念，亦可溯及卡爾森的說法。[3] 圖中（圖 11-1）運用一個箭頭來展現顧客經驗的不同階段。

自此，這些概念衍生出幫助打造正面顧客經驗的分析機會，見圖 11-2。

當代 CJM 的形式似乎是從 2000 年代中期開始出現的，顧客經驗專家布魯斯・田金（Bruce Temkin）為推動 CJM 的先驅者之一，並大力在美國推廣使用。在美國弗雷斯特市場研究公司（Forrester Research）的〈Mapping the Customer Journey〉報告書中，田金將 CJM 定義為一種「用圖像描繪顧客與一間公司互動時的流程、需求及感受的文件」。

[1] 見 Jan Carlzon, Moments of Truth (Reed Business, 1987).

[2] Lewis P. Carbone 與 Stephan H. Haeckel, "Engineering Customer Experiences," Marketing Management (Winter 1994).

[3] Colin Shaw 與 John Ivens, Building Great Customer Experiences (Palgrave Macmillan, 2002).

田金爾後在他的部落格文章〈It's All About Your Customer's Journey〉指出 CJM 的意義：

> 公司需要使用工具和流程來加強對實際顧客需求的理解。這個領域中一種關鍵的工具稱為顧客旅程圖……若使用得當，這些圖能幫助公司將視角從內而外轉移到由外而內。

圖 11-3 呈現另一個寬頻服務提供者顧客旅程圖的範例。這份 CJM 是由一家數位顧問公司領導者 Effective UI 所製，圖中央帶有非常明顯的情感曲線，清楚地表明許多因素在此發生作用，影響著其中主要的情感經驗。

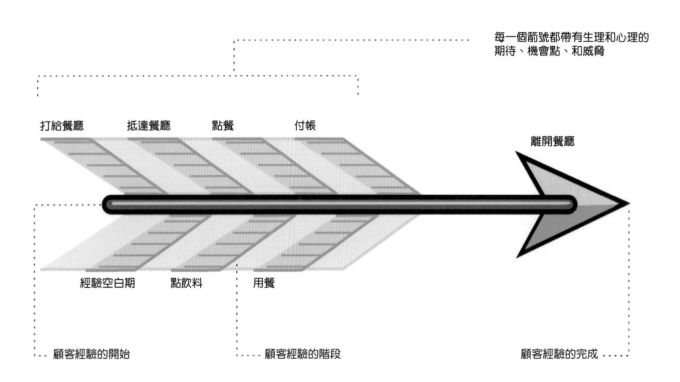

每一個箭號都帶有生理和心理的期待、機會點、和威脅

打給餐廳　抵達餐廳　點餐　付帳　離開餐廳

經驗空白期　點飲料　用餐

顧客經驗的開始　　顧客經驗的階段　　顧客經驗的完成

圖 11-1　柯林‧蕭描繪的關鍵時刻圖元素，與當代的 CJM 相似

CJM 以組織為中心，將個人視為組織產品和服務的消費者，描述一家公司進入市場的故事。因此，定義 CJM 的有三個關鍵要素。

首先是個人了解服務或品牌的初始階段。通常會用「注意到」、「發現」或「詢問」（如圖 11-3 所示）等階段標籤來標記旅程的起點。

步驟	訂位	經驗空白期	移動	抵達停車場	進入餐廳	點餐
期待	I'll get through quickly and they'll have availability	Nothing is going to happen until I get to the restaurant on the night	I am not going to be offered any form of directions	The parking will be easy	I will be greeted with a smile and they will be friendly—take me to my table	There will be sufficient choice—it will be presented in a friendly way
威脅	They are fully booked	Nothing does happen—lost opportunity	Customer doesn't know where it is	There are no parking spaces when customer arrives	Customer is ignored because all the staff are busy	There is nothing on the menu that the customer likes—restaurant runs out of an advertised choice
超越生理期待的機會	Wow—when I made the booking they realized I had been before and what I had eaten!	Wow—I have just received a letter confirming my reservation together with a copy of the menu	Wow—the restaurant has sent me a map!	Wow—they have reserved me a space!	Wow—they were waiting to greet us as we walked through the door!	Wow—waiter gives you his personal recommendation about what is good
超越心理期待的機會	They recognize you and can remember when I dined last time	The letter is personalized to me and suggests some dishes I may like. This makes me happy	I'm reading the menu; it sounds great!	There is a sign outside the restaurant saying welcome to me!	We are greeted like long lost family	They remember what I had last time which shows they care
誘發情緒	Surprise, anticipation	Surprise and anticipation	They care	I'm special	I'm with my friends	They care

圖 11-2　Colin Shaw 與 John Iven 在《Building Great Customer Experiences》一書中的關鍵時刻圖表格，涵蓋顧客旅程中情感的面向。

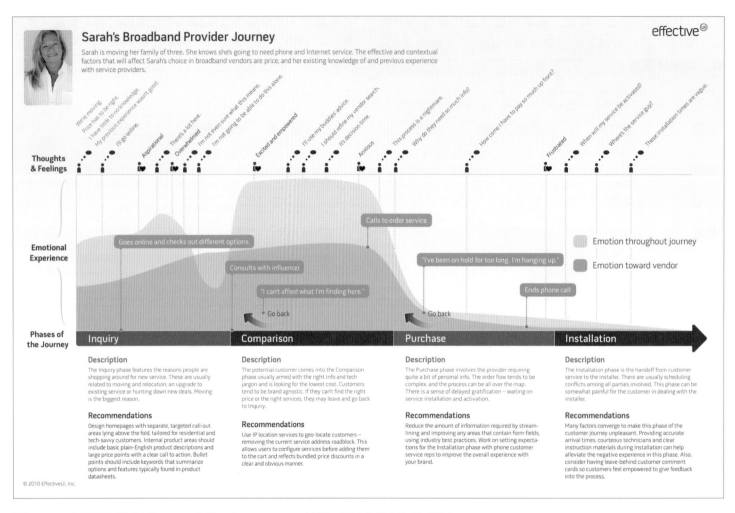

圖 11-3　寬頻服務提供者的 CJM 範例，由 Effective UI 繪製，關注旅程中的情感面向

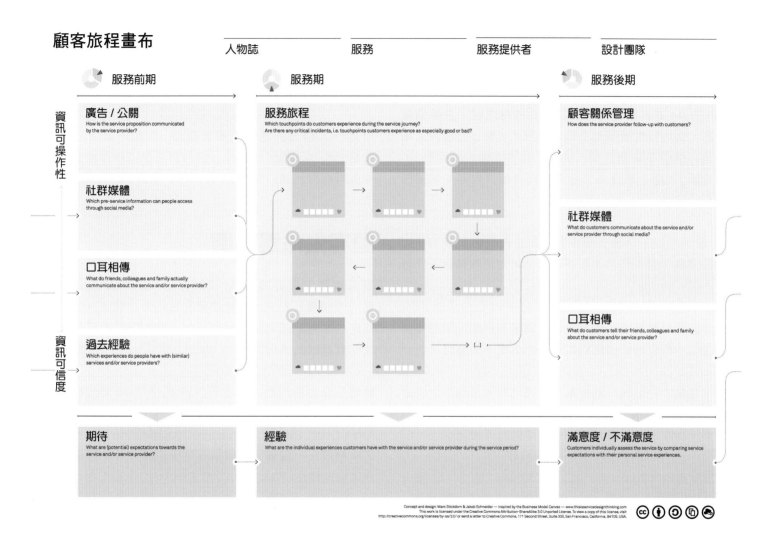

圖 11-4　Marc Stickdorn 與 Jakob Schneider 所繪製的顧客旅程畫布，是典型 CJM 的一種變化形

接下來是一個決策點，通常是指購買決策。標記為「購買」、「選擇」、或「取得」的階段在旅程中很常見。在上一個範例（圖 11-3）中，便有清楚的「購買」階段。

最後，CJM 需要呈現為什麼顧客會維持忠誠，並繼續使用服務。這通常會簡單用一個「使用」或類似的階段來表示，但可能還有其他互動，例如「尋求支援」、「更新」、或「推廣」，這些都反映了個人如何從解決方案中獲得價值。

CJM 能回答以下問題：組織如何能更有效吸引顧客？如何提供價值，讓人們再次回頭使用？如何使服務對人們更有用？

這些問題的答案表明，創造出色的體驗不是關於單個接觸點的優化，而是關於接觸點如何組合成統一的整體。

答案很清楚：打造良好的經驗並非優化個別接觸點，而是思考如何讓各接觸點組成連貫一致整體經驗。CJM 是策略工具，讓接觸點具體可見，使其能夠有效被管理。

顧客旅程畫布（Customer Jouney Canvas，圖 11-4）是一種 CJM 的變化形，特別適合用來在團隊成員間擷取意見，開放式的圖表設計能鼓勵大家一起提出貢獻。顧客旅程畫布是由服務設計專家 Marc Stickdorn 及 Jakob Schneider 為了他們的著作《這就是服務設計思考！》所設計的方法。這種畫布形式的樣板讓團隊能共同檢視顧客的旅程。

顧客旅程畫布的基本形式呈現了前台和後台元件對服務經驗的影響。它將服務提供者的服務前行動與顧客期望相互對焦，且幫助服務提供者在服務接觸之後，長時間地管理顧客關係。

但是，CJM 沒有像傳統服務藍圖（如前一章所述）那麼多格式和作法的硬性規定。這個方法是滿有彈性的，也有很多調整變化過的例子。

顧客生命週期圖

部分實務工作者將 CJM 和顧客生命週期圖區分地很清楚。[4] 後者比較廣泛，處理顧客和組織之間終身的關係。顧客生命週期通常包括稍微抽象一點的階段，反映整體關係而非具體的旅程。

顧客生命週期規劃的歷史可以追溯至 1960 年代初期。例如，羅素・科利（Russell Colley）在他著名的《Defining Advertising Goals for Measured Advertising Results》 一書中發展出一個框架，用來評估廣告的成效。這個方法稱為達格瑪模型（DAGMAR；又名科利法），模型中從「注意到」一直到「行動」包含了幾個不同階段的互動。同年，Robert Lavidge 與 Gary Steiner 提出了相似的模型。[5]

[4] 見 Lavrans Løvlie，〈Customer Journeys and Customer Lifecycles〉，Customer Blah（2013 年 12 月）

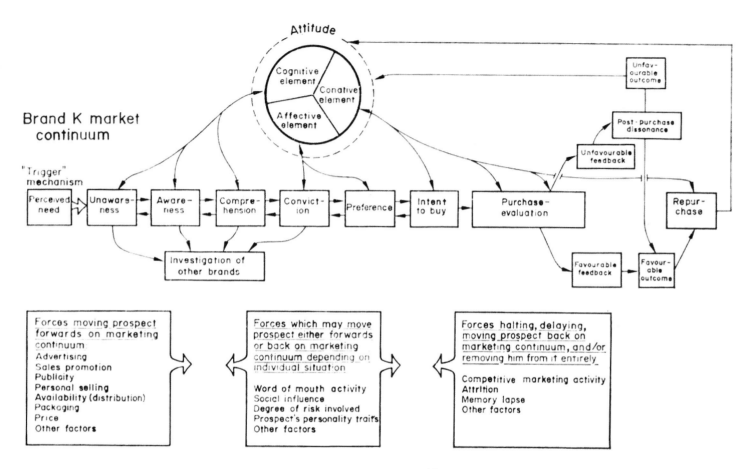

圖 11-5　John Jenkins 的生命週期模型（1972 年），應是旅程圖最早的例子 [5]

[5] Robert Lavidge 與 Gary Steiner，〈A Model for Predictive Measurements of Advertising Effectiveness〉，Journal of Marketing 25/4（1961 年 10 月）

從上述及其他在 1960 年間發展出來的模型，John Jenkins 在 1972 年出版的《Marketing and Customer Behaviour》一書中開發出最早的整合性生命週期圖之一，圖 11-5 呈現原始的模型，稱為市場序列模型。

顧客經驗領導者和作家 Kerry Bodine 提出了一種現代形式的顧客生命週期圖，結構包括從人們意識到最初的需求，到選擇使用，到推廣或離開。圖 11-6 的箭頭說明了這些階段，呈現大致整體經驗的流動。一開始先遇到尋找的發散動作，接著在收斂的選擇中得到解決，反映在左側菱形的箭頭中。解決方案（以及修復）的使用是持續和循環的，反映在右側的圓圈中。

我認為顧客生命週期圖和 CJM 之間的區別就是層級。如果將服務藍圖放進來做比較，三者之間存在著階梯效應。生命週期圖關注個人與品牌長時間的整體關係；CJM 詳細地聚焦於特定解決方案的取得；服務藍圖則詳細描述了顧客旅程中的特定互動，特別是取得服務後的互動。

圖 11-7 用買車的例子說明了顧客生命週期、CJM、和服務藍圖之間的大致關係。在實務中也有對這些圖表類型的其他解釋，這只是看待三個方法之間關係的一種方式。

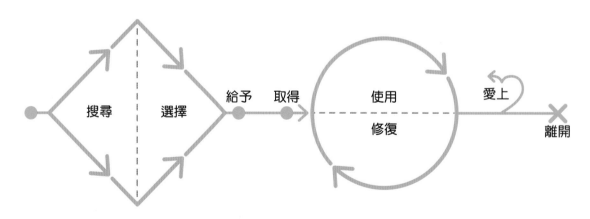

搜尋　選擇　給予　取得　使用　修復　愛上　離開

圖 11-6　這份由 Kerry Bodine 建立的現代版顧客生命週期圖，呈現消費者對解決方案或品牌的整體體驗。

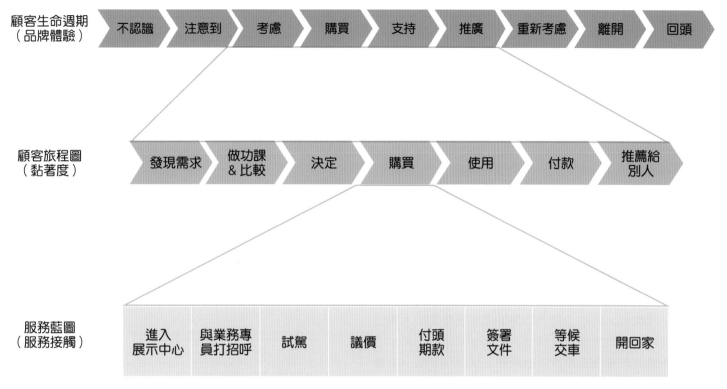

圖 11-7　顧客生命週期圖檢視與品牌的整體關係；顧客旅程圖則檢視特定類型的活動黏著度；服務藍圖通常分析特定類型的服務接觸

圖 11-8　埃弗里特・羅吉斯首先提出的創新決策過程

相關模型

在商業環境之外，埃弗里特・羅吉斯（Everett Rogers）揭露了人們接受新產品的複雜性。在他著名的著作《創新的擴散》中，羅吉斯概述了根據幾十年研究發展而來的創新決策流程（圖 11-8）。

雖然可以追溯至 1960 年代，這個過程與現代 CJM 裡的階段其實很相似。兩種流程都有重要的認同階段：首先是「注意」階段，中間是「決策點」，接著是確認決策，並維持忠誠度，達到創新接受的階段。這個流程與現代 CJM 具有相同的基礎框架，事實上，John Jenkins 引用了羅吉斯的模型作為早期圖表（圖 11-5）的直接影響者。

特別是在「說服」階段，個人的態度是至關重要的。羅吉斯將本階段決策的預測因子縮減到一套五個確切的基本原則。這些是人們在決定是否接受新產品或服務之前一定會問的問題：

- 相對優勢。有比現有的替代品更好嗎？

- 兼容性。是否合適？符合我的信念和價值嗎？

- 複雜度。是否容易理解和使用？

- 可試驗性。可以被測試，不會惹上麻煩嗎？

- 可觀察性。可以被觀察和理解嗎？

如果大部分的回答是肯定的，人們接受的機會就更高。換句話說，這些是影響決策過程的關鍵因素。

請記住，這些是「主觀感受」的特徵。也就是說，價值的感受存在顧客的心中，而不是產品或服務的絕對屬性。同樣地，CJM 也試圖從顧客的觀點，了解顧客是如何看待產品與服務的。

轉換漏斗

購買的決策通常被視為一個漏斗（圖 11-9）。沿途的確切階段或步驟是可以改變的，取決於漏斗如何被打造。

這個比喻意味著人們從一個開闊的入口進入購買的漏斗，但在途中他們都有可能決定從流程中離開，因此，能繼續下去一直達到轉換的人數就會減少。

麥肯錫顧問公司（McKinsey and Company）的市場研究人員提出了一種新的模式，稱之為消費者決策旅程。[6] 圖 11-10 為他們新版的決策模型。

---

[6] 見 David Court，〈The Consumer Decision Journey〉，麥肯錫季刊（Jun 2009），以及 David C. Edelman，〈Branding in the Digital Age: You're Spending Your Money in All the Wrong Places〉，哈佛商業評論（Dec 2010）

此模型的循環形式表明，我們需要重新評估消費者經歷決策過程。在這個顧客權力在握的時代，這個過程就更為循環了。也就是說，一個人購買後的經驗會成為下一個人的評價標準。有了這個模型，就不再有消費者要一起進入的「漏斗頂部」了。

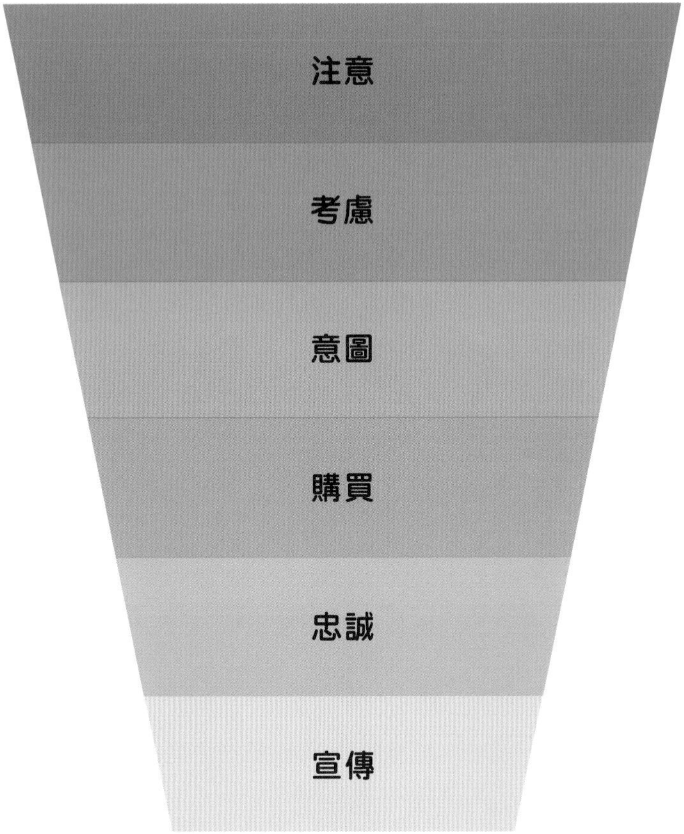

注意

考慮

意圖

購買

忠誠

宣傳

圖 11-9　典型的銷售漏斗顯示顧客旅程的進展

此外，作者認為消費者正在大幅改變研究和購買產品和服務的方式。他們比以往任何時候進行更多的前期研究和比較，尤其是在網路上做。

傳統上，在商業情境下有三種主要的接觸點類型：

- 刺激點：顧客第一次得知產品或服務的時刻。

- 第一關鍵時刻：決定要不要買這項產品或服務。

- 第二關鍵時刻：顧客第一次使用這項產品或服務的經驗。

顧客愈來愈常瀏覽其他人給的評價，像是到 Amazon 網站看看別人的購買心得，或是上 Twitter 詢問追蹤者的意見。同時，他們也會使用 LinkedIn 或是 Facebook 來查看提供這項服務的究竟是誰。不論在何種產業或領域，今日的顧客都比十年前的人掌握了更多的資訊。

除了第一及第二關鍵時刻之外，Google 的市場研究員找到一個新的關鍵時刻：「零關鍵時刻（Zero Moment of Truth，ZMOT）」[7]，這個關鍵時刻介於刺激點及購買決策之間（圖 11-11）。

[7] Jim Lecinski. ZMOT: Winning the Zero Moment of Truth (Google, 2011)

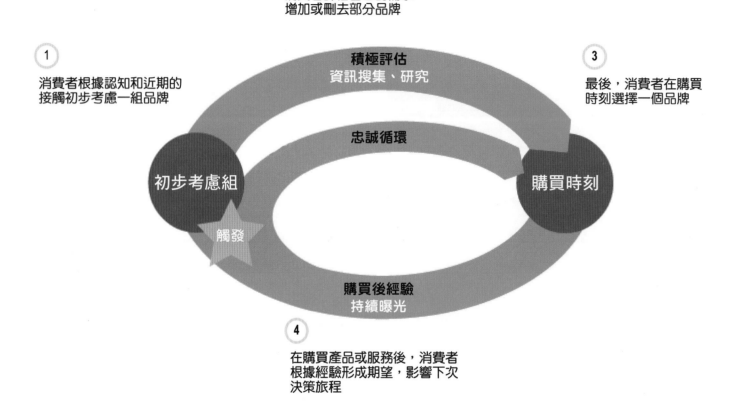

圖 11-10　麥肯錫顧問公司提出的消費者決策旅程，改變了漏斗的基本概念

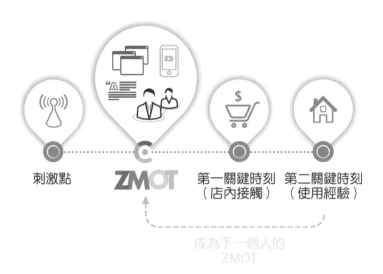

刺激點　ZMOT　第一關鍵時刻　第二關鍵時刻
　　　　　　　（店內接觸）　（使用經驗）

成為下一個人的
ZMOT

圖 11-11　Google 研究員提出的消費者行為新階段「零關鍵時刻」

在 ZMOT 裡，內容是很關鍵的，但不能是行銷噱頭：ZMOT 接觸點的資訊一定要是有意義且有價值的。成功的公司會與市場對話，將自己定位為值得信賴的顧問，而不是寫著「買我！買我！」的廣告布條。

ZMOT 的產品推薦訊息是在真的有人使用過這個產品之後才置入，也因為這樣，使用經驗在購買決策前顯得很重要了。

更重要的是，愈來愈多人在 ZMOT 時期發現他們所購買的產品及服務的意義所在。他們會想要了解產品與服務背後的公司及人員，也會想要確定產品與服務會如何融入他們的價值系統，及如何定義他們這個人。

你可能會說，沒錯，人們本來就是在跟品牌進行對話。市場行銷的確就是對話，但現在的差別在於資訊普及度和消費者取得資訊速度的組合。現在，顧客在直接接觸公司或產品服務前，可能已經對各方面做過功課了。

幾乎在所有情況之下，相較於十年前，產品或服務經驗的各部分在今日變得更加緊密關聯。我們必須要以全面的思維去連結各個關鍵時刻，並為人們設計有意義的經驗。

CJM 的組成元素

CJM 不僅僅是接觸點的盤點而已。顧客旅程圖涵蓋對顧客動機和態度的深入理解。是什麼讓他們願意購買？什麼讓他們滿意？這些都是 CJM 需要回答的問題。

CJM 沒有服務藍圖那麼制式化。顧客旅程圖可以包括許多不同的元素和資訊類型，CJM 的設計者應該納入能回應組織需求的面向。CJM 的一些典型元素包括行動、目標、情感、痛點、關鍵時刻、接觸點、品牌感受、滿意度、和機會點。

圖 11-12 是一份由著名 CX 和旅程圖顧問公司 Heart of the Customer（*heartofthecustomer.com*）建立的 CJM 模板，包括與旅程圖相關的附加元素，包括人物誌、顧客側寫、以及重要性和滿意度指標。

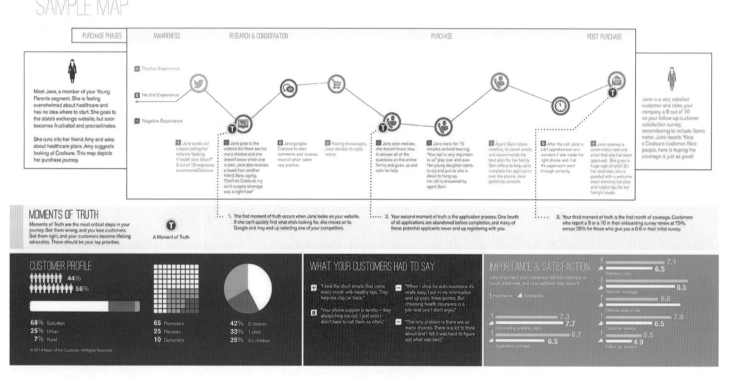

圖 11-12　顧客旅程圖可以結合一系列資訊和資料，對經驗進行更豐富的描述。

表 11-1　用第二章概述的架構，歸納出定義顧客旅程圖的各
　　　　個主要面向。

觀點	個人／消費者
架構	時序性
範疇	點對點的經驗，從需求出現至關係的結束。 常以一個人的旅程為中心，但也可以顯示跨人物誌和接觸點的全面性集合圖。
關注	主要關注消費者體驗，只有少許後台流程。
運用	用來進行分析和優化接觸點。 有助於進行顧客經驗管理、行銷、和品牌行動的策略規劃。
優勢	簡單易懂。 廣泛使用。 適合用來與團隊和利害關係人共創。
弱勢	往往會把個人看做消費者。 容易忽略內部流程和角色。

延伸閱讀

Jim Tincher and Nicole Newton, *How Hard Is It to Be Your Customer*? (Paramount, 2019)

本書展現了如何使用旅程圖在整個組織中推動顧客導向的變革。作者提出了一個更廣泛的圖像化案例，但不是一項孤立的活動，而是用來促進行動和影響組織文化變革。他們將多年的經驗呈現在書中，並涵蓋了該領域大量的實用建議和範例。

David Court, Dave Elzinga, Susan Mulder, and Ole Jørgen Vetvik, "The Consumer Decision Journey," *McKinsey Quarterly* (Jun 2009)

麥肯錫顧問公司在全球進行了廣泛的研究，為消費者購買決策找到一個新的模型。這個循環的決策模型取代了傳統的漏斗模型。亦見麥肯錫董事大衛・艾德曼（David C. Edelman）的一篇深度的文章：〈Branding in the Digital Age: You're Spending Your Money in All the Wrong Places〉，《哈佛商業評論》（2010 年 12 月）。

Joel Flom. "The Value of Customer Journey Maps: A UX Designer's Personal Journey," UX Matters (Sept 2011)

這是一個波音公司（Boeing）運用顧客旅程圖的好案例，旅程圖繪製完善，排版和形式也很有趣。如果你需要一些論述來說服別人，看看這篇文章。作者首先對其使用持懷疑態度，但他如此總結：「透過製作描述最佳顧客經驗的旅程圖，我們讓利害關係人和管理者能夠認同、優先排序、並保持對重要變化的關注。」

Tim Ogilvie and Jeanne Liedtka. "Journey Mapping," Chapter 4 in *Designing for Growth* (Columbia Business School Publishing, 2011)

這本書基本上是關於設計思考及其與商業的相關性。作者運用許多方法概述顧客導向設計的整體過程，其中第一個方法便是顧客旅程圖。書中第四章專門討論圖表，包括建立旅程圖的細節步驟。

Everett Rogers. *Diffusion of Innovations, 5th ed.* (Free House, 2003)

本書被公認是創新接受理論的聖經，是根據幾十年在各領域間的研究所編寫的。雖然本書最早在 1962 年出現，在 2003 年出版第五版，並在網路上釋出一個章節。但它具有里程碑意義，書中對於決策過程和創新接受的原則和討論，時至今日依然完全適用。羅吉斯在他的創新接受者類型的模型上更為人熟知，像是提出「早期採用者」等用詞。

Bruce Temkin. "Mapping the Customer Journey," *Forrester Reports* (Feb 2010)

布魯斯・田金是一位顧客旅程圖的早期倡導者，並投入大量的心血來增加旅程圖的使用和內容描繪。他替弗雷斯特研究公司撰寫報告，探討一些具有影響力的主題。這份報告是他第一次為弗雷斯特撰寫的產出之一。見 Temkin 關於這個主題的其他著作。

案例：價值故事圖－CJM 的另一種觀點

作者：Michael Dennis Moore

傳統顧客旅程圖的本質是交易。旅程圖呈現一段時間內的事件，顧客的想法和感受通常也與這些分散的事件相關。

但是，就像所有好故事一樣，顧客旅程實際上有兩條故事線。第一條是事件的情節線，我稱之為「交易故事線」。

第二條是關於英雄（顧客，不是你）的角色弧線，這個人面臨一些挑戰、做出一些關鍵決定、並最終改變他們以及與別人的關係（即使只是小小的方面）。他們成為品牌愛好者、品牌怨恨者、或者介於兩者之間。他們也積極推薦、積極批評、或者只是懶得向別人提到你的產品或服務。

對於大多數公司而言，正面的顧客轉變是最終的策略性 CX ／ UX 目標。幸運的是，這個目標也與大部分顧客最深層的內在目標相吻合：成為故事中做出明智抉擇的英雄，並擁有幸福快樂的結局。

當你第一次檢視新建立的顧客旅程圖時，很可能會在明顯的問題點上找到一些較容易處理的事項，也可能會想立刻開始發想改善方案，來讓顧客經驗更順暢。

但直接進入戰術思維往往會產生料想不到的結果，容易太早就把團隊成員拉回熟悉的內部人員視角舒適圈。而當一開始的顧客同理心逐漸消退，可能會造成滑坡效應，讓全面的、以價值為中心的故事成為散落各處的交易。

短期快速的修正也許是必要的，為了充分利用顧客旅程圖，你需要用一個策略框架來聚焦思考。價值故事圖是一種將重要的關鍵決策導入旅程圖（如果還沒有），並將轉變故事線疊加在交易故事線上的方法。

這個過程分為三個步驟。

事件激發		投資 > 意圖		整合 > 投資		挑戰 > 解讀		整合
意圖 > 失衡	◆	解讀 > 挑戰	◆	失調 > 戶動	◆	轉變	◆	

圖 11-13 價值故事圖的階段代表一個人使用解決方案所經歷的轉變,而非取得解決方案的交易步驟。

1. 將旅程重塑為價值故事

圖 11-13 顯示了基本的價值故事旅程,分為四個階段。這些用語可能與你慣用的以公司為中心的階段(像是注意到、考慮、購買、持續使用、推廣等)有所不同。

2. 建構有意義的假設

接下來,選擇要深入探討的其中一個階段,並運用質性顧客研究來回答在此階段結束時的關鍵決策問題:

1. 決策的驅動力是什麼?以下是需要考慮的四類驅動因素:
   —— 功能性目標
   —— 理性的方法
   —— 社會影響
   —— 情感驅動因素

2. 顧客會怎麼過濾這些驅動因素,對這些因素進行優先排序,建構一段能夠激發和合理化決策的故事?

若你直接詢問顧客做出某個決定的原因,他們往往會根據自身的功能性目標和理性方法,告訴你一個明確、有意義、證明他們的決定是合理的故事。

然而,往往還是有更深層、隱性的故事在引導著決定。這包括顧客可能不願意分享(或可能自己也不知道)的社會影響和情感驅動力。除非這位顧客異常坦誠,否則你必須參照質性研究中發現的主題,對隱性的故事進行有根據的猜測。

3. 評估故事角色

最後,就要評估此階段中,每個接觸點如何促成(或削弱)正面的關鍵決策。

這裡請小心：一旦開始進行接觸點的設計和執行，就很容易重新被捲入內部觀點中。要使用以顧客價值為中心的問題來進行評估：我們在顧客建構的故事中，扮演什麼角色？

其中一些角色是通用的：專家、服務提供者、啟動者等。但是為了在競爭者中脫穎而出，並將更多潛在顧客轉變為忠實的品牌擁護者，你可以在每個階段加入一些專屬的角色，如圖 11-14 所示：

- 共感者（開啟以信任為基礎的關係）
- 說書人（展現英雄的回報）
- 嚮導（確保成果和經驗的整體價值）
- 合作夥伴（證明你始終值得信賴）

將顧客旅程重塑為價值故事圖有很多效益，其中兩者特別重要。

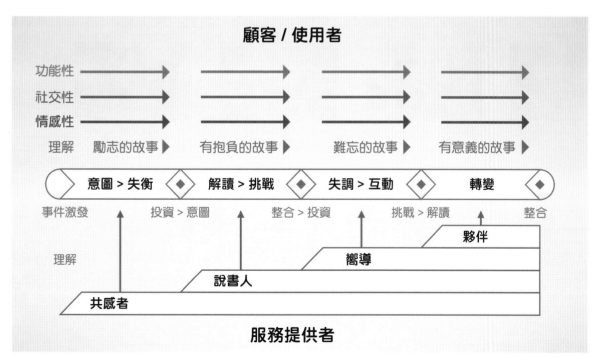

圖 11-14
價值故事圖方法將不同的轉變階段相互重疊對照。

理解的假設

功能性目標 ➡
理性的手法 ➡
社交性影響 ➡
情感的動力 ➡

顯性的故事

I'm tired of the wheel spinning with email. Slack looks like it will help us be more productive. There must be a reason it's so popular. Besides, I'm just signing up for a trial for now ...

隱性的故事

I'm fed up with the current situation but concerned about how the team will respond to a change. Finding the right solution and learning a new tool feels daunting but I sense the team's morale is dipping. I need to do something. It's embarrassing how little I know about these tools. I better go with a proven solution.

Inciting Incident	*Intention*	*Investment*	*Interpretation*	*Integration*
When a disjointed email thread causes a misunderstanding, Molly begins to question the effectiveness of her team's tools.	Molly finally decides to look for a better collaboration tool for team communications.	Molly signs up for a trial Slack account, hoping it will be worth the time, effort, and data commitment.	Molly decides the new tool has clearly improved her team's productivity and morale, so she signs up for a paid subscription.	With the tool deeply Integrated into her work life, Molly identifies herself as a fan, recommending it to anyone with similar needs.

價值故事

Imbalance ◆ Challenge ◆ Engagement ◆ Transformation

Molly's sense of imbalance grows as her team spends more time sorting through irrelevant messages, clarifying who's responding to who, and looking for past emails by topic.

Molly searches online for information and reviews about collaboration tools. She also gets input from her team, and asks friends and colleagues for recommendations.

Molly and her team work their way through the learning curve and find that, most of the time, the software design anticipates their needs and guides them to success.

As the software updates keep pace with the team's evolving needs, Molly's experience continues to validate her choice and make her feel more confident about the future.

接觸點角色

Empathizer	**Storyteller**	**Guide**	**Partner**
Show that we understand the frustrations of trying to use email and generic messaging to collaborate with others. **Goal**: A *hopeful* sensemaking story that will spur the prospect to take action to find a better way.	Help them envision their team being more productive and preview our role as Guide who will help them get the most out of their investment. **Goal**: An *aspirational* sensemaking story about a better way to get work done.	Product and service designs that anticipate needs, minimize hassles, and inspire confidence. **Goal**: a *meaningful* sensemaking story that redefines how they do their best work.	Consistently deliver on our promises of productivity and stay true to our purpose and values. **Goal**: A *reliable* sensemaking story that inspires confidence that, together, we can take on whatever the future might bring

圖 11-15　完整的價值故事圖詳細說明了從事件激發到整合的轉變步驟。

首先，它可以幫助團隊成員聚焦於顧客轉變的策略性目標，即使在追求快速的戰術勝利時也是如此。沒錯，行銷人員的重點還是早期階段，而設計師和服務管理者較關注後期階段。但是每個人都可以很容易地看到自己如何為品牌的長期成功做出貢獻。

其次，它不是只簡單地追蹤從這一筆交易到下一筆交易的顧客情感起伏，而是根據關鍵決策結果來構建這些想法和感受。換句話說，它超越了交易旅程的人、做什麼、在哪做、時間和方式，進而深入探討了最重要的問題：「為什麼？」畢竟，發生在顧客腦海中的事才是最重要的。

圖 11-15 呈現了一個完整的價值故事圖範例，在此使用公司團隊溝通工具 Slack 作為例子。

關於作者

Michael Dennis Moore 是 Likewhys 的首席顧問和價值故事圖流程的創建者。他先前以價值為中心的經歷包括小企業創辦人、蘋果等多家公司的產品經理、以及 Xerox 經驗設計團隊的經理。聯絡方式：michael@likewhys.com

圖表與圖片出處

圖 11-1 與 11-2：關鍵時刻圖與表格，出自 Colin Shaw 與 John Ivens 的著作《Building Great Customer Experience》，經同意使用

圖 11-3：寬頻服務提供者的範例 CJM，由 Effective UI 建立，經同意使用

圖 11-4：顧客旅程畫布，由 Mark Stickdorn 與 Jakob Schneider 建立，出自《這就是服務設計思考！》，創用 CC 署名 - 相同方式分享

圖 11-5：生命週期模型，出自 John Jenkins 的著作《Marketing and Customer Behaviour》

圖 11-6：顧客旅程模型，由 Kerry Bodine 建立，經同意使用

圖 11-10：David Court 等〈The Consumer Decision Journey〉，經同意使用

圖 11-12：顧客旅程圖模板，出自 Heart of the Customer，經同意使用

圖 11-15：Michael Dennis Moore 的價值故事地圖框架，經同意使用

本章內容

- 經驗圖概述

- 相關模型：一日生活圖表、工作流程圖、任務圖

- 經驗圖的組成元素

- 案例：家庭暴力的旅程圖像化

CHAPTER 12

經驗圖

我們通常認為描述經驗的圖表是與產品或服務的使用相關的，例如服務藍圖、顧客旅程圖等形式。的確，本書大部分內容都側重於描繪商業導向的經驗。但其實並不一定只能這樣做，我們也可以描繪獨立於產品或服務之外的經驗。

尤其是本書所定義的經驗圖，是關注人們活動裡更廣泛的脈絡，超越了組織所提供的服務本身。經驗圖呈現人與人、場域、和事物之間的聯繫，也有助於生態系統的設計。

也就是說，這裡所說的經驗圖和顧客旅程圖之間，存在完全不同的觀點。與其將個人視為產品和服務的消費者，我們需要專注於人們的目的和目標，無論解決方案為何。

例如圖 12-1，由美國退伍軍人事務部首席設計師 Sarah Brooks 建立的圖表。[1] 這是一份描述退伍軍人生命經歷的圖，反映了很長一段時間內各種不同的目標和目的。途中沒有「注意到」或「購買」階段，因為此圖採用與經典顧客旅程圖不同的觀點。這份圖表描述的是經驗的故事，而不是交易的故事。從字面上來看，這是一個軍人的生命故事。

也請參考圖 12-2 由設計策略師 Diego S. Bernardo 所建立的圖表，描繪都市中種菜的優缺點。負面經驗（紅色）表示人們停止活動的原因，退出點則用紅色線指向下方。

正面的經驗（藍色）顯示都市裡種菜的正面感受。這個圖提醒我們不僅要關注經驗中的痛點、困境和恐懼，也要重視動力和鼓勵。圖中的迴圈表示正面回饋，並且在整段經驗中增加黏著度。

---

[1] 閱讀 Kyla Fullenwinder 的文章〈How Citizen-Centered Design Is Changing the Ways the Government Serves the People〉，了解更多關於 Sarah 的專案內容，Fast Company（2016 年 7 月）。

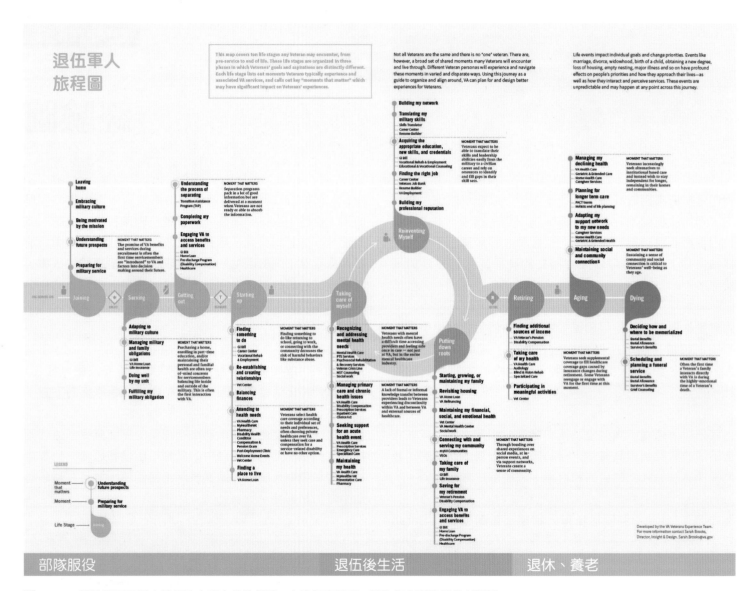

圖 12-1　經驗圖顯示獨立於解決方案之外的經驗，在這個案例下，觸及很多服務提供者類型。

都市中種菜
使用者經驗圖

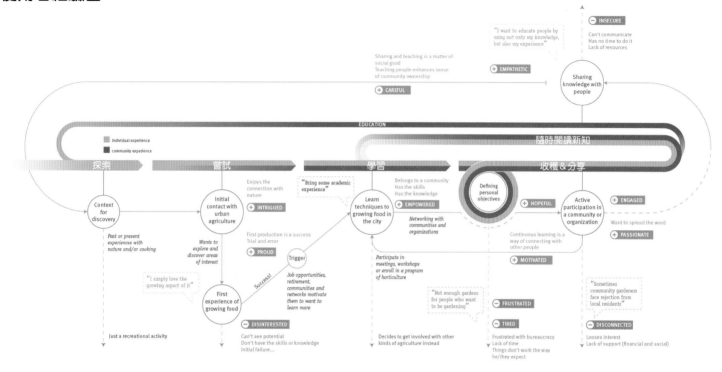

圖 12-2 芝加哥都市種菜的經驗圖，關注正面和負面的因素

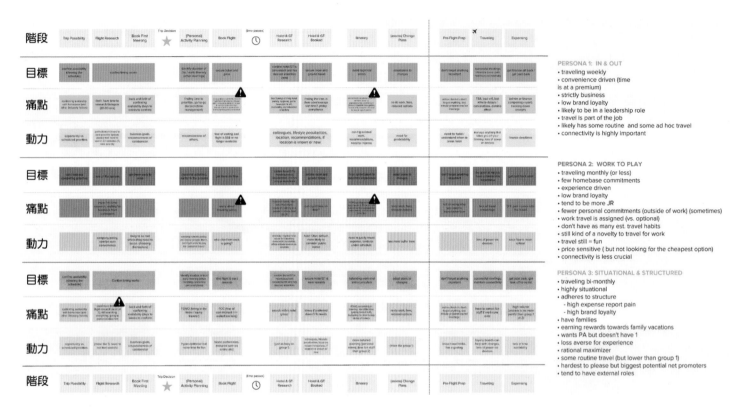

圖 12-3　經驗圖可以在一張圖中比較對焦至同一時間軸的多個人物誌。

總體而言，圖 12-2 的圖表描述了個人與活動（都會園藝）的關係，而不是與產品、服務或品牌之間的關係。重要的是，以這種方式檢視經驗，能引出機會點。經驗圖不是說明一個人如何消費產品，而是讓組織自問：「我們如何融入人們的生活？」答案往往會帶來新的成長機會。

一張經驗圖也可以顯示多位角色的經驗。圖 12-3 中的例子是由 AI 旅行服務 Gallop.ai（gallop.ai）的共同創辦人兼執行長 Tarun Upaday 所建立。圖中將三個獨立的人物誌放在共同的時間軸上，以旅行的階段為基礎相互對焦。為了對不同類型的旅行者進行比較，每一行都有相同類型的描述資訊：目標、痛點、力量（或驅動行為的激勵因素）。

混合型經驗圖

但請注意：儘管我對經驗圖有著相當嚴格的定義，但在許多情況下，經驗圖與顧客旅程圖是完全重疊的，這兩個方法在實務中也常互換使用，甚至會看到「顧客經驗圖」和「經驗旅程」這類用語混搭的情形。

商業導向的經驗圖會將人的經驗與解決方案相互結合。例如，經驗圖最早的例子之一是加拿大首屈一指體驗設計公司 nForm 的 Gene Smith 和 Trevor von Gorp。圖 12-4 是電動遊戲玩家的經驗圖。

雖然此圖中有清楚的「購買」階段，代表著這是消費者旅程圖，但那並不是圖的重點。Smith 在部落格文章〈Experience Maps: Understanding Cross- Channel Experiences for Gamers〉中提到，他們的動機是深入了解玩遊戲的脈絡。文中寫道：

> 我們提出的解決方案是一份經驗圖：一份結合一組人物誌與一段抽象故事的圖，涵蓋玩家從研究、購買遊戲、玩遊戲到分享遊戲的經驗旅程。故事裡包含玩家在不同管道獲得所需資訊的細節，以及訪查研究中所得的真實陳述。

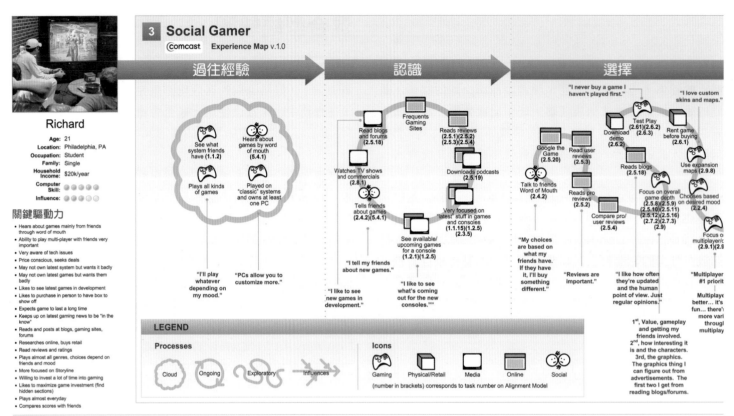

圖 12-4 社交遊戲玩家的經驗圖，由左至右呈現出清楚的時間軸。

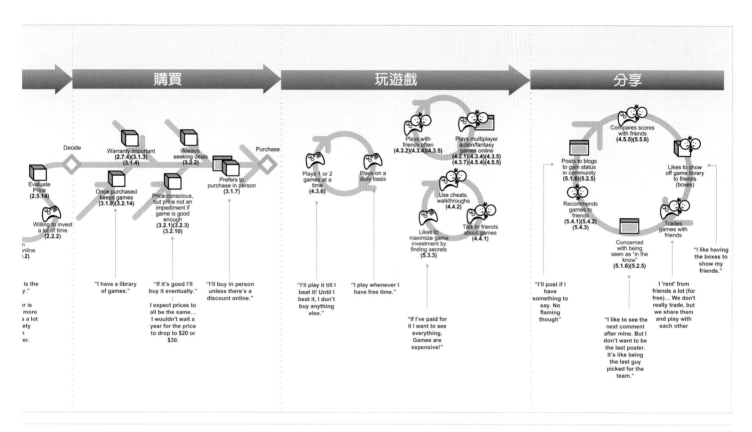

購買 玩遊戲 分享

Decide

Warranty important
(2.7.4)(3.1.3)
(3.1.4)

Always
seeking deals
(3.2.2)

Purchase

Evaluate
Price
(2.5.14)

Once purchased
keeps games
(3.1.9)(3.2.14)

Price conscious,
but price not an
impediment if
game is good
enough
(3.2.1)(3.2.3)
(3.2.10)

Prefers to
purchase in person
(3.1.7)

Willing to invest
a lot of time
(2.2.2)

Plays with
friends often
(4.3.2)(4.3.4)(4.3.5)

Plays multiplayer
action/fantasy
games online
(4.2.1)(4.3.4)(4.3.5)
(4.3.7)(4.5.4)(4.5.5)

Compares scores
with friends
(4.5.5)(5.5.6)

Posts to blogs
to gain status
in community
(5.1.6)(5.2.5)

Likes to show
off game library
to friends
(boxes)

online
.2)

Plays 1 or 2
games at a
time
(4.3.6)

Plays on a
daily basis

Use cheats,
walkthroughs
(4.4.2)

Likes to
maximize game
investment by
finding secrets
(5.3.3)

Talk to friends
about games
(4.4.1)

Recommends
games to
friends
(5.4.1)(5.4.2)
(5.4.3)

Concerned
with being
seen as "in the
know"
(5.1.6)(5.2.5)

Trades
games with
friends

is the
y."

"I have a library
of games."

"If it's good I'll
buy it eventually."

"I'll buy in person
unless there's a
discount online."

"I'll play it till I
beat it! Until I
beat it, I don't
buy anything
else."

"I play whenever I
have free time."

"I'll post if I
have
something to
say. No
flaming
though"

"I like having
the boxes to
show my
friends."

r is
more
s a lot
ety
n
er.

I expect prices to
all be the same...
I wouldn't wait a
year for the price
to drop to $20 or
$30.

"If I've paid for
it I want to see
everything.
Games are
expensive!"

"I like to see the
next comment
after mine. But I
don't want to be
the last poster.
It's like being
the last guy
picked for the
team."

I 'rent' from
friends a lot (for
free)... We don't
really trade, but
we share them
and play with
each other

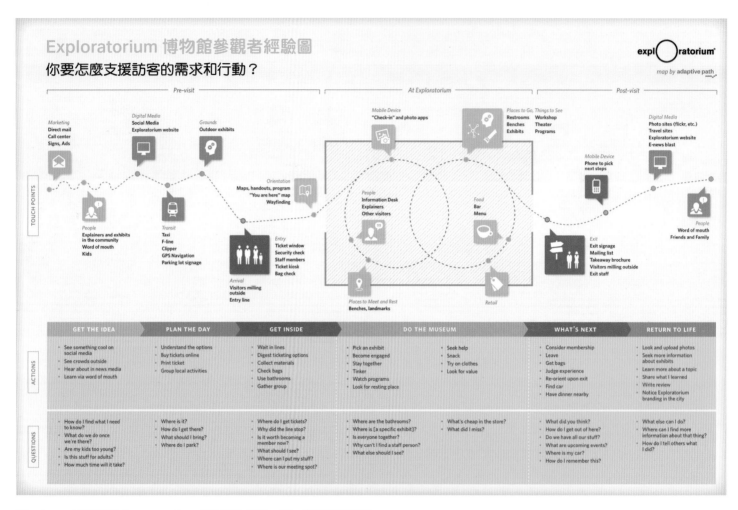

圖 12-5　訪客參觀 Exploratorium 博物館的經驗，用一張圖綜觀呈現

經驗圖基本上認為，人們是在許多情況下與多個服務提供者的多個產品和服務進行互動，這些經歷塑造他們的行為，以及他們與任一組織的關係。隨著產品和服務之間的相互連結，檢視更廣泛的脈絡將變得愈發重要。請注意，這張圖中並沒有明確的組織名稱。但是相關服務提供者或都市政府官員可以使用此圖，幫助他們了解並規劃更好的種菜方案。

圖 12-5 呈現經驗圖的另一個例子，此案例是參觀 Exploratorium 博物館，由 Adaptive Path 設計公司的 Brandon Schauer 與幾位設計師們一同建立。圖中沒有購買決策，而是試圖描繪博物館內外參觀民眾的行為和想法。雖然這張圖的大部分內容適用於任何博物館的參觀，但它還是以 Exploratorium 博物館的特定經驗為主。因此，我稱之為混合型圖表。

經驗圖（無論是否為混合型）有助於提供組織的由外而內視角。例如，建立經驗圖表的流程對 Exploratorium 團隊帶來正面的影響。Schauer 在其部落格文章中提到：

> 令人印象深刻的是，藉著圖表，團隊中多元背景的成員很快就建立了彼此對機會點的共識，而足以對參觀者經驗產生最大的影響。[2]

有了經驗圖作為對話的核心，團隊成員間找到了共識，彼此對焦。

相關模型

經驗圖關注服務提供者的產品或服務應如何融入於人們的經驗，並不是看人怎麼配合產品或服務。經驗圖提供從使用者觀點出發的視角。相關類型的圖也是採取這個角度，包括一日生活圖表（day-in-the-life-diagrams）、工作流程圖（workflow diagrams）、與任務圖（jobs maps）。

一日生活圖表

一日生活圖表是描繪個人經驗的一種常見方法。顧名思義，這種圖說明了典型的一天或大致上每一天的樣貌。

圖 12-6 是 Karten Design 的 Stuart Karten 所建立的一日生活圖表範例。圖中用不同的顏色凸顯了一個人在一天中經歷的不同思考模式。也因此，Karten 將這種方法稱為「模式圖」。例如，在圖 12-6 中，資搜尋用淺藍色表示，與他人溝通用深紫色表示。模式線橫跨整份圖表，向上或向下移動，分別反映正面或負面的情緒狀態。

---

[2] Brandon Schauer〈Exploratorium: Mapping the Experience of Experiments〉，Adaptive Path 部落格（2013 年 4 月）。

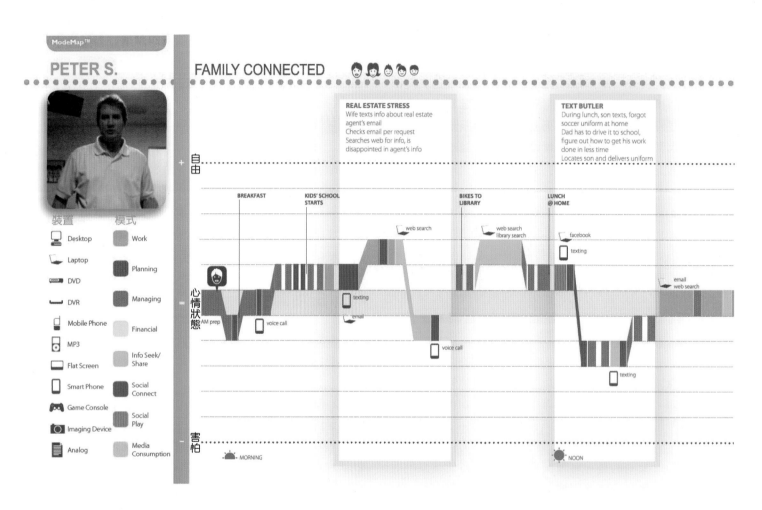

圖 12-6　一日生活圖表可以反映一個人一天中經歷的不同生理、認知、和情感模式。

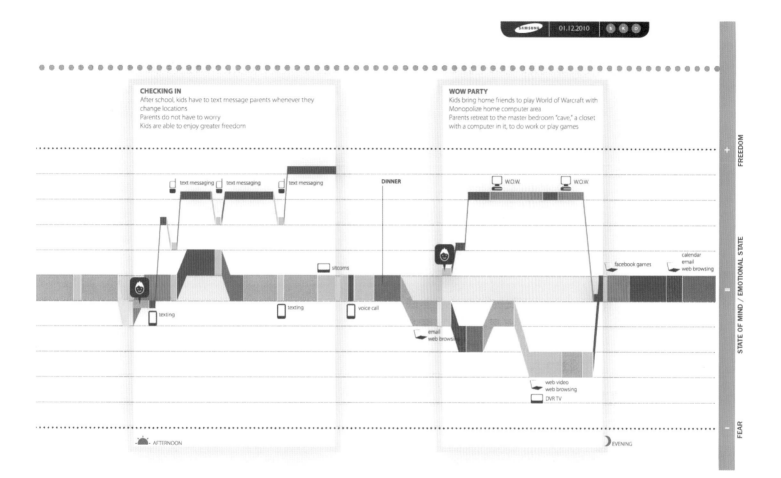

CHECKING IN
After school, kids have to text message parents whenever they change locations
Parents do not have to worry
Kids are able to enjoy greater freedom

WOW PARTY
Kids bring home friends to play World of Warcraft with
Monopolize home computer area
Parents retreat to the master bedroom "cave," a closet with a computer in it, to do work or play games

text messaging   text messaging   text messaging

DINNER

W.O.W.   W.O.W.

sitcoms

calendar
email
web browsing

facebook games

texting   texting   voice call

email
web browsing

web video
web browsing
DVR TV

AFTERNOON   EVENING

FREEDOM   +

STATE OF MIND / EMOTIONAL STATE   =

FEAR   −

Karen Holtzblatt 與 Hugh Beyer 在他們《Contextual Design》第二版著作中，建議使用一日生活模型來展示人們如何在日常中完成事情，也最好一邊在進行研究時一邊建立圖表。從這個意義上說，一日生活圖表也是一種資料收集機制。

例如，若是研究人們如何通勤上班，Holtzblatt 與 Beyer 建議建立一個簡單的框架，如圖 12-7 所示。隨著洞見的浮出，你可以將它們加進圖表中，直到出現完整的故事，接著就能將資訊整合到一個模型中（圖 12-7）。他們表示：「試著捕捉生活中的小故事──找到真實的例子，而不是抽象的概念。」。

一日生活圖表可以很容易地與人物誌相結合，有助於建立共感。圖表中通常包括還無法解決的困難與問題。目的是呈現工作和任務的類型、頻率、以及在一天之中如何相互影響。我們可以從中獲得關於情境切換和有機會優化的工作流程模式的洞見。

我發現，在訪談中請人們描述一天都怎麼過的時候，經常會得到「看情況，不一定。」的答案，在這個情況下，就問他們昨天怎麼過的，然後再與前幾天進行比較，直到出現某種模式。

或者，為了避免描述一天生活的困難，也可以描繪一周的日子。這能讓我們用更廣泛的視角檢視活動如何相互影響，以形成整體的工作流程。

圖 12-8 顯示了法國訴訟律師的週間工作圖表，這是我在 LexisNexis 時建立的，本章後段有此專案的詳細介紹。即便大家常說自己沒有「典型的一天」，但還是有出現一些整體模式。專案研究中的對象往往早上不在法庭，下午見客戶，然後加班趕客戶案子和研究。

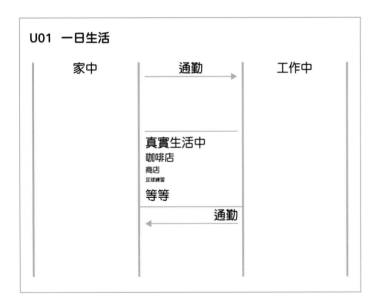

圖 12-7　Holtzblatt 和 Beyer 建議在進行研究時，運用一個簡單的框架來捕捉人們一日生活故事的真實洞見。

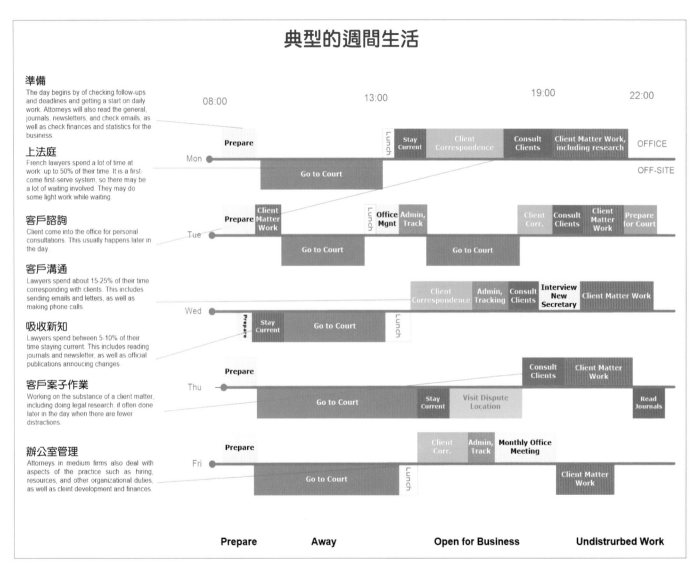

圖 12-8　為了避免描述一天生活的困難（受訪者常常很難形容），也可以描繪一周的日子。

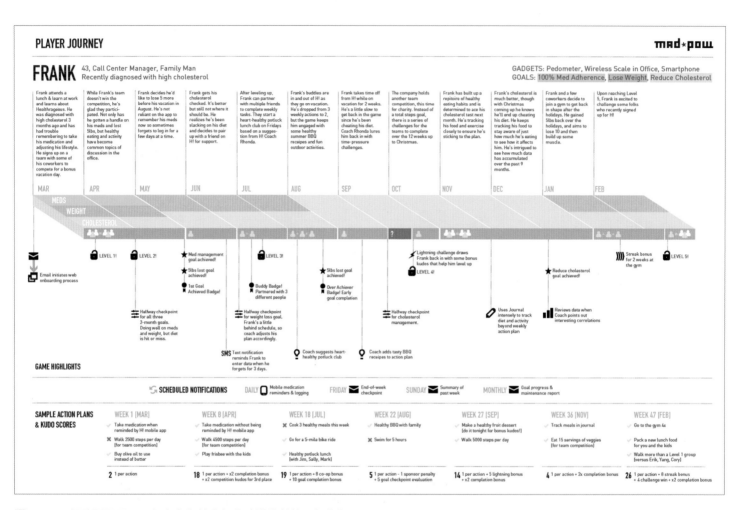

圖 12-9　經驗圖呈現了一個人參與健康行為改變遊戲的一年旅程

顧客旅程圖將經驗切分長短不一的階段，有時還有重複或持續的互動，而一日生活圖表或一週生活圖表則以嚴格的時間軸為基礎，特定時間單位來劃分，例如在圖 12-6 和圖 12-8 中，是以小時為單位。可以將這些圖視為描繪特定情境的迷你故事板。

你也可以延伸時間軸來講述一個更廣泛的時間段的故事。參考圖 12-9 中的觀點，由 Mad*Pow 的 Jamie Thomson 所建立，描繪了一整年間降低膽固醇的經驗，是一份清晰的、時間單位相同的線性旅程，在此案例中以月為單位。雖然以定義來說，這並不是一日生活圖表（內容不是一日），但此圖的內容與一日生活圖表相似，只是把時間延展為一年。

工作流程圖

工作流程圖與經驗圖相似，都試圖拆解達成任務所需的步驟。這兩類圖表關注一連串的任務、多位角色如何彼此相配合，比起顧客旅程圖，它與服務藍圖更為相近。

泳道圖表是用來呈現工作流程一種常見的形式。通常，這些圖表以相當機械的方式呈現使用者和系統各部之間互動的步驟。圖上的行或列（取決於排列方向）構成「泳道」，有助於在互動中呈現不同的角色和元件。

圖 12-10 呈現與系統並行操作的典型泳道圖，在這個案例裡，是向業務代表下採購訂單的工作流程。

很明顯地，這個圖表沒有明確涵蓋脈絡資訊或關於顧客情感的細節。泳道圖表關注於任務、內容和資訊等按時間順序發生的流程。工作流程圖通常可以搭配經驗圖，以呈現在大脈絡下特定階段的細部互動。

泳道圖表可以擴展到涵蓋個人驚艷的資訊。圖 12-11 是由 nForm 的 Yvonne Shek 所建立的範例圖，其中包括圖像故事板和互動中相關人員的詳細資訊。透過加上經驗的脈絡，擴展了泳道圖表的用法。

LexisNexis 是一家全球法務與專業資訊公司。當我在 LexisNexis 任職時，主持了一場工作坊，繪製出法國、紐西蘭、澳洲、德國和奧地利等五個國際市場的律師工作流程。

" 經驗圖能讓組織自問：「我們如何融入人們的生活？」"

我們的做法是以律師的角度來看待客戶案子的生命週期。我們想要了解律師們從頭到尾完成客戶案件所需要採取的一連串複雜活動。在當時，這對公司具有重要的策略意義。

在回顧現有研究並與每個國家的利害關係人對談後，我對目標顧客進行了多場訪談。透過這次訪查，為每個地區建立了詳細的工作流程圖表。

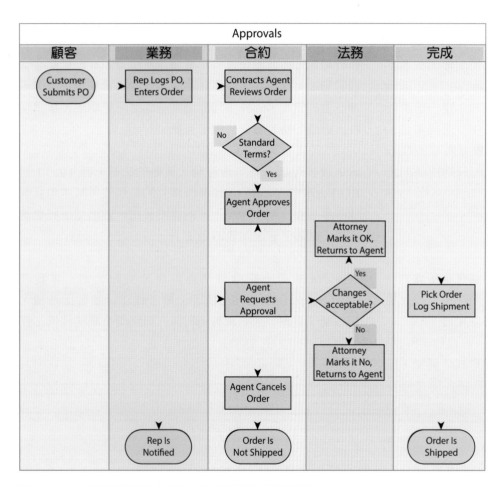

圖表內同時包括三種不同類型的角色：律師、秘書、和工作流程中的其他角色。這些角色分別帶有許多行資訊，如圖 12-2 左側所示。

圖中也包括了痛點和目標，以及心理狀態和情感的相關注解。再加上人物誌、基本的工作週圖表（如圖 12-8 中的圖表）和組織結構圖，完整描述律師的經驗。

我主持了幾場工作坊，與各國的事業群負責人詳細檢視圖表。我們一起發現了改進和成長的新機會點。總體而言，各國的工作流程圖像化，讓大家對律師日常經驗有了深入了解。

圖 12-10　典型的泳道圖表範例，將活動分別以行列呈現

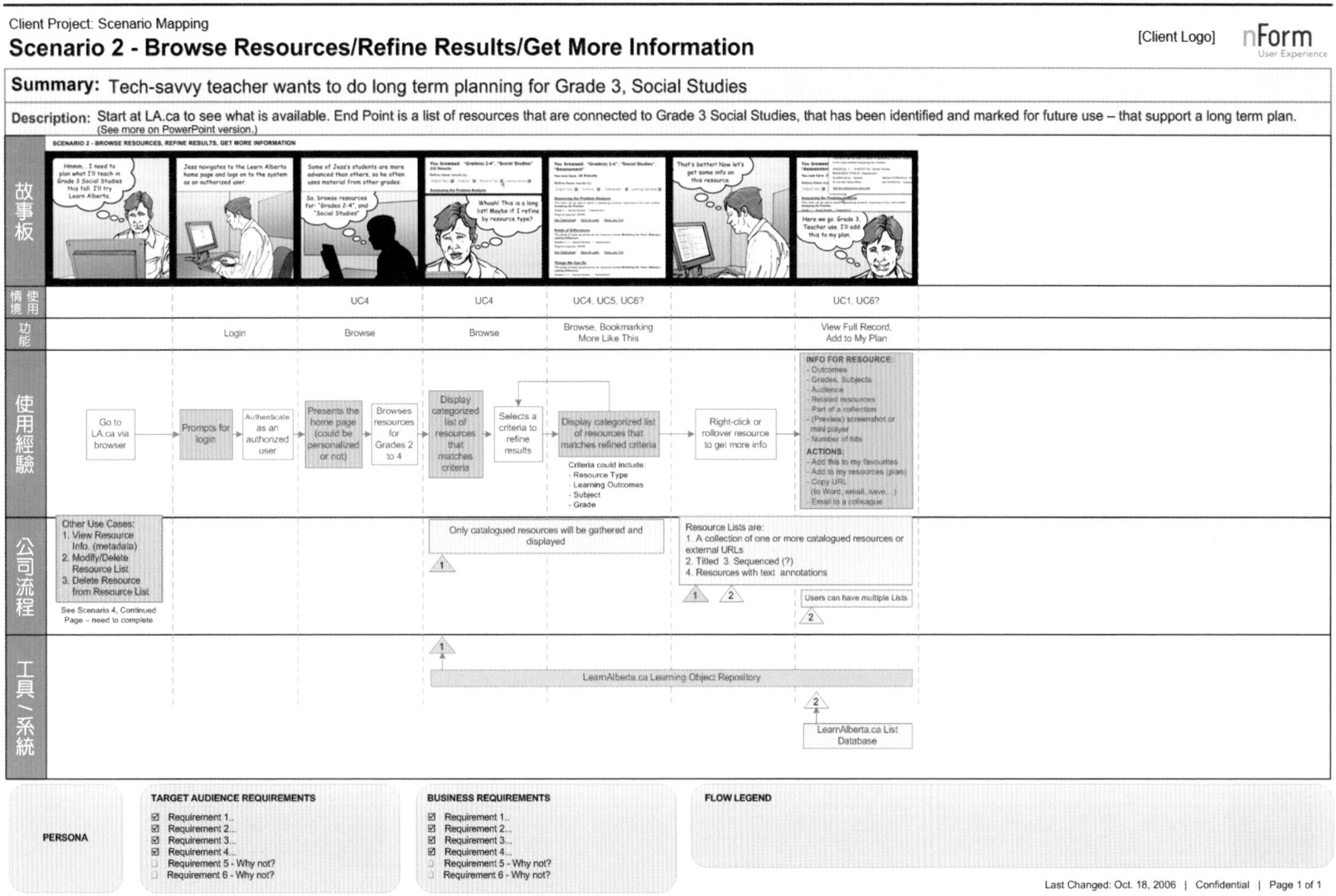

圖 12-11　泳道圖表可以擴展為帶有豐富使用者經驗脈絡的形式

3. 上法庭

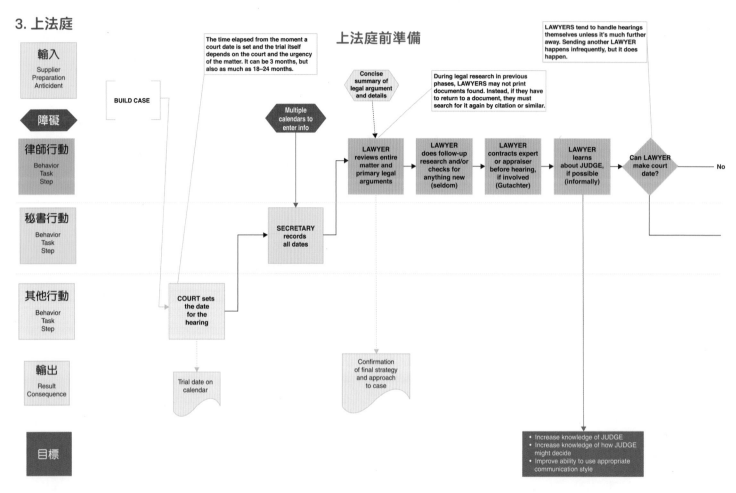

輸入
Supplier
Preparation
Anticient

障礙

律師行動
Behavior
Task
Step

秘書行動
Behavior
Task
Step

其他行動
Behavior
Task
Step

輸出
Result
Consequence

目標

BUILD CASE

The time elapsed from the moment a court date is set and the trial itself depends on the court and the urgency of the matter. It can be 3 months, but also as much as 18–24 months.

上法庭前準備

Multiple calendars to enter info

Concise summary of legal argument and details

During legal research in previous phases, LAWYERS may not print documents found. Instead, if they have to return to a document, they must search for it again by citation or similar.

LAWYERS tend to handle hearings themselves unless it's much further away. Sending another LAWYER happens infrequently, but it does happen.

LAWYER reviews entire matter and primary legal arguments

LAWYER does follow-up research and/or checks for anything new (seldom)

LAWYER contracts expert or appraiser before hearing, if involved (Gutachter)

LAWYER learns about JUDGE, if possible (informally)

Can LAWYER make court date?

No

SECRETARY records all dates

COURT sets the date for the hearing

Trial date on calendar

Confirmation of final strategy and approach to case

• Increase knowledge of JUDGE
• Increase knowledge of how JUDGE might decide
• Improve ability to use appropriate communication style

圖 12-12　二十頁工作流程圖表的其中一頁，描繪了一件事的細部經驗

任務圖

待辦任務（Jobs to be Done，JTBD）這個概念提供了幫助我們理解價值創造的視角，關注的是商業情境中顧客的動機。

這個詞是由商業領導者克雷頓·克里斯汀生（Clayton Christensen）在《創新的兩難》以及《創新者的解答》兩本書中提及並廣為人們運用。這是一個很直接的原則：人們會「僱用」產品及服務來幫他們完成一件任務。

舉例來說，你會僱用一套新的西裝來讓你在面試時打扮更體面，或是僱用 Facebook 來與朋友保持每日的連繫。你也可以僱用巧克力棒來舒緩壓力。這些都是所謂的待辦任務。

從這個角度看來，人們被視為是目標導向的，希望達成某些預期成果，而這些成果就是組織最終要創造的價值。

東尼·伍維克（Tony Ulwick）是將「待辦任務」理論在實務中運用的先驅之一，他的公司 Strategyn 即是提供以待辦任務為基礎的顧問服務。伍維克與同仁蘭斯·貝當古（Lance A. Bettencourt）共同提出一個模型，用一連串的步驟來理解待辦任務，稱之為任務圖（Job Maps）。[3]

按照伍維克與貝當古將人們要完成的工作看作是一個具有通用階段的流程，如圖 12-13 所示：

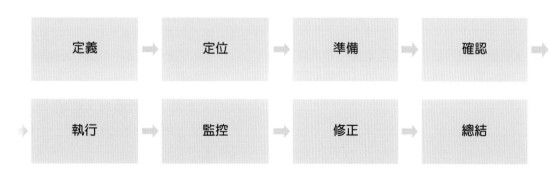

圖 12-13　伍維克與貝當古提出的任務圖有八個通用的階段，可根據特定情況進行客製調整。

---

[3] Lance A. Bettencourt 與 Tony Ulwick〈The Customer-Centered Innovation Map〉，《哈佛商業評論》（2008 年五月）

1. 定義：這個步驟包括決定目標，以及規劃要用什麼方法來完成任務。

2. 定位：在開始之前，人們必須找到資源、蒐集物件，並找到完成這項任務所需的資訊。

3. 準備：在這個步驟中，人們打點環境並把素材整理好。

4. 確認：在此，人們把素材和環境都準備好。

5. 執行：在這個步驟中，人們依照計畫執行任務。從他們的角度來看，這是任務圖中最重要的一步。

6. 監控：人們在執行任務時，一邊評估任務是否達成。

7. 修正：為了完成任務，可能需要修正、改動和迭代。

8. 總結：這個步驟包含了一切完成並結束任務所需的活動。

這些階段不一定是任務圖中的標籤，而是可能會有的步驟類別。把通用任務圖類別當作一種提醒，以關注從頭到尾的整體流程。

> 有了任務圖，組織就更能創造人們
> 真正需要的產品和服務。

有了任務圖，組織就更能創造人們真正需要的產品和服務。貝當古和伍維克鼓勵團隊共同使用任務圖來找出機會點：

> 有了任務圖，你就可以開始系統性地尋找創造價值的機會點……。可以從圖中思考現況解決方案中每一步最大的缺口為何，特別是與執行速度相關的缺口、變化性、和產出的品質。為了提升這個方法的有效性，試著找多元背景的專家團隊（行銷、設計、工程，或一些重要的顧客）來一起參與討論。

創新的機會點可能在任務圖中的任何步驟發生，如以下這些例子：

- 健康減重機構 WW（Weight Watchers）以一個不需要卡路里計算的系統將「定義」階段流程化。

- 為了便於搬家整理東西的「定位」步驟，自助搬家公司 U-Haul 提供顧客不同類型紙箱等工具。

- Nike 運用附有感應裝置的跑鞋與 iPhone 或 Apple Watch 連結，提供時間、距離、配速、消耗熱量等資訊回饋，幫助跑者在「監控」步驟評估任務的成功與否。

- 以瀏覽器為基礎的 SaaS 軟體服務能進行自動更新，讓使用者不用手動安裝新版本，降低「修正」步驟的複雜度。

圖 12-14 是檢索科學資訊的任務圖範例。圖中沒有情感或期待的元素,任務圖只關注完成任務的步驟。期望的結果、情感任務、社交任務等雖然也很重要,但用別的方式蒐集並分開處理。任務圖只進行前頁步驟中描述的基本流程。

因為任務圖和經驗圖都是獨立於技術或解決方案之外,時序性的圖表,你可以將前者作為後者的基礎。也就是說,先使用基本步驟建立一份簡單的任務圖,如圖 12-14 所示,接著,以泳道形式進行排列,並在時間軸的下方或上方加上欄位,以顯示旅程的更多經驗和情感方面的資訊。

任務圖:檢索科學資訊

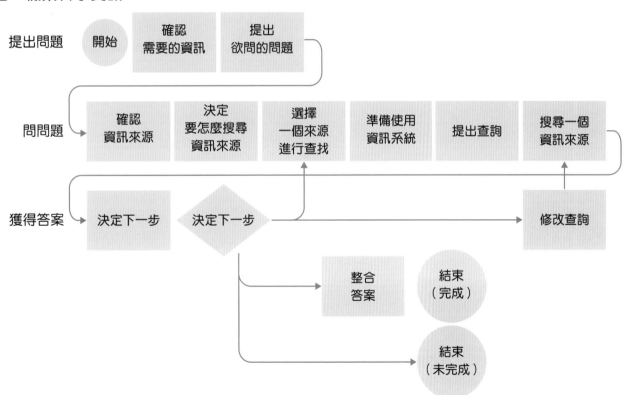

圖 12-14　這份線上檢索科學資訊的任務圖描繪了完成任務的過程,從準備執行任務到執行和結束任務。

經驗圖的組成元素

經驗圖的組成元素與顧客旅程圖非常相似。雖然經驗圖的形式通常比較自由，包含一些附加的資訊，內容也不只有故事陳述本身，不過，現在也有愈來愈多正規形式出現了。典型經驗圖的組成元素包括以下的內容：

- 行為階段

- 行動和採取的步驟

- 待辦任務、目標、或需求

- 想法和問題

- 情感和心智狀態

- 痛點

- 實體物件和裝置

- 機會點

經驗圖通常並不關注購買決策，這也是它與顧客旅程圖最大的不同之處。雖然購買可能是整體經驗的一部分，但做決策並不一定是經驗圖的重點。

表 12-1 使用第二章中概述的框架，歸納了定義經驗圖的主要元素。

表 12-1　定義經驗圖的元素

觀點	目標導向的個人，在廣泛的系統或領域內進行活動，並可能與許多服務互動。
排序	時序性。
範疇	一段具體經驗的整體過程，從頭到尾，包括行動、想法和感受。 可能限於單一個體或多個角色間的集體行為。
關注	主要聚焦人的經驗，少有明確的後台流程。
用途	用來分析生態系統的關係以及設計解決方案。 作為策略規劃和創新的參考。
優點	提供嶄新、外部的觀點，有助於建立同理心。 提供超越單一組織或品牌相關的洞見。
缺點	對某些利害關係人來說可能會太抽象。 圖上的細節可能會造成過度分析和「資料超載」的問題。

延伸閱讀

Peter Szabo, *User Experience Mapping* (Packt, 2017)

本書關注敏捷軟體設計和開發的圖像化，適合 UX 設計師和產品經理閱讀，內容包括運用 Adobe Illustrator 等工具建立圖表的技巧。Szabo 在書中提到的主題包括利害關係人圖、行為變化圖、和「持續改善（Kaizen）圖」，也就是持續改進顧客經驗的方法。

Sarah Gibbons, "Journey Mapping 101," NN/g blog (Dec 2019)

這篇簡短的文章將圖像化拆解成核心元件，描述的特別清楚。內容簡要討論了各圖像化手法之間的差異，也有清晰、有用的範例。另見 Nielsen Norman Group 關於圖像化的其他文章（*https://www.nngroup.com/articles*）。

Chris Risdon. "The Anatomy of an Experience Map," Adaptive Path Blog (Nov 2011)

這篇很棒的文章，將經驗圖方法分解為其組成元素。Chris Risdon 是經驗圖領域的領導者，並不斷推廣說明此方法的使用方式。

Gene Smith. "Experience Maps: Understanding Cross- Channel Experiences for Gamers," nForm Blog (February 2010)

這是 Gene Smith 的一篇部落格文章，文中慷慨地分享了幾張經驗圖。這些是此類圖中的一些先驅範例，也是後續經驗圖的典範。

案例：家庭暴力的旅程圖像化

作者：Karen Wood 博士

家庭暴力是一個普遍存在的問題，在我的所在地加拿大，乃至全世界都造成極大痛苦。大約三分之二的加拿大人曾親身經歷，或認識至少一名遭受過身體或性虐待的女性；百分之七十目睹配偶暴力的兒童曾看過或聽過母親被暴力攻擊。在最壞的情況下，受害者會被殺害——而在加拿大，每六天就有一名婦女被謀殺。

大多數情況下，這些家暴案件中的施暴者是男性，並且與受害者認識或與受害者有直接的關係。人們普遍認為，負責維護婦女安全的家庭暴力服務系統（Domestic Violence Service System；DVSS）未能充分提供保護。

然而，研究表明，大多數家庭暴力事件從未被通報過。因此，量化資料並不能說明全部情況。任何一個家暴事件的情況都很複雜，涉及長時間以來發生的決定、失敗、和錯誤。

DVSS 與心理學家團隊合作，看到了使用圖像化方法來深入了解並打擊家庭暴力的機會。我們希望調查造成關鍵事件的整體互動、決策和情感，並了解後續會發生的事。

家庭暴力的整體狀況是多面向的，具有多個切入點，以及在整個過程中肇因的各種因素。例如，郊區婦女不離開家是很常見的。而政府機構、非營利組織雖有許多支持服務，但光是理解這些資訊對受害者來說都是挑戰。

那麼，受害者是如何看待這一切的呢？我們從圖中能找出什麼模式，來幫助家暴的預防？我們開始透過旅程圖在脈絡中探索這些深深的困境。很明顯，我們不能再只仰賴支持系統的某個部分進行評估，而是需要有整體的概覽。我們希望能了解，跟著家暴系統走一遭，與支持服務的互動是什麼樣的感覺？

請注意，我們的過程是在專業家暴專家和心理學家的引導下進行的。在描繪創傷和情緒事件時，維持參與者和團隊的安全，並感到安心是非常重要的。千萬不要自己輕易嘗試！

我們邀請了七位女性來參加工作坊。活動是在安全的空間裡，有安全管制，並且有一個與入口分開的逃生出口。在工作坊中由一位臨床心理學家主持訪談，我則引導經驗的繪製。

為簡單起見，我們提前設計了一份網格底板，事先給研究中的每位女性看過。參與者從旅程的起頭開始，指出每個點的步驟、需求、預期行動、壓力程度、以及她們的想法和情緒（圖 12-15）。當她們分享在家暴方面的經歷時，我們繼續建立旅程圖。

發現

專案中讓人最驚訝的發現之一是女性曾互動過的服務數量——總共找出 61 項服務和支持。平均而言，遭受家暴的婦女曾與 22 種不同的服務或支持互動過。

我們在所有參與者中發現了三個典型的家庭暴力旅程階段：

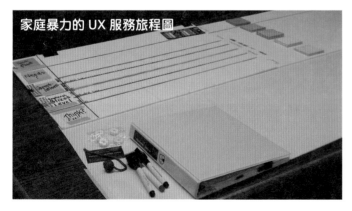

圖 12-15　使用預先設定的網格、色筆、便利貼來繪製家暴旅程圖，描述個人經歷。

- 旅程類型 I：與施暴者同住。在這一點上，受害者需要基本的安全資訊，以及其他人的說法來解決自身的恐懼。

- 旅程類型 II：遠離施暴者。受害者在離開施暴者的住所後，需要幫助來導航系統和搜尋資源。她們渴望個人改變和自我賦能。

- 旅程類型 III：施暴者離開住所。在旅程的後期，受害者需要經濟和情感的支持。她們尋求他人的同情和理解。

我們將這些旅程類型對應到各種服務互動和家暴生態系統的各個面向，如圖 12-16 所示。每個服務類別在此圖中都有一個代碼，讓研究團隊了解價值的感受。總體而言，研究表明此系統相當穩定且誠實，但受害者希望擁有更多的同情心。

工作坊中一個非常重要的意外結果是，受害者表示圖像化過程有自我賦能的感覺。我們將旅程圖留下來，讓她們每個人都能更清楚了解自己的旅程。許多婦女感謝我們幫助她們理解這些毀滅性事件的來龍去脈，以及在發生後如何繼續前進。

總體來說，這個研究是成功的，也證明了經驗圖像化是有效的工具，使我們能夠以整個旅程的觀點對有效性進行排名，而不是只根據個人對服務的想法來決定。

這讓研究團隊對受害者的經歷有了更全面的了解。正如《Thinking in Systems》一書的作者 Donella Meadows 所說：「只看構成系統的元素，無法了解系統的行為。」

更多資訊請見完整報告。線上取得此報告：

https://wcsleadershipnetwork.com/portfolio/domestic-violence-ux-journey-maps。

關於作者

Karen Wood 博士是加拿大薩克其萬省的研究員和工作者，曾居薩克其萬省和新布藍茲維省。她的研究結合跨領域社會工作、教育、和健康等專業背景與女權主義分析，探索與暴力和虐待之間的複雜性，特別關注親密伴侶暴力、家庭暴力和兒童性虐待議題。

DOMESTIC VIOLENCE UX SERVICE JOURNEY

RENFREW COUNTY, ON

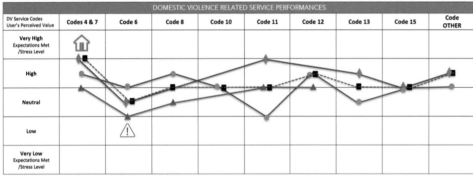

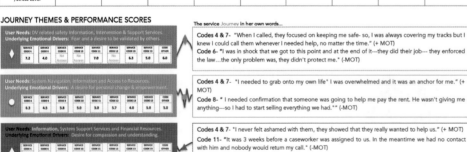

A Project funded by the Ontario Ministry of Community & Social Services and prepared for Bernadette McCann House for Women, Renfrew County, ON 2016   WCS (613) 277-6438

Print: Legal Size and High Quality Print

圖 12-16
將三種家暴旅程類型的服務價值圖像化，揭露了改善的機會點

圖表與圖片出處

圖 12-1：退伍軍人經歷的經驗圖，由 Sarah Brown 建立，經同意使用

圖 12-2：經驗圖，由 Diego S. Bernardo 建立，取自部落格文章〈Agitation and elation [in the user experience]〉，經同意使用

圖 12-3：Gallop.AI（gallop.ai）共同創辦人兼執行長 Tarun Upaday 建立的多個人物誌經驗圖，經同意使用

圖 12-4：經驗圖，由 nForm 的 Gene Smith 與 Trevor von Gorp 建立，取自〈Experience Maps: Understanding Cross-Channel Experiences for Gamers〉，經同意使用

圖 12-5：Exploratorium 博物館經驗圖，出自 Brandon Schauer 的案例：〈Exploratorium: Mapping the Experience of Experiments〉，經同意使用

圖 12-6：模式圖由 Karten Design 的 Stuart Karten 建立，經同意使用

圖 12-7：描寫一日生活故事的框架，改編自 Karen Holtzblatt 和 Hugh Beyer 的《Contextual Design》一書

圖 12-8：Jim Kalbach 以 Visio 建立的典型一週圖表

圖 12-9：顧客旅程圖，由 Jamie Thomson（Mad*Pow）建立，首見於 Megan Grocki 的文章〈How to Create a Customer Journey Map〉，經同意使用

圖 12-10：泳道圖，出自維基百科，公開授權

圖 12-11：泳道圖與故事板，由 nForm 的 Yvonne Shek 建立，經同意使用

圖 12-12：工作流程圖表，由 Jim Kalbach 以 Visio 建立，經 LexisNexis 同意使用

圖 12-14：檢索科學資訊的任務圖，由 Jim Kalbach 以 MURAL 修改

圖 12-15：Karen Wood 繪製的家庭暴力圖，經同意使用

圖 12-16：Karen Wood 進行的一項研究中，每種旅程類型的家暴服務圖，經同意使用

本章內容

- 心智模型圖背景與概述

- 快速心智模型圖

- 衍生結構

- 心智模型圖的組成元素

- 案例：為前瞻思維的保險公司製作心智模型

CHAPTER 13

心智模型圖

心智模型一詞源於心理學，指的是一個人對於世界運作的想法過程，也就是對現實的框架。

心智模型幫助我們預測事物的運作，是建立在信念、假設、和過去經驗基礎上的認知結構。但人們的心智模型是對系統如何運作的感覺，不一定是它實際的運作方式。

比如說，假設你在寒冷的日子進到屋內，把溫度調節器調得很高，希望室內快點溫暖起來。你的假設是溫度調節器的設定值愈高，就會釋放愈多暖氣。

但是美國的溫度調節器並不是水龍頭，而比較像是開關：暖氣是根據你設定的溫度開啟或關閉（見圖 12-1）。在這種情境下，你對此系統實際運作的心智模型就是錯誤的。房間不會比較快變溫暖，相反地，暖氣機需要更久才能達到預期的溫度。

這給產品或服務提供者上了一課：你對親手打造的系統的認知與使用者的認知不同。你其實比一般人更了解系統實際運作的方式。

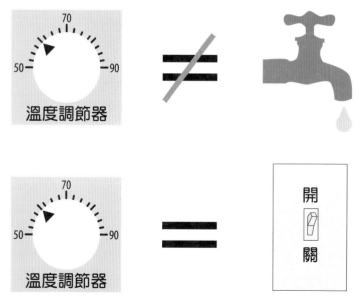

圖 13-1　溫度調節器比較像是開關，而不是水龍頭

人們心智模型的差異是唐納・諾曼（Don Norman）在他的著名書籍《設計的心理學：人性化的產品設計如何改變世界》中的重要論述。圖 13-2 呈現他的三個指標性模型：設計者對系統的模型、真實系統模型、以及使用者對系統的心智模型。

設計的目的是要理解使用者的心智模型。為此，你需要一個回饋循環，如圖 13-2 右側的兩個箭頭所示。要能將自己的觀點放在一邊，試著以使用者的眼光看待系統。簡而言之，做設計，需要同理。

本書中的圖表能幫助你了解使用者和系統之間的回饋循環。使用者對系統的心智模型是由系統構築而成的。如果先探索一個試圖達成某目標的人的心智模型，而非使用者的心智模型，那麼就可以突破系統框架。你會發現人的思考模式可能與系統根本毫不相關，但完全能幫助他完成他的意圖。

經驗的圖像化是理解心智模型，並讓組織能清楚看見的重要方式。在實務中，經驗的圖像化能有效地讓人的心智模型被看見。本章討論的方法著重於 Indi Young 發展的一套具體方法，稱為心智模型圖。

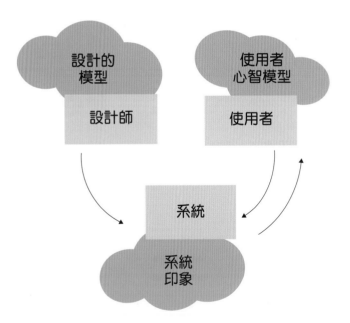

圖 13-2　唐納・諾曼著名的圖表，說明設計師的模型與使用者的心智模型並不相同

繪製心智模型

2008 年，Indi Young 在她的著作中發表了一套將心智模型視覺化的正規方法。圖 13-3 呈現書中使用的心智模型範例，以「看電影」作為例子。

心智模型圖通常是非常長的文件，印出來可以跨越牆面延伸 3 至 5 公尺。圖 13-3 中的圖表已被拆為兩部分，以符合頁面呈現。

圖的上半部描述一組人的心智模型模式，其中帶有三個基本層級的資訊（圖 13-4）：

箱

　　箱是基本的模組，以小型方框顯示。箱包括人的想法、反應和指導原則。（一開始，Young 把這些稱為「任務」，但後來不再使用這個詞，以免與實體活動混淆。）

塔

　　箱依照親和關係形成群集，稱為塔。這些是圖上有彩色背景的區塊。

心智空間

　　數個塔又形成稱為心智空間的親和群集。心智空間標記在塔的上方，兩條深色垂直線之間。

正中間的一條深色線段將心智模型與「支援事物」分開，也就是呼應塔內想法過程中的所有產品和服務。這樣的排列方式，顯示出對焦協調的基本原則。

總體而言，這種描述心智模型的方法關注人，而不是工具。例如，我們會關注任務本身，例如「調整影像色彩」或「改善影像色彩」，而不是「在 Photoshop 中使用色彩濾鏡」。

圖表也不反映個人偏好或意見，而是試圖關注人們心中在想些什麼，捕捉他們的內在聲音，展現在圖上。

因此，在本書所涵蓋的所有圖中，心智模型圖的上半部分是最關注於人的，它的優點是具有彈性，得以應用於任何領域或情境中。心智模型圖也能用很久：一旦完成，心智模式只會緩慢地變化，通常能維持許多年仍可用。

然而，心智模型圖的細節可能會讓人眼花撩亂。我曾遇過商業領導人要求更簡單的模型。但那些細節對於希望深度了解人們心態的人來說，是相當有幫助的。

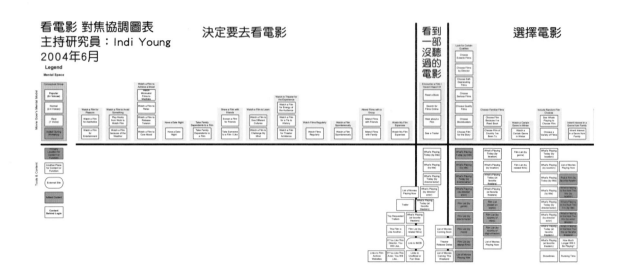

圖 13-3　Indi Young 書中的心智模型圖範例，呈現看電影的整體經驗

獲得更多跟某部片相關的資訊

選擇電影院

選擇時間

看電影

對某部片有感

與人產生電影相關互動

追隨電影產業

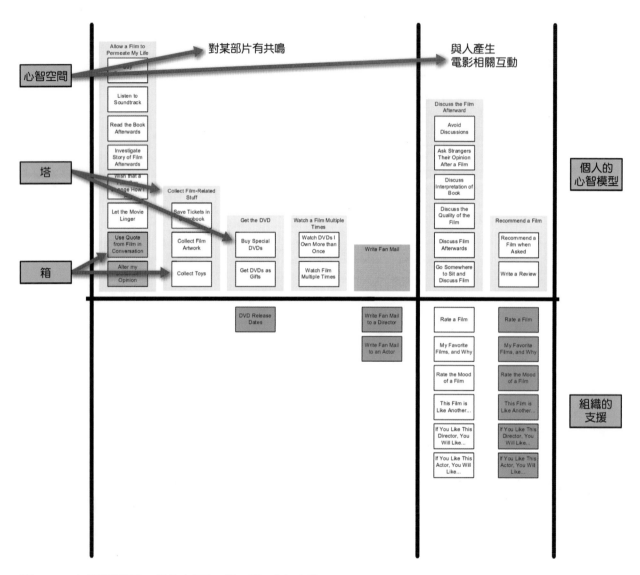

圖 13-4 心智模型圖的三個基本元素：箱、塔、心智空間

結合逐字稿

建立心智模型圖的過程類似於本書章節 5-8 中概述的步驟。一個主要的不同是，這裡會將研究成果正規化為標準格式，這樣能更容易尋找各項目間的親和性。

我們從結合訪談逐字稿中的相關資訊開始分析。花時間結合資訊，能讓我們更加了解受訪者想表達的意思。這個過程是心智模型方法的核心，圖上的每個元素遵循類似的格式：

1. 從動詞開始，專注於想法，而不是目標。

2. 使用第一人稱，穿上受訪者的鞋子，試圖理解對方的處境。

3. 在每個方框內寫下一個想法，保持簡單明瞭。

每個元素都來自受訪者的想法。若有錄音並已整理好逐字稿，就可以從逐字稿中提取元素，寫成受訪者的引述。為了更容易找到元素之間的親和關係，可以使用以下形式寫出每條引述的摘要：

[我（選填）] [動詞] [名詞] [限定條件]

這樣嚴格的一致性讓元素能層級清楚地排列：箱被群集成塔，塔再被群集成心智空間。這個過程始於從逐字稿中萃取出元素，目的是將人們心智模型的精髓轉成既定的格式。

格式化工作需要反覆練習，這不只是研究文字檔的複製貼上而已。表 13-1 用一些關於喝咖啡的假設引述來說明，右側是從原始資料中萃取的範例摘要既定格式。

表 13-1　從原始資料（左）萃取成的正規形式摘要的範例（右）

研究原始資料的直接引述	摘要
「當我起床時，身體就會說『我要喝咖啡！』好像沒咖啡就沒辦法做事一樣。所以，每天早上我做的第一件事情就是泡咖啡，幾乎是自動的了，我覺得我根本可以在睡夢中做這件事。泡了咖啡後，我會邊喝邊吃早餐或看報紙。」	直到喝到咖啡前都覺得不太清醒 覺得早上一定要泡咖啡 喜歡在早上喝咖啡
「我太太和我都很喜歡在早上喝咖啡。起床喝咖啡很不錯，可以讓頭腦清醒。其實，在喝到第一杯咖啡前都會覺得整個人怪怪的。」	喜歡在早上喝咖啡 早上會非常想喝咖啡 在喝到第一杯咖啡前都覺得怪怪的

快速心智模型方法

建立心智模型圖是件工程浩大的事。研究 20 至 30 位受訪者的正式專案要幾週或幾個月才能完成。這是寶貴的前期投資，但某些公司並不想花時間做。

在《Mental Models》一書出版後，Young 發展出一套能在幾天內快速建立圖表的方法。她在〈Lightning Quick〉一章中描述這套方法的重點，以一場與利害關係人共同進行的工作坊為例。

以下是她蒐集資料和找到資料親和性的快速方法之總結：

1. 提前徵求故事

   提前一周向目標族群蒐集特定主題的短篇故事。可以用電子郵件、簡短口述、或是透過社群媒體及其他線上來源。這些故事是關於人們如何為了某個目標而努力的故事，長度約 1 至 2 頁。若有必要，使用第一人稱重寫這些故事，讓所有的內容都具有相似的視角。

2. 梳理並摘要

   在工作坊中大聲把故事念出來。不同團隊的成員要在念故事時，使用大張便利貼或在共用文件中記錄摘要。在幾個小時內，應該能產出 100 個摘要。

3. 按模式分組

   當摘要開始累積，就開始按照故事作者的意圖將它們分組。許多一開始的分組會在摘要增加後修改。漸漸地，你可以開始把塔匯集成心智空間。約莫一個下午應該就能建立出暫時的結構。

4. 腦力激盪

   使用工作坊的剩餘時間來進行解決方案的腦力激盪。人們對事物的想法和公司的做法之間落差在哪裡？看到什麼機會點？

快速方法對於需要快速獲得因應對策的團隊是理想的選擇。此方法的成果是第一版圖表，反映至此時蒐集的內容。它可能需要進一步驗證。但由於有事先蒐集人們的故事，這張圖的內容仍然是以事實為基礎。

從架構到結構

心智模型圖的階層性質使得它們對於資訊架構的建立特別有用。我們可以說這個過程是扎實的：由下而上的方法，始於人們描述在試圖完成比你的產品更大的目標時的想法、反應和指導原則的摘要。接著，就要依次將資訊分組為更高階層的類別（圖 13-5）。

這裡的成果是一個與使用者實際心智模型符合的分類，並反映人們在訪談中的用語。例如，App 和網頁設計師可以使用此格式作為導航的基礎，大大提高網站的易用性，並確保產品與服務能長久適用。Young 仔細說明了萃取出結構，到繪製成圖表、作為導航參考的過程。圖 13-5 是她在書中概述的範例過程，呈現如何將心智空間分類，然後成為網站的主要導航參考。

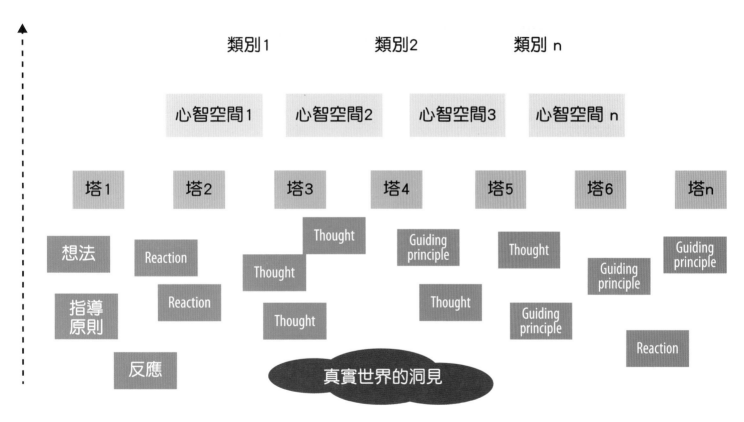

圖 13-5　從心智模型圖萃取結構是由下而上、以真實世界洞見為基礎的扎實流程

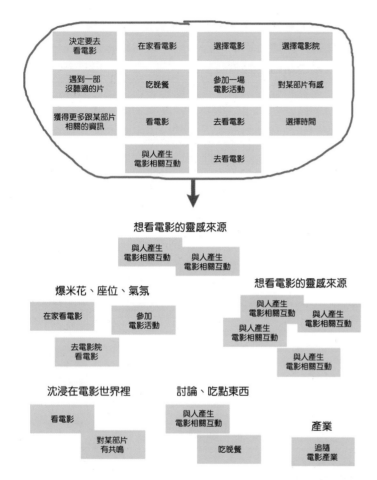

圖 13-6 群集心智空間以得出可用於網站導航的高層次類別

相關手法

對於心智模型的起源可追溯到 Kenneth Craik 於 1943 年所著的《The Nature of Explanation》一書中。在書中他提供了一個簡單且清楚易懂的心智模型定義:

> 心中所構築的小規模現實模型,以預測事件、理解、並作為解釋的基礎。

爾後,Philip Johnson-Laird 對此議題進行了一些重要的研究,集結成《Mental Models》一書,於 1983 年出版。這是心智模型做出視覺化資訊階層排列的早期嘗試。例如,Johnson-Laird 的方法關注一個有意義的故事如何在不同事件中擴展累積。他一開始是用文字分析,後來才繪製成圖(圖 13-7)。

廣義來說,此方法也算是階梯法(Laddering):呈現從點狀證據到高層次結論的因果關係層。心智模型圖也是根據這一類型的階梯法所建立的。

見圖 13-8 中的目標—手法框架階層,呈現由設計師 Beth Kyle 建立的孕期目標和手法的階層結構。最上層主要目標是健康的小孩和母親,實現此目標的手段在下一層列出。這個過程不斷迭代,直到確認最下層的具體解決方案和功能特點。

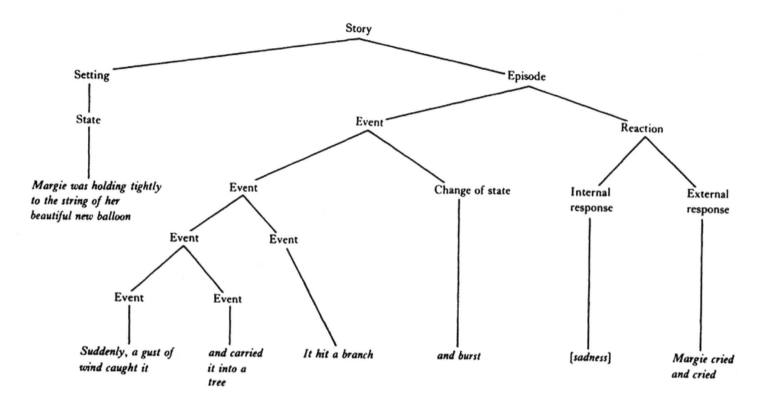

圖 13-7 Philip Johnson-Laird 的一張範例圖，呈現心智模型分析的階層性質

在另一個例子中，圖 13-9 呈現一家建築師事務所的新業務活動。這是我在上一個專案建立的一張圖，為保密起見，隱藏了事務所和客戶名稱。

因為新的業務活動可能以任何順序發生，在這種情況下使用層級呈現是必須的。如此一來就能直接顯示活動之間的關係，而不需把它們放在時間軸上。透過階梯法，可以確認高層次的目標和需求。

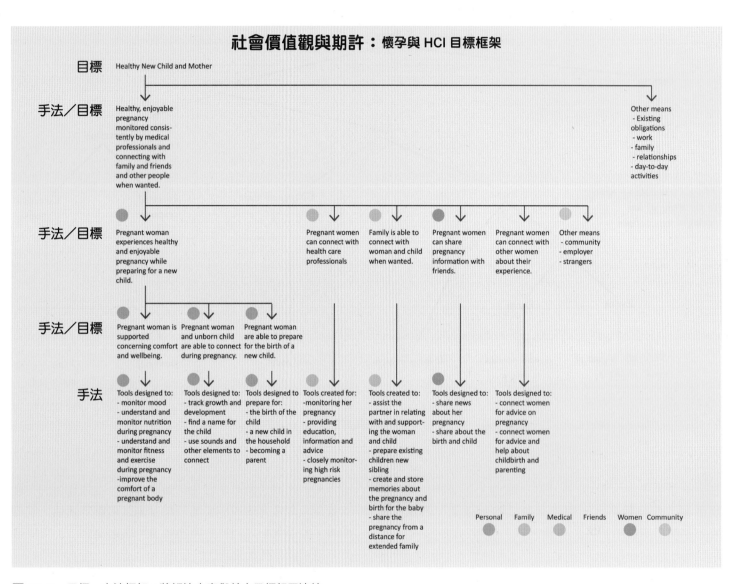

圖 13-8　目標—方法框架，將解決方案與基本目標相互連結

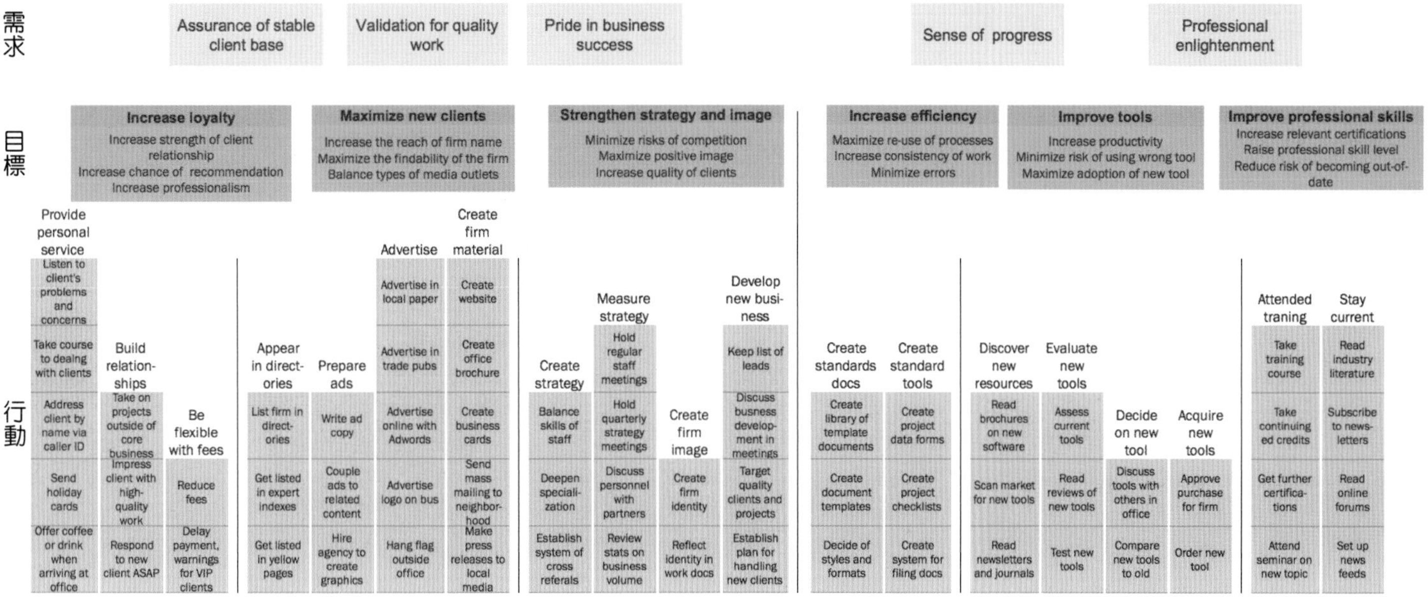

| 需求 | Assurance of stable client base | Validation for quality work | Pride in business success | | Sense of progress | Professional enlightenment |

| 目標 | **Increase loyalty**
Increase strength of client relationship
Increase chance of recommendation
Increase professionalism | **Maximize new clients**
Increase the reach of firm name
Maximize the findability of the firm
Balance types of media outlets | **Strengthen strategy and image**
Minimize risks of competition
Maximize positive image
Increase quality of clients | **Increase efficiency**
Maximize re-use of processes
Increase consistency of work
Minimize errors | **Improve tools**
Increase productivity
Minimize risk of using wrong tool
Maximize adoption of new tool | **Improve professional skills**
Increase relevant certifications
Raise professional skill level
Reduce risk of becoming out-of-date |

行動

- Provide personal service
  - Listen to client's problems and concerns
  - Take course to dealing with clients
  - Address client by name via caller ID
  - Send holiday cards
  - Offer coffee or drink when arriving at office
- Build relation-ships
  - Take on projects outside of core business
  - Impress client with high-quality work
  - Respond to new client ASAP
- Be flexible with fees
  - Reduce fees
  - Delay payment, warnings for VIP clients

- Advertise
  - Appear in direct-ories
    - List firm in direct-ories
    - Get listed in expert indexes
    - Get listed in yellow pages
  - Prepare ads
    - Write ad copy
    - Couple ads to related content
    - Hire agency to create graphics
  - Advertise in local paper
    - Advertise in trade pubs
    - Advertise online with Adwords
    - Advertise logo on bus
    - Hang flag outside office
- Create firm material
  - Create website
  - Create office brochure
  - Create business cards
  - Send mass mailing to neighbor-hood
  - Make press releases to local media

- Create strategy
  - Balance skills of staff
  - Deepen speciali-zation
  - Establish system of cross referals
- Measure strategy
  - Hold regular staff meetings
  - Hold quarterly strategy meetings
  - Discuss personnel with partners
  - Review stats on business volume
- Create firm image
  - Create firm identity
  - Reflect identity in work docs
- Develop new busi-ness
  - Keep list of leads
  - Discuss business develop-ment in meetings
  - Target quality clients and projects
  - Establish plan for handling new clients

- Create standards docs
  - Create library of template documents
  - Create document templates
  - Decide of styles and formats
- Create standard tools
  - Create project data forms
  - Create project checklists
  - Create system for filing docs

- Discover new resources
  - Read brochures on new software
  - Scan market for new tools
  - Read newsletters and journals
- Evaluate new tools
  - Assess current tools
  - Read reviews of new tools
  - Test new tools
- Decide on new tool
  - Discuss tools with others in office
  - Compare new tools to old
- Acquire new tools
  - Approve purchase for firm
  - Order new tool

- Attended traning
  - Take training course
  - Take continuing ed credits
  - Get further certifica-tions
  - Attend seminar on new topic
- Stay current
  - Read industry literature
  - Subscribe to news-letters
  - Read online forums
  - Set up news feeds

圖 13-9　一張階層式的圖呈現出建築師事務所的業務活動

心智模型圖的組成元素

在本書第三部分提到的圖表類型中，心智模型圖代表層級描繪的原型。Indi Young 的重要著作《Mental Models》提供了建立這些圖表的逐步指南，以及在實務中運用的方法。

一般來說，心智模型圖反映出階梯法的概念：這是一套扎實、由下而上、且以觀察為基礎來建立人們經驗模型的方法。

表 13-2 使用第二章中概述的框架，總結出定義心智模型圖的主要元素。

表 13-2　定義心智模型圖的元素

觀點	特定脈絡底下，一個人在達成目的時心中所浮現的想法、情緒、和指導原則。
架構	階層性。
範疇	非常廣，並涵蓋不同人之間的多元觀點。
關注	人們的行為、理由、信念、和哲學。 組織提供的支援。
運用	藉由了解人們心中在想些什麼來發展同理。 根據對人們行為的深度了解來找到創新的機會點。 產出導航和高層級的資訊架構。 引導你的產品服務流程，以支援圖表中捕捉到的想法模式
優勢	標準化的格式能提供一致的結果。 能深入洞察人們試圖達成目標時在想些什麼
弱點	最終的圖表可能會資訊爆炸，帶有太多細節。 缺乏時序性的流程。

延伸閱讀

Thomas Reynolds and Jonathan Gutman. "Laddering theory, Method, Analysis, and Interpretation," *Journal of Advertising Research* (1988)

這是一篇從階梯法的兩個主要起源較早的文章，以更早幾年古特曼（Gutman）提出的方法目的鏈（Means-End）為基礎。文內對方法提出詳細說明，以及許多範例。一般來說，階梯法能幫助你依照證據做結論。

Indi Young. *Mental Models* (Rosenfeld Media, 2008)

Young 開創了一套在 21 世紀初闡釋心智模型的具體方法。這是一本內容詳盡的書，附有逐步說明。這本書對任何想要完成心智模型圖表專案的人來說，是不可或缺的。

Indi Young. "Try the 'Lightning Quick' Mental Model Method," Indi Young blog (March 2010)

在這篇部落格文章中，Young 描述了一個修正過的流程，讓心智模型圖的建立和使用可以在幾天內完成。書中提供一個取代完整方法的快速替代手法。

案例：為前瞻思維的保險公司製作心智模型

作者：Indi Young

這個案例特別反映出一個常見的場景：現有產品或服務已經存在，而組織正在尋求漸進改善的方法。

案例中的組織是一家提供汽車保險和家庭保險的保險公司。[1] 公司內部有一組獨立於其他事業群的團隊，專門負責策略方向和新產品開發。團隊成立了兩年，由幾位高階主管組成，以因應董事會中關於競爭和創新的討論。高階主管們想要嘗試一些超越傳統產業手法的新方法。最近，這個團體進行了幾個以人為導向的研究，其中一項是人們在車輛事故期間和之後的心理。由於他們的發現，團隊猜測，在人們虛驚一場的狀況下，應該有可以參考學習的思維模式。

他們想要進行另一項研究，作為事故研究的佐證，這樣就能以更堅實的基礎來發展新方向。團隊希望這些發現能做為他們為保戶提供服務方式的指引。

這個後續的研究範疇是：「在一次令人難忘的虛驚意外事故之中和事故之後，你在想些什麼？」，此範疇不受事件類型或地點的限制。團隊會聽到在廚房或路上差點發生意外的故事、單獨或在人群中遇到、人為或非人為。因為這是以人為本的研究，這些意外不一定涉及到公司提供的產品，也就是汽車保險。團隊是在尋求虛驚意外發生時的思考方式和決策方式，無論是否與汽車有關。接著，再將此思維模式作為框架，應用於汽車保險的新點子中。

虛驚一場的意外

團隊與 24 位受訪者舉行故事分享會。每場都由這個問題開始：「在經歷一場難忘的虛驚意外事故期間和事故之後，你在想些什麼？」然後讓受訪者在這個範疇內自由說故事。

這裡是其中一個故事裡的第一部分。聽者挖掘受訪者提到的各種事情，以更能理解受訪者當時的想法和回應。

---

[1] 因為很難獲得法律許可使用真實的研究和逐字稿，保險公司的案例是個假的案例。蒐集的 24 個受訪者故事是真實的，但從研究發現長出的想法是以二十多年經驗基礎來編造的。

17：支架從工作卡車上掉落─逐字稿

聽者：我在蒐集一些故事，讓我了解在接近意外或傷害發生的當時，人們在想些什麼。你有記得發生過什麼差點發生意外或差點受傷的事嗎？

講者：我想有件事應該算是個接近意外，因為是個真的意外，只是原本可能會更糟。所以我覺得兩者都算。那不是最近的事，應該是我女兒四、五歲的時候發生的。這不一定要跟車有關對吧？

聽者：對。

講者：那次是類似在高速公路上時速一百多公里開車，開在一台大卡車後面。一個鋁支架從卡車上方的小櫃子滾落下來。我其實根本沒有靠很近，就是一般的距離而已，那時開的是 Honda Odyssey，支架就這樣直接掉在擋風玻璃上，像蜘蛛網一樣擋在我面前！這是一瞬間發生的事，我整個人腎上腺素都飆起來了。我得煞車並叫他們停下來，所以開到另一線道，試著開到那台車旁邊，我往那看了一下，車內有四個男人，其中三個還睡著了！我心想，一定要攔住他們，要求保險理賠，於是不停地向他們比手畫腳。附近剛好有一輛服務專車還是州政府之類的車，我也試著招手讓那台車停下來，但他們只露出一副搞不清楚狀況的樣子。最後，我把

車開回家，下車查看。天啊，還好我用的是強化玻璃。如果這發生在 50 年前，我大概早就死了。我的女兒還坐在後座問：「媽媽，怎麼啦？」

聽者：哇！真的，還好有強化玻璃。聽起來好可怕啊。你剛剛提到「腎上腺素」，是什麼意思？

講者：就是在那個瞬間忽然有點恐慌。事情發生得很快，也同時很慢。心跳得很快，其實不太確定怎麼做才對，但還是得想個辦法。我還有一點點常識，知道不要偏離道路，但這種事從來沒發生過，所以緊張感是來自於不熟悉的狀況。我不知道接下來該怎麼辦。也許應該記下公司名稱？所以有試著記住車牌，我記得那時回家後還有上網查過。我在想，「要不要乾脆直接打給他們說：『都是你們害我的車變成這樣的』」我很不爽。

聽者：你很不爽？

講者：車子損壞要花我 500 元（美金）耶！但腎上腺素大概也知道本來可能更糟，就是覺得很害怕。卡車上的東西不是應該被包好綑好了嗎？但這種事還是常常在發生，這才是可怕的地方。在完美的世界裡，根本不會發生這種事吧。所以腎上腺素就發揮作用了：面對或逃跑。或兩個都做一點。[笑]

聽者：你說你回家後還有上網查？

講者：我查了一下，確認有這家公司，本來想要打給他們，但我能說什麼？怎麼證明真有其事？整件事發生在高速公路上，時速一百公里的狀況下，也沒有目擊者，只有一台擋風玻璃壞掉不能開的車。後來我決定，大概也不能怎麼辦，只能吞下去當做一次經驗吧。或是從中學個教訓，下次別開在卡車後面之類的。我叫我的小孩不要開在卡車後面，恐怖的故事實在太多了，光想就嚇死人。我先生到家後，說我真是走運，他說：「這情況真的很可怕，你真的差一點就受傷了。」

聽者：他這麼說的時候，你怎麼想？

講者：我完全同意啊。「對，你說的沒錯。」、「沒錯，這不是我的想像而已。」他的話證明了我真的超走運。

寫摘要

在蒐集故事後，團隊坐下來看過逐字稿裡的細節。理解逐字稿裡的內容能讓他們比單純聆聽更能獲得深度理解。要統整凌亂、漫談的對話內容，將部分引述挑選出來，與這個人其他部分的對話整理在一起，以形成一個完整的概念，來描述他想傳達的事。這項工作讓團隊能吸收受訪者的想法、反應和哲學。團隊成員對受訪者發展出深刻的認知同理。

以下是一些團隊工作過的範例引述。他們把一些表達相同概念的引述串在一起，記下它是推理／思考、反應還是指導原則，嘗試幾個可以作為摘要第一個代表字的動詞，然後寫下這個概念的摘要。

也許應該記下公司名稱……記住車牌。……如果發生在別人身上，他們跟我說這件事的話，我一定會問，「是誰做的？」……獲得有關他們的資訊……我記得那時回家後還有上網查過……我查了一下，確認有這家公司。

（思考）

動詞：記下、尋找、查、確認……

摘要：從公司名稱或車牌確認是誰造成意外，因為我想弄清楚肇事人是誰。

最後，我把車開回家……後來我決定，大概也不能怎麼辦，只能吞下去當做一次經驗吧。

（思考）

動詞：開、決定、想、吞、察覺、得出結論……

摘要：決定開回家，因為我也不能怎麼樣。

找出模式

在把 24 篇逐字稿裡的概念都摘要後，團隊在所有摘要間尋找模式。當模式開始出現，他們發現了意料之外的模式，當然也有些在預期之中。不論模式是否為意料之外，都對後續的思維重塑相當有幫助。

完成後，團隊把整堆資料再次看過，確認這堆資料能不能形成更大的群集。以下是他們標記的所有資料集（內縮的 a、b、c）和以這些資料集為基礎所形成的群集（1、2、3）。

從逐字稿摘要找出的虛驚意外模式

1. 察覺我處在一個危險的情況中
   a. 對於忽然處在可能的危險情況中而感到吃驚
   b. 對於意外（或傷害）快要發生而感到害怕
   c. 確認這是否是一個危險的情況

2. 找回安全
   a. 儘管腎上腺素飆升，也要聰明地因應以安全脫離險境
   b. 想要向他人尋求幫助以脫離險境

3. 看看有沒有人受傷
   a. 擔心我可能傷到別人
   b. 我／他人沒有受傷，感到放心
   c. 再次向別人保證我沒有受傷

4. 終於結束了，感到放心
   a. 對幫助我脫離險境的人懷抱感激
   b. 對危險解除感到放心
   c. 等腎上腺素退去
   d. 對於我的反應感到吃驚

5. 對肇事的對方感到生氣

   a. 對明明可以避免事情發生的人感到生氣

   b. 當面質問對方（或不質問），這樣他就知道是他造成我的麻煩

   c. 當面質問對方，這樣他就不會再犯

   d. 試圖緩解我和肇事者的緊張感

   e. 猜測肇事者在想什麼

   f. 對肇事者沒注意或不在意而感到不高興

6. 生自己的氣

   a. 對自己在意外裡的角色而感到不高興（我也有部分責任）

   b. 對自己的反應感到丟臉，缺乏技巧

7. 回家／回到原本在做的事上

   a. 繼續做原本正在做的事（或沒在做的）

   b. 回家

8. 遵循保險流程

   a. 與對方交換保險資訊，因為有些小損傷

   b. 感覺不得不做一些覺得沒必要的事情，只因為保險給付過程需要

9. 花時間想一下發生了什麼事

   a. 試著弄清楚剛剛發生了什麼事／怎麼發生的

   b. 思考如果真的發生會怎樣

   c. 對這麼小的事居然造成這麼大的影響感到驚訝

   d. 在意外後得到人們的情緒支持覺得感激

   e. 認為這個意外很可能更糟，因此算是一場虛驚意外

10. 試圖避免再度發生／發生在別人身上

   a. 去警局報案（或不報案），這樣他們就能知道發生了什麼事

   b. 說服負責人想辦法，以避免再度發生

   c. 改變我的行動，這樣下次就不會再發生

   d. 遵守安全習慣以預防意外發生

心智模型圖

團隊整理的資料集標記就是塔的標題，塔裡的每個箱就是摘要，形成的親和群集就是心智空間（圖 13-10）。

專注當前商業目標

團隊在摘要中發現了許多模式。他們的下一步是注意與今年商業目標中優先的部分行為。以下是商業目標：

- 增加會員－吸引更多的保戶（常年目標）

- 減少理賠（常年目標）

- 利用公司的社會資本（過去四年的目標）

- 透過行動 App、手機或平板電腦提供更多服務 ——「如臨現場」的服務（過去兩年的目標）

- 增加員工對公司的工作感到自豪（今年新增）

有了這些組織的目標，團隊從模式列表中選擇出相關的模式。這些就是團隊認為可能對目標帶來影響的模式。

與年度目標相關的模式

- 再次與別人確認我沒有受傷

- 當面質問對方，這樣他就不會再犯

- 試圖緩解我和肇事者的緊張感

- 對自己在意外裡的角色感到不高興（我也有部分責任）

- 對自己的反應感到丟臉，缺乏能力

- 等腎上腺素退去

- 去警局報案（或不報案），這樣他們就能知道發生了什麼事

- 說服負責人想辦法，以避免再度發生

- 改變我的行動，這樣下次就不會再發生

- 感覺不得不做一些覺得沒必要的事情，只因為保險給付過程需要

- 遵守安全習慣以預防意外發生

- 認為這個意外很可能更糟，因此算是一場虛驚意外

開始發想概念

最後，在幾場與關鍵利害關係人的工作坊中，團隊使用這些模式觸發了一些概念想法。使用他們在故事分享會中聽到的實際故事，團隊幫助小組將延伸概念做循環，這些概念可能以不同形式對組織有幫助。這些模式引導作業進行，使這些點子不侷限於現有的產品或服務。

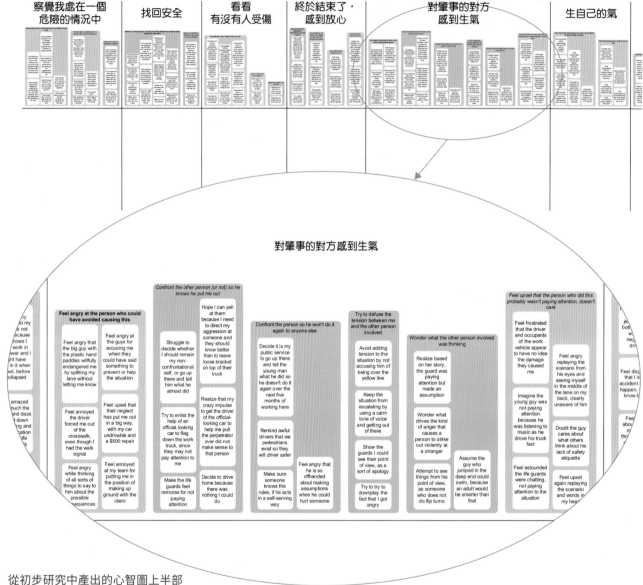

圖 13-10　從初步研究中產出的心智圖上半部

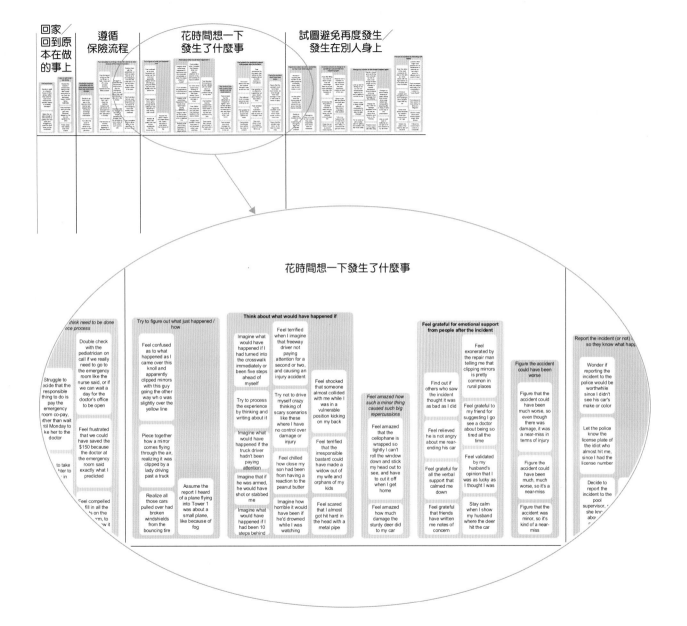

以下是小組產出的幾個點子，同時也寫下可行性以及一些問題，供後續探討是否要將點子繼續進行下去。

點子：警告其他此類危險或錯誤

模式：某些顧客想報案，以讓警局掌握發生了什麼事，因此，他們知道有危險或流程異常。

點子：用一些詳細資訊來描述危險或錯誤。如果這些資訊不夠說明情形，就自行輸入。我們會將資訊告知能夠警告他人的人。

達到的目標：

減少未來理賠：將消息發送到顧客常用的管道（例如路況報導或 Google 地圖），有助於他們意識到道路風險，就可以駕駛更安全的路線。

建立社會資本：如果我們可以讓大家知道是顧客提供這些寶貴的危險報告，並傳給正確的人，這一定可以建立我們的聲譽。

增加會員：顧客能幫助他人避免他們所經歷的，因而感到滿意。他們可以繼續口耳相傳。

點子：輕保險

模式：幾個虛驚意外實際上是小事故。人們都想「這本來可能會更糟的。」而當人們認為所遭遇的事件只是一場虛驚意外時，接下來處理保險理賠時的互動對他們來說就會感覺太麻煩。

概念：推出一款若當事人認定是小型事件，不希望太複雜時的新式理賠方案。

達到的目標：

增加會員：如果經驗正面，顧客會對這種理賠方案口耳相傳。在新流程起步穩定後，就可以用在行銷中。

減少未來理賠：這應該實際上是「減少理賠」，因為我們將用這個「精簡」版本替換一定百分比的理賠。

這個保險公司的例子顯示，以人為導向的研究可以重塑內部團體，改進他們的產品服務與內部流程。並不是每個點子都應該繼續下去。團隊要測試點子，有些點子等以後再用，有些則是永不見天日，也甚至可能沒有任何一個點子對組織有意義。別抓得太緊。重要的是，要運用你對人們的理解，清楚地判斷是否要投入更多的資源，或放手讓點子過去。成功的組織最懂得其中奧義。

關於作者

Indi Young 是一名研究員，負責指導、撰寫、和教授包容性產品戰略。她的工作聚焦於關注人的問題空間，而非使用者。Indi 開創了機會圖、心智模型圖、和不同的思考模式（Thinking Styles）。她處理問題的方式使團隊能夠真正關注人，避免出現認知偏見和臆測。Indi 著有兩本書，《Practical Empathy》與《Mental Models》。

圖表與圖片出處

圖 13-2：圖片出自 Don Norman 的著作《設計的心理學：人性化的產品設計如何改變世界》

圖 13-3：圖片出自 Indi Young 的著作《Mental Models》，經同意使用

圖 13-6：圖片出自 Indi Young 的著作《Mental Models》，經同意使用

圖 13-7：圖片出自 Philip Johnson-Laird 的著作《Mental Models》

圖 13-8：Beth Kyle 提出的目標—方法框架，出自〈With Child: Personal Informative and Pregnancy〉，經同意使用

圖 13-9：圖片出自 Jim Kalbach

圖 13-10：圖片出自 Indi Young，經同意使用

本章內容

- 生態系統模型與圖表

- 服務、多裝置與內容的生態系統圖

- 案例：從無到有－建立服務生態系統圖

生態系統模型

隨著網路的持續發展,服務生態系統也變得日益複雜。產品之間開始彼此互連,以獨立產品提供單一服務的概念儼然已成為過去式。現在,就算是更好的捕鼠器 [1] 也不見得保證成功。

在這個時代,生態系統的思考才是新的競爭優勢。富比世(Forbes)雜誌的著名商業作家 Steve Denning 是這麼說的:

> 即使是好產品也很有可能以驚人的速度迅速消失,相反地,打造能贏得顧客喜愛的生態系統雖然不容易,但只要做得出來,便很難望其項背。[2]

一個組織的成功,取決於本身服務之間的契合,且更重要的是,這些服務也要能適當地融入人們的生活中。

生態系統設計並非只適用於大型組織。舉個例子來說,GOQii 是個開發穿戴式健身手環的小公司,但與其他品牌不同的是,GOQii 的產品與運動教練連結,提供個人化的健康資訊,若能達到教練設定的每日目標,就能獲得 Karma 點數,使用者可以把這些點數捐出來做善事。

透過連結健身領域的活動,GOQii 創造了一個經驗的生態系統。這是 GOQii 價值主張裡隱性的部分,反映在他們的顧客導向圖中,如圖 14-1 所示。

請記住,思考生態系統並不代表你要真的自己去創造一個生態系統。相反地,生態系統是從人們的角度了解你的解決方案如何適應更大的服務互動情境。要考慮在生態系統中遇到接觸點時的經驗,即使你無法控制每個接觸點。

---

[1] 譯者注:出自愛默生(Ralph Waldo Emerson)的經典名句:「若能做個更好的捕鼠器,世人不畏千里也將登門造訪(Build a better mousetrap and the world will beat a path to your door)。」

[2] Steve Denning, "Why Building a Better Mousetrap Doesn't Work Anymore," *Forbes* (Feb 2014).

本章著重介紹各類型的生態系統模型和多通路圖，提及一些關鍵方法和用途。

圖 14-1 GOQii 整合了生態系統內的多個接觸點

生態系統圖

生態系統圖常常採用網絡形式的資訊排列方式，而不是按時序排列，從而與顧客旅程圖和經驗圖區分開來。一般是為了呈現構成經驗的許多組織單位間的關係。生態系統圖呈現了現代產品服務的複雜性，以及產品服務必須如何與周遭產品（和競爭對手）相容。

相較於顧客旅程圖，生態系統圖帶有更多細節，因為旅程圖通常會涵蓋許多間接影響個人經驗的大因素。因此，在生態系統的圖像化通常會比其他關注一個面向的圖早進

行。生態系統模型提供了一個框架，幫助我們管理與連結其他類型的圖表。

Chris Risdon 與 Patrick Quatelbaum 在他們的著作《Orchestrating Experiences》中提倡要先從更廣泛的生態系統的角度出發。作者寫道：

> 基本過程包括確認生態系統的組成，找出相互關係。……經驗生態系統可以輔助其他模型的內容，像是人物誌和顧客旅程，提供對顧客及其經驗的洞見。

圖 14-2 是書中生態系統圖的範例。這份圖表內容是關於美國的醫療照護，呈現了各組織單位及單位間的相互關係。同心圓反映了這些面向對位於中心那個人立即且直接的影響。

這裡的目標是檢視個人在系統運行中遇到的接觸點和互動，讓模型不同部分之間的集合點浮現，作為團隊討論機會點和解決方案的參考。

視覺化提供了理解的即時性，並幫助我們產出策略結論。圖表顯示了生態系統中的相互關係。

在生物學中，生態系統是一個生物的群體群落，與不同的生態系統、以及環境中的非生物元素彼此相互影響。

想想植物、動物和昆蟲，以及它們如何在空氣、水中和陸地上活動——生態系統中的關係多樣性是 1+1 大於 2 的概念。我們可以把組織及其所服務的個人視為一個整體而非不同部分的集合而已。

生態系統圖應用所謂的「系統思考」，或以全面的方式考量複雜環境中的多個組織單位。基本上，系統思考將許多元件之間的關係視為一個整體，這使團隊能夠確認施力點（或者可帶來影響的點），以找到改變和改進的機會。

例如，團隊能以圖 14-2 中的模型為基礎來討論健康標準在個人健康裡扮演的角色，以及如何能對他們產生更直接的影響。圖中的每個面向都刻意簡化，以聚焦它們之間的關聯，而不是每個面向的複雜性。

加拿大顧問公司 Ampli2de 的管理合夥人 Cornelius Racheriu 在商業環境及其他領域的生態系統圖和系統思考方面也有著豐富的經驗，他將系統性思考與設計思考或創造性問題解決手法相結合。

生態系統圖可以帶有一個獨特的視角，或者關注系統的單一面向。Racheriu 指出生態系統圖的幾種不同視角，包括服務生態系統、裝置生態系統、和內容生態系統，將在以下章節進行討論。有關 Rachieru 生態系統圖像化過程的更多詳細資訊，請見本章末尾的案例研究。

服務生態系統

服務生態系統圖關注廣大服務環境中的互動和接觸點。目的是了解系統中個人的目標和需求，以及如何提供更優良的服務。

圖 14-3 是 Andy Polaine、Lavrans Løvlie、和 Ben Reason 在《Service Design》一書中的生態系統圖範例。這是為飛雅特（Fiat）建立的車輛共享服務視覺化。

圖中每一塊代表系統中不同的部分：誰、在何時、在何地、做什麼、為什麼、和如何做。同心圓反映了所涉及因素的不同層級或量級。

圖 14-2
生態系統圖以高層次的視角描繪廣大系統中元素之間的關係。

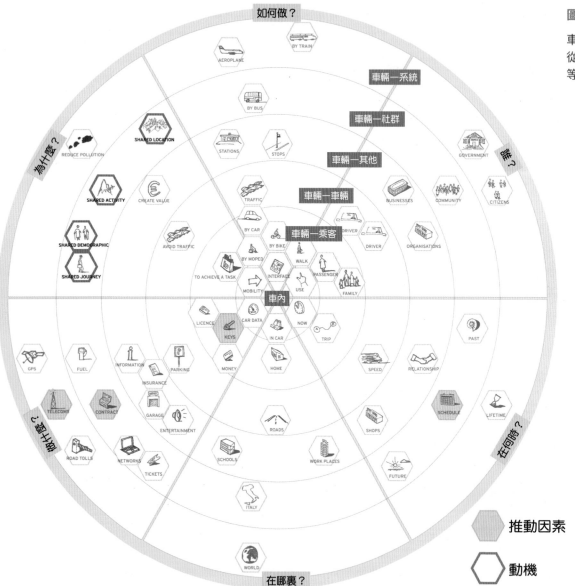

圖 14-3

車輛共享生態系統圖反映了
從車內體驗到社區中的車輛
等不同層級細節的互動。

如何做？

AEROPLANE
BY TRAIN

車輛—系統

BY BUS

車輛—社群

為什麼？
SHARED LOCATION
REDUCE POLLUTION
STATIONS
STOPS
車輛—其他
GOVERNMENT
誰？

SHARED ACTIVITY
CREATE VALUE
TRAFFIC
車輛—車輛
BUSINESSES
COMMUNITY
CITIZENS

SHARED DEMOGRAPHIC
AVOID TRAFFIC
BY CAR
DRIVER

BY BIKE
車輛—乘客
DRIVER
ORGANISATIONS

SHARED JOURNEY
BY MOPED
WALK

TO ACHIEVE A TASK
INTERFACE
USE
PASSENGER

MOBILITY
FAMILY

車內

LICENCE
CAR DATA
NOW

KEYS
IN CAR
TRIP
PAST

GPS
FUEL
INFORMATION
PARKING
MONEY
HOME
SPEED
RELATIONSHIP

INSURANCE

TELECOMS
CONTRACT
GARAGE
SCHEDULE
LIFETIME

ENTERTAINMENT
ROADS
SHOPS

ROAD TOLLS
NETWORKS
SCHOOLS
WORK PLACES
FUTURE

TICKETS

做什麼？
在何時？

ITALY

WORLD
在哪裏？

推動因素

動機

圖的中心描繪司機與車輛的關係。愈往外走，關係開始包括乘客、其他車輛、其他服務、社區、社會和整個地球。這樣的圖表使團隊能夠以有形的方式看待和討論各種關係。

伊利諾州科技學院設計研究所的副教授 Kim Erwin 則試圖在不丟失細節的情況下，讓複雜的資訊更容易被理解。她發展出一套資訊密集的消費者洞見圖（Consumer Insight Maps），描述如下：

> 消費者洞見圖促進與研究的情感聯繫，呈現消費者生活中的重要複雜性，並持續地在整個設計過程（通常超出此過程）中支援消費者的心聲……消費者洞見圖的目的在掌握消費者生活中的複雜性：密集、混亂、相互連結的期待、活動、日常生活中的焦慮，並將其展開，讓我們能更系統性地檢視。[3]

圖 14-4 為一張消費者洞見圖範例。

Erwin 認為，有效的關鍵在於資訊的排列方式。此方法仰賴於製圖的原則，展現資訊類型之間的相互關係。

[3] Kim, Erwin, "Consumer Insight Maps: The Map as Story Platform in the Design Process," Parsons Journal for Information Mapping (Winter, 2011).

圖 14-4　消費者洞見圖在一張圖中對焦協調許多內容類型

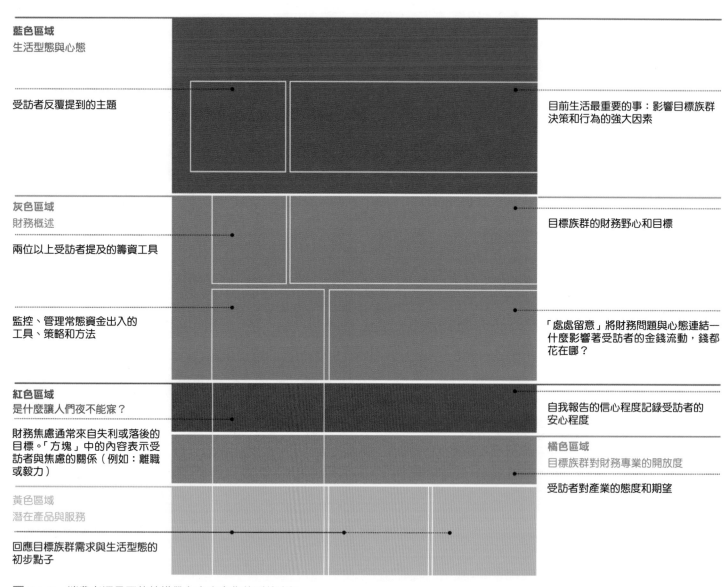

藍色區域
生活型態與心態

受訪者反覆提到的主題

目前生活最重要的事：影響目標族群
決策和行為的強大因素

灰色區域
財務概述

兩位以上受訪者提及的籌資工具

目標族群的財務野心和目標

監控、管理常態資金出入的
工具、策略和方法

「處處留意」將財務問題與心態連結─
什麼影響著受訪者的金錢流動，錢都
花在哪？

紅色區域
是什麼讓人們夜不能寐？

財務焦慮通常來自失利或落後的
目標。「方塊」中的內容表示受
訪者與焦慮的關係（例如：離職
或毅力）

自我報告的信心程度記錄受訪者的
安心程度

橘色區域
目標族群對財務專業的開放度

受訪者對產業的態度和期望

黃色區域
潛在產品與服務

回應目標族群需求與生活型態的
初步點子

圖 14-5　消費者洞見圖的結構帶有高度密集的脈絡資訊

例如，Erwin 定義出不同的資訊區域，如圖 14-5 所示：心態、活動、焦慮、態度、和產品機會點。在每個區域內，資訊子分類提供圖中描述的整體故事細節和深度。

我們可以得到一份易於理解的圖表，呈現經驗的多樣性，也不會過於精簡。藉著製圖原理，消費者洞見圖在脈絡中呈現資訊，使觀者能融入該領域，並自由地消化微觀和宏觀層面的資訊。

在另一個例子中，圖 14-6 中的地圖以空間圖的形式呈現了上半部的服務生態系統模型，和圖表下半部的典型顧客旅程的結合。有了這張圖，團隊既可以討論系統中不同元素之間的關係，也可以檢視一段時間以來的經驗。

總體來說，服務生態系統圖是一種幾乎沒有標準或規則的大方法。它的目的是幫助我們深入了解各種因素的網絡，以降低複雜性，並做出策略決策。

> 生態系統模型提供了一個框架，
> 幫助我們管理與連結其他類型的圖表。

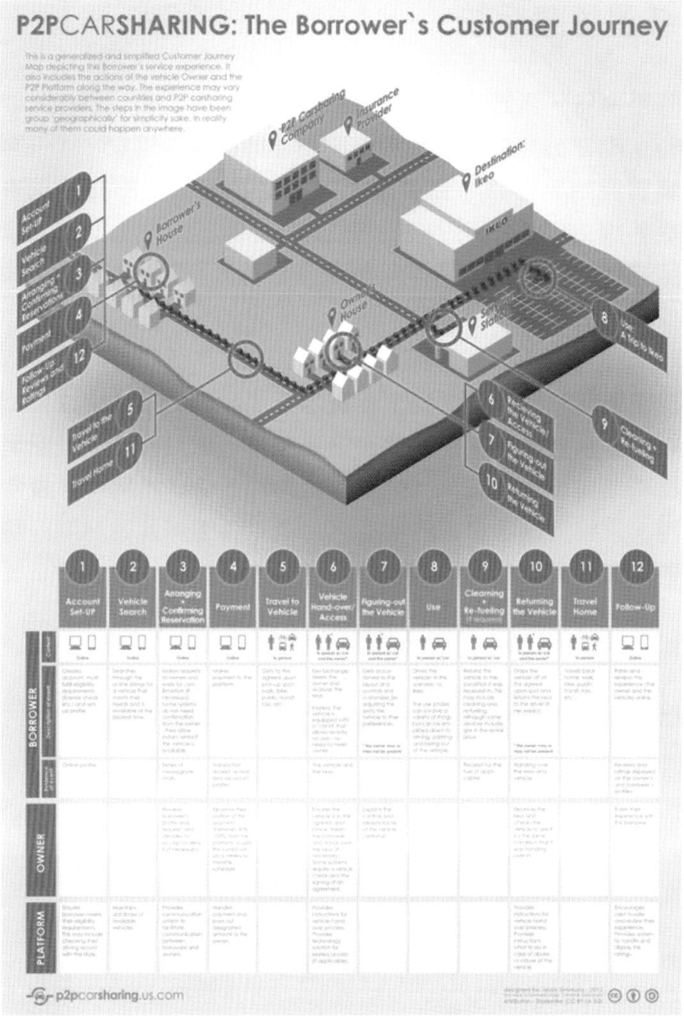

圖 14-6　車輛共享服務的生態系統圖

裝置生態系統

時至今日，我們時常在生活中與許多裝置互動（見圖 14-7）。有三分之二的人使用不同裝置進行線上購物，從一台裝置開始，在另一台裝置上完成交易。銀行的交易也會從手機上開始、到 ATM、然後在電腦上完成。車輛共享服務從訂車開始（可能用筆電下訂單）、接觸車內的讀卡機、最後在手機上完成。

能無縫接軌當然是最好，但實際上，我們的經驗往往是斷裂的。人們創造了解決問題的小技巧，像是用 Email 把網址寄給自己，或把一台裝置的螢幕截圖傳送給另一裝置使用。最後，顧客會失去耐心，公司就會因裝置彼此間經驗的缺口而蒙受損失。

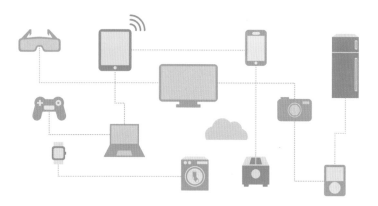

新的機會點不是設計單一接觸點，而是設計體、數位、語音等接觸點之間的互動。從這個角度來看，當不同的裝置接觸點互動流暢時，產品架構便成為新型態使用者經驗。

隨著裝置數量的增加，掌握和設計連貫的經驗變得更加困難。解決裝置穀倉效應的問題是所有生態系統設計師的共同挑戰。

但是，要平衡的因素很多，同時掌握全局是非常必要的。《Multiscreen UX Design》一書的作者 Wolfram Nagel 建議設計師關注以下四個元素：

裝置
　　從一開始就必須深入了解硬體及其功能。

使用者
　　你也必須了解使用者及他們的目標和需求。

環境
　　裝置被使用的環境對系統的設計至關重要。

內容
　　資訊構建的方式必須能輕鬆符合不同的裝置和螢幕尺寸。

圖 14-7　裝置互連的系統不斷發展，愈來愈需要將它們之間的互動清楚展現。

接觸點矩陣
（每日作息｜活動｜環境｜需求｜媒體／服務接觸點）

Robert Sullivan
Digital pros

⏲ WHEN?	起床 5:30	清晨 6:00	早晨 7:30	中午 12:30	下午 15:00	傍晚 19:30	晚上 20:30	就寢 23:30
活動 什麼？	Getting up, showering	Having breakfast, reading newspaper, sometimes on the laptop	Working, meetings, organisation	Eating, having a break, privately surfing the Internet	Working, organisation, customer meetings	Working	Sport, meeting friends, watching a film, work-related events	Going to bed, reading
地點 在哪裏？	Bedroom (bed), bath	Dining rooom (dining table)	Office (own and employee's desk, conference room)	Office (kitchen), bar (dining table), nature (park bench)	Office (desk, employee's workplace), at the customer	Office (desk)	Restaurant (dining table), event (podium, foyer), living room (sofa)	Bedroom (bed)
環境 在哪裏？								
需求 為什麼？（正面／負面）	Discipline, diligence, conscientiousness, efficiency, ambition	Order, diligence, efficiency, excellence, curiosity	Reliability, loyality, assurance, diligence, responsibility, conscientiousness, excellence, power, influency, quality, status, trailblazer	Bon vivant, recreation, well-being, phantasy, dreaminess, friendship, curiosity	Reliability, order, diligence, conscientiousness, power, influency, excellence, quality, trailblazer	Conscientiousness, diligence, excellence, quality, order, willpower, acceptance, recognition, popularity, honour, ambition	Recreation, safety, variety, enjoyment, bon vivant, well-being, stimulation, relaxation, coziness, friendship, relatedness	Curiosity, trailblazer, phantasy, enjoyment, carefreeness, relaxation, stimulation
管道 透過什麼？								
裝置接觸點 用什麼？								

 圖 14-8　接觸點矩陣可用來研究不同裝置間的互動和資訊流動。

為了同時檢視所有因素，Nagel 建議在接觸點矩陣中將互動視覺化，如圖 14-8 所示。此案例呈現了一個人物誌的一日生活，以及所接觸的裝置和互動。這是個簡單但有效的方法，有助於檢視螢幕之間的移動，以及使用者在每次轉換時的需求。

圖 14-9

Cloudwash 整合不同服務提供者的多種服務（照片由 Timo Arnall 提供，版權為 Berg 所有）

或者，看看 Berg[4] 的新型態洗衣機的實驗原型 Cloudwash 如何將這些元素結合。此系統整合了洗衣相關的各項服務，例如聯繫水管工、排程洗衣機運轉、和訂購洗衣精等（圖 14-9）。Berg 並不營運這些服務，但是這個系統將所有服務無縫地結合。

多裝置設計的手法會因情況而有所不同。在某些情況下，目的可能是要讓從各裝置之間的經驗統一。在其他情況下，裝置之間也許存在相互搭配的經驗。隨著 App、功能、螢幕尺寸、環境、和使用者需求不斷變化，跨裝置的設計也應該要隨之應變。

Michal Levin 在跨裝置的設計方面有豐富的經驗。在《Multi-Device 體驗設計》一書中，她指出三種不同的創造體驗的手法：

一致的

在裝置之間複製相同的基本體驗，盡可能保持內容、流程、結構、和核心功能相同。Twitter 就是很好的例子：排版可能會隨著不同螢幕尺寸而有所變化，但在跨裝置間的整體經驗是無縫的。使用者可以用任何裝置做一樣的事。

---

[4] 見 Bruce Sterling，" 'Cloudwash,' the BERG Cloud-Connected Washing Machine," Wired (Feb 2014).

連續的

這種手法將進行中的活動從一個裝置傳遞到另一個裝置的體驗為主。例如,使用亞馬遜的 Kindle 電子書閱讀器,人們可以在一台裝置上暫停,然後在另一台裝置上繼續閱讀。

相互搭配的

這個手法讓裝置彼此配合,每個裝置都有不同的體驗。Zipcar App 就是很好的例子:用筆記型電腦登入 zipcar.com 時,使用者可以操作帳戶和預訂選項等所有功能,但行動裝置 App 內只有駕駛經驗相關的一小部分功能。這些功能是為裝置量身定制的:還可以用 App 來按喇叭,尋找停放的 Zipcar 車輛,這是瀏覽器體驗中所沒有的。

裝置之間的落差是個未被滿足的的機會點。多裝置設計對顧客忠誠度和業務成長有大量的潛力。隨著這個趨勢的持續,以圖表將經驗視覺化的需求只會增加,彰顯了設計中隱性面向的重要性。

內容生態系統

生態系統模型可以提供組織資訊架構和分類發展的基礎。具體來說,內容生態系統地圖關注資訊如何建立,以及如何在系統中的各端點間流動。也就是說,內容生態系統描繪資訊如何被內容創造者和消費者體驗。

例如,圖 14-10a 至 14-10d 是由 Paul Kahn、Julia Moisand Egea、以及 Laurent Kling 所建立的圖表,描繪出大型法國政府組織國家安全研究院(INRS)的內容產出生態系統。

圖 14-10b 至 14-10d 呈現出基本圖表的變化型,加上更多層級與種類的資訊。圖 14-10b 呈現部門間的內容流動,特別是彼此重複的內容資訊。圖 14-10c 用同樣的模式來檢視組織間的研究活動,整個圖表使用不同色彩計畫。圖 14-10d 則呈現網站的存取,也使用不同的色彩計畫。

"
視覺化提供了理解的即時性,
並幫助我們產出策略結論。
圖表顯示了生態系統中的相互關係。
"

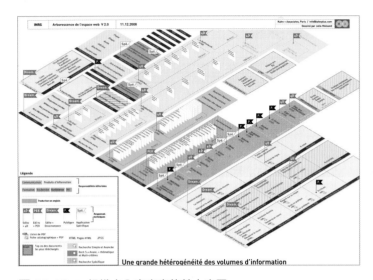

圖 14-10a　組織中內容產出的基本底圖

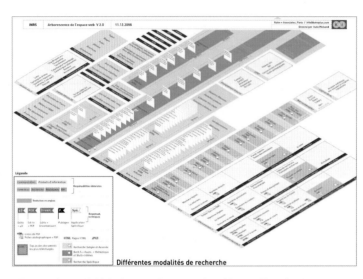

圖 14-10c　將基本底圖延伸以呈現各種搜尋引擎和索引

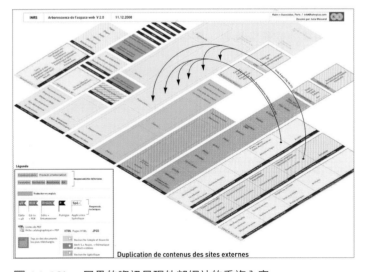

圖 14-10b　層疊的資訊呈現外部網站的重複內容

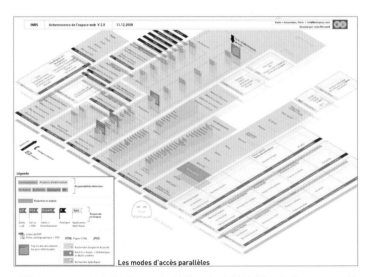

圖 14-10d　這個版本呈現網站的一部分被複製，作為 Google 的搜索索引

圖 14-10a 至 14-10d 也是一種稱為等比投影的圖表。目的是把三維的物件以二維的方式呈現，在圖上以物件的角度旋轉來達到等比的效果。當所有的角度都一致時，水平面就會出現。

內容生態系統模型的重點是要以可供跨媒介使用的方式建構資訊。內容模型定義了生態系統中的資訊模式如何被描述和標記。

圖 14-11 是一個參加專業研討會的內容模型範例，它是根據 Jonathan Kahn 所建立的圖表來完成的。內容模型中的每個元素都可以從內容生態系統圖中的一個元素衍生出來。

擁有整個系統的圖表可以讓服務提供者在整理系統的內容時，更了解概念和主題之間如何相互連結。這樣的洞見有助於發展資料庫模型、網站地圖、導航、內容管理系統等。

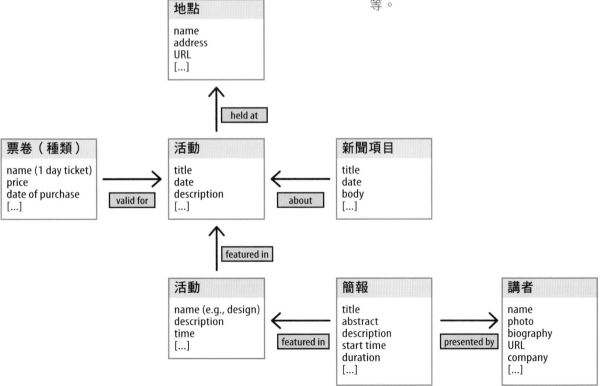

圖 14-11　內容生態系統是描繪資訊系統中，人與物之間關係的概念模型

生態系統模型的組成元素

生態系統圖與時序和層級性模型不同，不以時間軸或元素階層來顯示資訊，而是以類似網絡的排列方式來呈現關係。這類圖透過資訊的實體空間分佈來傳達關係和洞見。例如，以同心圓來由外而內顯示優先順序。

生態系統模型的目標是提供全局的概覽，以將系統視為一個整體。退後一步，觀者可以很快地獲得全貌，也可以放大其中一部分，看更多細節。通常，圖表的層疊或變化型態會帶來不同的洞見，描述價值創造的故事。

核心元素是單位，無論是角色、實體物件、內容，以及單位彼此間的關係。目的是顯示價值從一個點到另一個點的流動。

表 14-1 總結出運用第二章的框架定義生態系統模型的主要面向。

> 解決裝置穀倉效應的問題
> 是所有生態系統設計師的共同挑戰。

表 14-1　生態系統模型基本面向的總結

觀點	包括許多角色的觀點、與組織間許多種互動的類型。
架構	網絡或空間性的資訊呈現。
範疇	全面的，擷取許多方互動經驗的元素。
關注	關注角色關係、任務、目標和互動類型。
運用	了解角色和接觸點之間的現有經驗。 以資訊層疊彰顯系統中的缺口和低效率。 建立並理解策略。 創造嶄新、有意義的經驗。
優勢	使用人們可以理解的隱喻。 提供全面性的概觀。 參與度高並適合工作坊使用。
弱勢	資訊缺乏時序或流程。 可能需要花很長時間建立。 難以讓團隊共同建立。 缺乏細節，省略了情緒和感受。

延伸閱讀

Michal Levin, *Designing Multi-Device Experiences* (O'Reilly, 2014)

這本書著重在設計跨通路體驗時了解裝置生態系統。內容關注行動裝置的體驗，但也不犧牲電腦、電視等其他模式。

Kim Erwin. "Consumer Insight Maps: The Map as Story Platform in the Design Process," *Parsons Journal for Information Mapping* (Winter 2011)

Erwin 教授提出一套方法，將資訊直接畫在可預測結構的地理圖上，稱為消費者洞見圖。這個框架幫助團隊直接、即時地了解經驗。她的視覺化關注製圖的四個方面：區域、海拔、地形圖和藍圖。資訊的空間性組合造就了強大的視覺故事，向不同的利害相關人傳達訊息。

Sofia Hussain. "Designing Digital Strategies, Part 1: Cartography," UX Booth (Feb 2014) and "Designing Digital Strategies, Part 2: Connected User Experiences," *UX Booth* (Jan 2015)

在這篇文章中，設計專家 Sofia Hussain 討論了生態系統圖像化的方法。她喜歡用圓形圖表，擺脫線性的、左右列表的時間軸描述。對行為和動機的關注回應 Young 的心智模型圖。Hussain 的圖非常嚴謹簡潔，一目了然提供清晰的概述。

案例：從無到有－建立服務生態系統圖

作者：Cornelius Rachieru

服務生態系統圖像化將複雜的商業問題視覺化，讓策略師與利害相關人一起尋找解決方案。方法本身與領域並不相關，也鼓勵使用任何可以清楚描述問題的方式來檢視資料。

我的公司 Ampli2de Inc.（*ampli2de.com*）是加拿大一家策略設計顧問公司。過去幾年間，我們在專案中成功地運用了此流程。這個方法結合了設計思考和系統思考的手法，並整合了 Rosalind Armson、Peter Checkland、Russell Ackoff、Sofia Hussain 和 Jim Kalbach 之前提出的方法和書籍文章中的各個面向。

這個流程反映了由下而上的方法，分為兩個階段，每個階段包含三個步驟。

階段一：研究與定義

我們首先對問題空間進行至少兩週的研究。這不僅包括使用者研究，還包括垂直市場的競品研究，有時也會加上市場調查。

接下來，我們開始勾勒生態系統的豐富面貌。保持這種低擬真度很重要，以便一邊收集資料，一邊在過程中進行迭代和調整。

第三，找出主要和次要角色。在服務生態系統圖像化的目標裡，人和非人類的角色都被考慮在內。圖 14-12 是關於「退休」主題的生態系統圖前三個步驟的草圖。

階段二：綜合整併與視覺探索

在下一階段，我們應用系統思考中的手法來建立生態系統圖。先從主要角色對服務基礎的視角開始。借用待辦任務（JTBD）的概念，我們將目標對焦至模型中的每個服務群集，如圖 14-13 所示。JTBD 成為服務生態系統中的主要分析單元，從個體的角度反映服務提供者需要滿足的需求。

接著，可以繼續找出其他群集，將關注的領域擴展。這些是次要服務，但對於從全面理解生態系統的模型很重要。圖 14-14 呈現我們如何在主要目標核心模型之外，調查更多相關的群集。

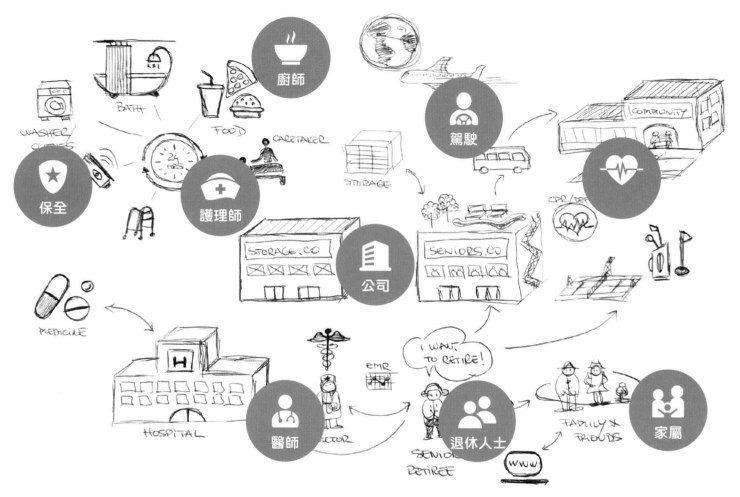

圖 14-12　生態系統模型從研究和系統裡單位和角色的草圖開始。

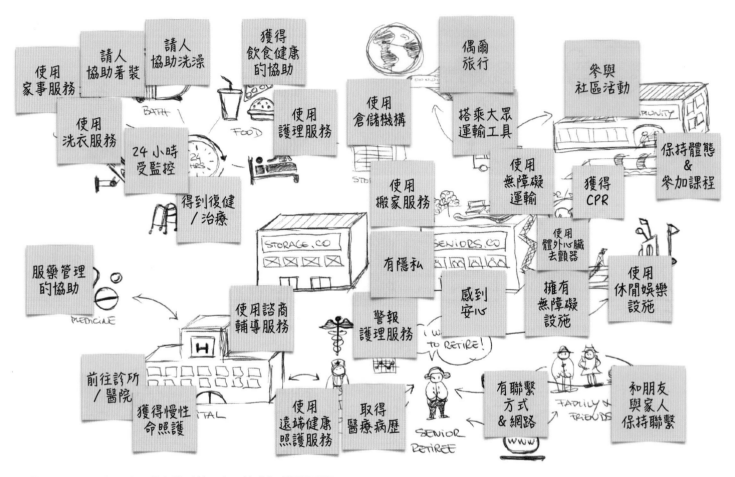

圖 14-13　待辦任務覆蓋在模型草圖上，並群集成邏輯群組。

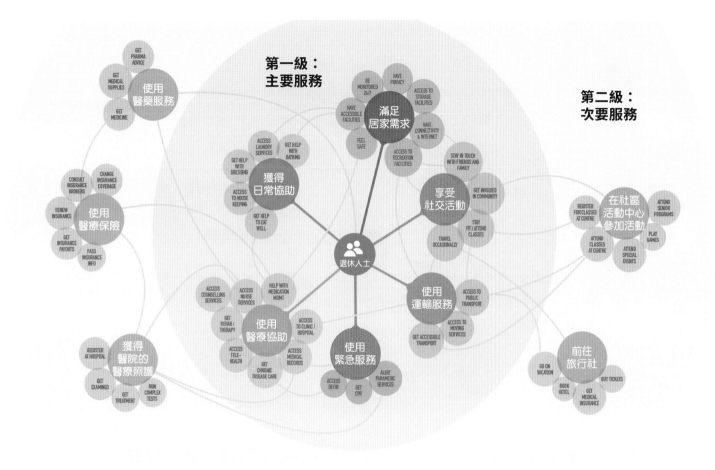

第一級：
主要服務

第二級：
次要服務

圖 14-14　擴展生態系統模型，將輔助服務群集涵蓋進來。

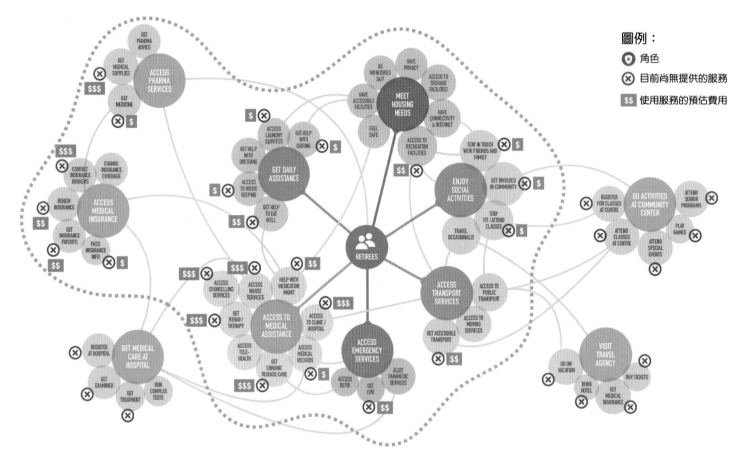

圖例：

⊛ 角色

⊗ 目前尚無提供的服務

$$ 使用服務的預估費用

圖 14-15　將策略因素覆蓋上去（或運用不同的資料檢視方式），提供對機會點和介入點的洞見

服務生態系統的範圍很廣。服務提供者必須根據未來的規劃，為內容劃分界限。沿著圖中的服務區域劃一條線，可以策略性地限縮後續工作的重點。

最後一步，也是最重要的一步：要納入不同的資料檢視方式，或檢視與公司和目前情況最相關的因素。例如，在退休人員的生態系統圖案例中，我們聚焦服務提供的缺口（圖 14-15 中的紅色部分）和取得服務的成本（綠色部分）。在這個案例中，服務提供者可以根據服務遞送成本，從策略上決定要解決哪些問題。

重點是退一步，思考組織中的各方領域：商業策略、企業風險管理、人力資源、多樣性、產品等。僅依賴熟悉的資料檢視方式容易錯失策略機會點。也要記住，可以加入多種資料相疊比對，對服務生態系統中的機會點帶來獨特的視野。

最後，我們以工作坊為生態系統圖像化過程作結。憑藉以研究為基礎、內容扎實的生態系統圖，團隊成功引導各種對話，釐清利害關係人的策略。這些通常是一日工作坊，內容包括規劃完善的活動，鼓勵不同利害關係人團體之間的討論和互動。

關於作者

Cornelius Rachieru 是 Ampli2de Inc. 的管理合夥人，也是加拿大重要 UX 研討會 CanUX 的創辦人兼共同主辦人。他是服務設計和體驗設計領域的領導者，擁有近 20 年的經驗，致力於在設計中關注將人的需求。Cornelius 多年來一直從事生態系統圖像化的教學和寫作，是該主題公認的思想領袖。

圖表與圖片出處

圖 14-2：生態系統圖表由 Chris Risdon 與 Patrick Quatelbaum 建立，出自《Orchestrating Experiences》一書，經同意使用

圖 14-3：生態系統圖，由 Andy Polaine、Lavrans Løvlie 以及 Ben Reason 建立，出自《Service Design》一書，經同意使用

圖 14-4 與 14-5：消費者洞見圖與樣板，由 Kim Erwin 建立，出自她的文章〈Consumer Insight Maps: The Map as Story Platform in the Design Process〉，經同意使用

圖 14-6：圖表由 Mark Simmons 與 Aaron Lewis 建立，創用 CC 相同方式分享，經同意使用

圖 14-8：Wolfram Nagel 在其著作《Multiscreen UX Design》中建立的裝置接觸點矩陣範例，經同意使用

圖 14-9：Cloudwash 原型照片，由 Timo Arnall 提供。Berg 版權所有，經同意使用。（感謝 Sofia Hussain 在 UX STRAT 2014 研討會中將此案例納入簡報中）

圖 14-10a 至 14-10d：等比圖，由 Paul Kahn、Julia Moisand Egea 以及 Laurent Kling 建立，經同意使用。首見於 Kahn 與 Moisand 的文章〈Patterns That Connect: The Value of Mapping Complex Data Networks〉，經同意使用

圖 14-11：內容模型，根據 Jonathan Kahn 的範例所建立

圖 14-12 至 14-15：不同階段的生態系統模型範例，由 Cornelius Rachieru 建立，經同意使用

參考文獻

12totu. "SteveJobs CustomerExperience" (Oct 2015) *https://www.youtube.com/watch?v=r2O5qKZlI50*

Abilla, Pete. "Lean Service: Customer Value and Don't Waste the Customer's Time," Schmula.com (Jun 2010) *http://www.shmula.com/lean-consumption-dont-waste-the-customers-time/2760*

Anthony, Scott, Mark Johnson, Joseph Sinfield, and Elizabeth Altman. *The Innovator's Guide to Growth* (Harvard Business Press, 2008)

Banfield, Richard, C. Todd Lombardo, and Trace Wax. *Design Sprint: A Practical Guidebook for Building Great Digital Products* (O'Reilly, 2015)

Berkun, Scott. *The Myths of Innovation* (O'Reilly, 2007)

Bernardo, Diego. "Agitation and Elation [in the User Experience]" (Jan 2013) *https://diegobernardo.com/2013/01/05/agitation-elation-in-the-user-experience*

Berners-Lee, Tim, James Hendler, and Ora Lassila. "The Semantic Web," *Scientific American* (May 2001) *https://www.scientificamerican.com/article/the-semantic-web*

Bettencourt, Lance, and Anthony W. Ulwick. "The Customer-Centered Innovation Map," *Harvard Business Review* (May 2008) *https://hbr.org/2008/05/the-customer-centered-innovation-map*

Beyer, Hugh, and Karen Holtzblatt. *Contextual Design* (Morgan Kaufmann, 1997)

Bitner, Mary Jo, Amy L. Ostrom, and Felicia N. Morgan. "Service Blueprinting: A Practical Technique for Service Innovation," Working Paper, Center for Leadership Services, Arizona State University (2007) *https://er.educause.edu/-/media/files/article-downloads/erm1266.pdf*

Bodine, Kerry. "How to Map Your Customer Experience Ecosystem," Forrester Reports (May 2013) *https://www.slideshare.net/Alexllorens/how-to-map-your-customer-experience-ecosystem*

Bodine, Kerry. "The State of Journey Managers" (2018) *https://kerrybodine.com/product/journey-manager-report*

Booz and Company. "Executives Say They're Pulled in Too Many Directions and That Their Company's Capabilities Don't Support Their Strategy" (Feb 2011) *https://www.globenewswire.com/news-release/2011/01/18/1209299/0/en/Executives-Say-They-re-Pulled-in-Too-Many-Directions-and-That-Their-Company-s-Capabilities-Don-t-Support-Their-Strategy-According-to-Booz-amp-Company-Survey.html*

Bringhurst, Robert. *The Elements of Typographic Style*, 3rd ed. (Hartley & Marks, 2008)

British Standards Institution. "BS 7000-3:1994 Design Management Systems. Guide to Managing Service Design" (1994)

Brown, David. "Supermodeler: Hugh Dubberly," *GAIN: AIGA Journal of Design for the Network Economy* (May 2000) *http://www.aiga.org/supermodeler-hugh-dubberly*

Brown, Tim. *Change by Design: How Design Thinking Transforms Organizations and Inspires Innovation* (HarperBusiness, 2009)

Browne, Jonathan, with John Dalton and Carla O'Connor. "Case Study: Emirates Uses Customer Journey Maps to Keep the Brand on Course," *Forrester Reports* (2013) *https://docplayer.net/35789295-Case-study-emirates-uses-customer-journey-maps-to-keep-the-brand-on-course.html*

Brugnoli, Gianluca. "Connecting the Dots of User Experience," *Journal of Information Architecture* (Apr 2009) *http://journalofia.org/volume1/issue1/02-brugnoli/jofia-0101-02-brugnoli.pdf*

Business Roundtable. "Business Roundtable Redefines the Purpose of a Corporation to Promote 'An Economy That Serves All Americans'" (Aug 2019) *https://www.businessroundtable.org/business-roundtable-redefines-the-purpose-of-a-corporation-to-promote-an-economy-that-serves-all-americans*

Carbone, Lewis P., and Stephan H. Haeckel. "Engineering Customer Experiences," *Marketing Management* (Jan 1994) *https://www.researchgate.net/publication/265031917_Engineering_Customer_Experiences*

Card, Stuart, Jock Mackinlay, and Ben Shneiderman (Eds.). *Readings in Information Visualization: Using Vision to Think* (Morgan Kaufmann, 1999)

Carlzon, Jan. *Moments of Truth* (Reed Business, 1987)

Charan, Ram. *What the Customer Wants You to Know* (Portfolio, 2007)

Christensen, Clayton. *The Innovator's Dilemma* (Harvard Business Press, 1997)

Christensen, Clayton. *The Innovator's Solution* (Harvard Business School Press, 2003)

Christensen, Clayton, Scott Cook, and Taddy Hall. "Marketing Malpractice: The Cause and the Cure," *Harvard Business Review* (Dec 2005) *https://hbr.org/2005/12/marketing-malpractice-the-cause-and-the-cure*

Christensen, Clayton, and Derek van Beyer. "The Capitalist's Dilemma," *Harvard Business Review* (Jun 2014) *https://hbr.org/2014/06/the-capitalists-dilemma*

Claro Partners. "A Guide to Succeeding in the Internet of Things" (2014) *https://www.slideshare.net/claropartners/a-guide-to-succeeding-in-the-internet-of-things*

Clatworthy, Simon David. *The Experience-Centric Organization: How to Win Through Customer Experience* (O'Reilly, 2019)

Colley, Russell. *Defining Advertising Goals for Measured Advertising Results* (Association of National Advertisers, 1961)

Constable, Giff. *Talking to Humans: Success Starts with Understanding Your Customers* (Self-published, 2014)

Constantine, Larry. "Essential Modeling: Use Cases for User Interfaces," *ACM Interactions* (Apr 1995)

Cooper, Alan. *About Face 2.0: The Essentials of Interaction Design* (Wiley, 2003)

Court, David, Dave Elzinga, Susan Mulder, and Ole Jørgen Vetvik. "The Consumer Decision Journey," *McKinsey Quarterly* (Jun 2009) *http://www.mckinsey.com/insights/marketing_sales/the_consumer_decision_journey*

Craik, Kenneth. *The Nature of Explanation* (Cambridge University Press, 1943)

Danielson, David. "Transitional Volatility in Web Navigation," *IT & Society* (Jan 2003) *https://pdfs.semanticscholar.org/87af/8d464f206fe86b2c-9b29a2937849474c1112.pdf*

Denning, Steve. "The Copernican Revolution in Management," *Forbes* (2013) *http://www.forbes.com/sites/stevedenning/2013/07/11/the-copernician-revolution-in-management*

Denning, Steve. "Why Building a Better Mousetrap Doesn't Work Anymore," *Forbes* (Feb 2014) *http://onforb.es/1SzZdPZ*

Diller, Steve, Nathan Shedroff, and Darrel Rhea. *Making Meaning: How Successful Businesses Deliver Meaningful Customer Experiences* (New Riders, 2005)

Drucker, Peter. *The Practice of Management* (Harper and Brothers, 1954)

Dubberly, Hugh. "A System Perspective on Design Practice" [Video talk at Carnegie Melon] (2012) *http://vimeo.com/51132200*

Edelman, David C. "Branding in the Digital Age: You're Spending Your Money in All the Wrong Places," *Harvard Business Review* (Dec 2010) *https://hbr.org/2010/12/branding-in-the-digital-age-youre-spending-your-money-in-all-the-wrong-places*

Ellen MacArthur Foundation and IDEO. *The Circular Design Guide* (2017) *https://www.circulardesignguide.com*

Ensley, Michael. "Going Green," PureStone Partners blog (Jun 2009) *http://purestonepartners.com/2009/06/17/going-green*

Ertel, Chris, and Lisa Kay Solomon. *Moments of Impact: How to Design Strategic Conversations That Accelerate Change* (Simon & Schuster, 2014)

Erwin, Kim. "Consumer Insight Maps: The Map as Story Platform in the Design Process," *Parsons Journal for Information Mapping* (Winter, 2011) *https://www.academia.edu/1264057/Consumer_insight_maps_the_map_as_story_platform_in_the_design_process*

Flom, Joel. "The Value of Customer Journey Maps: A UX Designer's Personal Journey," UXmatters (Sep 2011) *http://www.uxmatters.com/mt/archives/2011/09/the-value-of-customer-journey-maps-a-ux-designers-personal-journey.php*

Flowers, Erik, and Megan Miller. "Practical Service Design" [website]. *http://www.practicalservicedesign.com*

Frishberg, Leo, and Charles Lambdin. *Presumptive Design: Design Provocations for Innovation* (Morgan Kaufmann, 2015)

Frishberg, Leo, and Charles Lambdin. "Presumptive Design: Design Research Through the Looking Glass," UXmatters (Aug 2015) *https://www.uxmatters.com/mt/archives/2015/08/presumptive-design-design-research-through-the-looking-glass.php*

Fullenwinder, Kyla. "How Citizen-Centered Design Is Changing the Ways the Government Serves the People," *Fast Company* (Jul 2016) *https://www.fastcompany.com/3062003/how-citizen-centered-design-is-changing-the-ways-the-government-serves-the-people*

Furr, Nathan, and Jeff Dyer. *The Innovator's Method* (Harvard Business Review Press, 2014)

Gary, Loren. "Dow Corning's Big Pricing Gamble," *Strategy & Innovation* (Mar 2005) *https://hbswk.hbs.edu/archive/dow-corning-s-big-pricing-gamble*

Geertz, Clifford. "Thick Description: Toward an Interpretive Theory of Culture," in *The Interpretation of Cultures: Selected Essays* (Basic Books, 1973)

Gibbons, Sarah. "Journey Mapping 101," NN/g blog (Dec 2019) *https://www.nngroup.com/articles/journey-mapping-101*

Golub, Harvey, Jane Henry, John L. Forbis, Nitin T. Mehta, Michael J. Lanning, Edward G. Michaels, and Kenichi Ohmae. "Delivering Value to Customers," *McKinsey Quarterly* (Jun 2000) *http://www.mckinsey.com/insights/strategy/delivering_value_to_customers*

Gothelf, Jeff, with Josh Seiden. *Lean UX: Designing Great Products with Agile Teams* (O'Reilly, 2013)

Gray, Dave, Sunni Brown, and James Macanufo. *Gamestorming: A Playbook for Innovators, Rulebreakers, and Changemakers* (O'Reilly, 2010)

Grocki, Megan. "How to Create a Customer Journey Map," UX Mastery (Sep 2014) *http://uxmastery.com/how-to-create-a-customer-journey-map*

Harrington, Richard, and Anthony Tjan. "Transforming Strategy One Customer at a Time," *Harvard Business Review* (Mar 2008) *https://hbr.org/2008/03/transforming-strategy-one-customer-at-a-time*

Hobson, Kersty, and Nicholas Lynch. "Diversifying and De-Growing the Circular Economy: Radical Social Transformation in a Resource-Scarce World," *Futures* (Sep 2016) *https://doi.org/10.1016/j.futures.2016.05.012*

Hohmann, Luke. *Innovation Games: Creating Breakthrough Products Through Collaborative Play* (Addison-Wesley, 2006)

Holtzblatt, Karen, Jessamyn Burns Wendell, and Shelley Wood. *Rapid Contextual Design: A How-to Guide to Key Techniques for User-Centered Design* (Morgan Kaufmann, 2004)

Hoober, Steven, and Eric Berkman. *Designing Mobile Interfaces: Patterns for Interaction Design* (O'Reilly, 2011)

Hubert, Lis, and Donna Lichaw. "Storymapping: A MacGyver Approach to Content Strategy, Part 2," UXmatters (Mar 2014) *http://www.uxmatters.com/mt/archives/2014/03/storymapping-a-macgyver-approach-to-content-strategy-part-2.php*

Hussain, Sofia. "Designing Digital Strategies, Part 1: Cartography," UX Booth (Feb 2014) *http://www.uxbooth.com/articles/designing-digital-strategies-part-1-cartography*

Hussain, Sofia. "Designing Digital Strategies, Part 2: Connected User Experiences," UX Booth (Jan 2015) *http://www.uxbooth.com/articles/designing-digital-strategies-part-2-connected-user-experiences*

Jenkins, John R. G. *Marketing and Customer Behaviour* (Pergamon Press, 1971)

Johnson-Laird, Philip N. *Mental Models: Towards a Cognitive Science of Language, Inference, and Consciousness* (Harvard University Press, 1983)

Jones, Phil. *Strategy Mapping for Learning Organizations: Building Agility into Your Balanced Scorecard* (Rutledge, 2016)

Kahn, Paul, and Julia Moisand. "Patterns That Connect: The Value of Mapping Complex Data Networks," *Information Design Journal* (Dec 2009) *https://www.researchgate.net/publication/233704486_Patterns_that_connect_The_value_of_mapping_complex_data_networks*

Kalbach, James. "Alignment Diagrams," *Boxes and Arrows* (Sep 2011) *https://boxesandarrows.com/alignment-diagrams*

Kalbach, James. "Business Model Design: Disruption Case Study," *Experiencing Information* (Sep 2011) *https://experiencinginformation.wordpress.com/tag/business-model-canvas*

Kalbach, James. *Designing Web Navigation* (O'Reilly, 2007)

Kalbach, James. "Strategy Blueprint," Experiencing Information (Oct 2015) *https://experiencinginformation.com/2015/10/12/strategy-blueprint*

Kalbach, James, and Paul Kahn, "Locating Value with Alignment Diagrams," *Parsons Journal of Information Mapping* (Apr 2011) *https://experiencinginformation.com/2011/04/19/locating-value-with-alignment-diagrams*

Kaplan, Robert S., and David P. Norton. "Having Trouble with Your Strategy? Then Map It," *Harvard Business Review* (Sep 2000) *https://hbr.org/2000/09/having-trouble-with-your-strategy-then-map-it*

Kaplan, Robert S., and David P. Norton. "Linking the Balanced Scorecard to Strategy," (1996) *https://www.strimgroup.com/wp-content/uploads/pdf/KaplanNorton_Linking-the-BSC-to-Strategy.pdf*

Kaplan, Robert S., and David P. Norton. *Strategy Maps: Converting Intangible Assets into Tangible Outcomes* (Harvard Business Review Press, 2004)

Katz, Joel. *Designing Information: Human Factors and Common Sense in Information Design* (Wiley, 2012)

Ke, Chenghan. "Business Origami: A Method for Service Design," Medium (Aug 2018) *https://medium.com/@hankkechenghan/business-origami-valuable-method-for-service-design-43a882880627*

Kempton, Willett. "Two Theories of Home Heat Control," *Cognitive Science* (Jan–Mar 1986) *https://doi.org/10.1207/s15516709cog1001_3*

Kim, W. Chan, and Renée Mauborgne. *Blue Ocean Strategy* (Harvard Business Review Press, 2005)

Knapp, Jake, *Sprint: How to Solve Big Problems and Test New Ideas in Just Five Days* (Simon & Schuster, 2016)

Kolko, Jon. "Dysfunctional Products Come from Dysfunctional Organizations," *Harvard Business Review* (Jan 2015) *https://hbr.org/2015/01/dysfunctional-products-come-from-dysfunctional-organizations*

Kuniavsky, Mike. *Observing the User Experience: A Practitioner's Guide to User Research*, 2nd ed. (Morgan Kaufman, 2012)

Kyle, Beth. "With Child: Personal Informatics and Pregnancy." *http://www.bethkyle.com/EKyle_Workbook3_Final.pdf*

Lafley, A. G., and Roger Martin. *Playing to Win: How Strategy Really Works* (Harvard Business Review Press, 2013)

Lavidge, Robert, and Gary Steiner. "A Model for Predictive Measurements of Advertising Effectiveness," *Journal of Marketing* (Oct 1961) *https://www.jstor.org/stable/1248516?seq=1*

Lazonick, William. "Profits Without Prosperity," *Harvard Business Review* (Sep 2014) *https://hbr.org/2014/09/profits-without-prosperity*

Lecinski, Jim. *ZMOT: Winning the Zero Moment of Truth*, Google (2011) *http://ssl.gstatic.com/think/docs/2011-winning-zmot-ebook_research-studies.pdf*

Lee Yohn, Denise. *Fusion: How Integrating Brand and Culture Powers the World's Greatest Companies* (Brealey, 2018)

Leinwand, Paul, and Cesare Mainardi. *The Essential Advantage: How to Win with a Capabilities-Driven Strategy* (Harvard Business Review Press, 2010)

Levin, Michal. *Designing Multi-Device Experiences: An Ecosystem Approach to User Experiences Across Devices* (O'Reilly, 2014)

Levitt, Theodore. "Marketing Myopia," *Harvard Business Review* (Jul–Aug 1960) *https://hbr.org/2004/07/marketing-myopia*

Lichaw, Donna. *The User's Journey: Storymapping Products That People Love* (Rosenfeld Media, 2016)

Løvlie, Lavrans. "Customer Journeys and Customer Lifecycles," Livework blog (Dec 2013) *http://liveworkstudio.com/the-customer-blah/customer-journeys-and-customer-lifecycles*

Manning, Andre. "The Booking Truth: Delighting Guests Takes More Than a Well-Priced Bed," (Jun 2013) *http://news.booking.com/the-booking-truth-delighting-guests-takes-more-than-a-well-priced-bed-us*

Manning, Harley, and Kerry Bodine. *Outside In: The Power of Putting Customers at the Center of Your Business* (New Harvest, 2012)

Martin, Karin, and Mike Osterling. *Value Stream Mapping: How to Visualize Work and Align Leadership for Organizational Transformation* (McGraw Hill, 2014)

Maurya, Ash. *Running Lean: Iterate from Plan A to a Plan That Works* (O'Reilly, 2012)

McGrath, Rita Gunther. *The End of Competitive Advantage* (Harvard Business Review Press, 2013)

McMullin, Jess. "Business Origami," Citizen Experience blog (Apr 2011) *http://www.citizenexperience.org/2010/04/30/business-origami*

McMullin, Jess. "Searching for the Center of Design," *Boxes and Arrows* (Sep 2003) *https://boxesandarrows.com/searching-for-the-center-of-design*

Meadows, Donella H. *Thinking in Systems: A Primer* (Chelsea Green Publishing, 2008)

Meirelles, Isabel. *Design for Information: An Introduction to the Histories, Theories, and Best Practices Behind Effective Information Visualizations* (Rockport, 2013)

Melone, Jay. "Problem Framing v2: Parts 1-4," New Haircut blog (Aug 2018) *https://designsprint.newhaircut.com/problem-framing-v2-part-1-of-4-5bb-b236000f7*

Merchant, Nilofer. *The New How: Creating Business Solutions Through Collaborative Strategy* (O'Reilly, 2009)

Mintzberg, Henry. "The Strategy Concept I: Five Ps for Strategy," *California Management Review* (Fall 1987)

Mintzberg, Henry, Joseph Lampel, and Bruce Ahlstrand. *Strategy Safari: A Guided Tour Through The Wilds of Strategic Management* (Free Press, 1998)

Morgan, Jacob. *The Employee Experience Advantage* (Wiley, 2017)

Nagel, Wolfram. *Multiscreen UX Design: Developing for a Multitude of Devices* (Morgan Kaufmann, 2015)

Norman, Don. *The Design of Everyday Things* (Basic Books, 1988)

Ogilvie, Tim, and Jeanne Liedtka. "Journey Mapping," in *Designing for Growth* (Columbia University Press, 2011)

O'Reilly III, Charles A., and Michael L. Tushman. "The Ambidextrous Organization," *Harvard Business Review* (Apr 2004) *https://hbr.org/2004/04/the-ambidextrous-organization*

Osterwalder, Alexander, and Yves Pigneur. *Business Model Generation: A Handbook for Visionaries, Game Changers, and Challengers* (Wiley, 2010)

Patton, Jeff. *User Story Mapping: Discover the Whole Story, Build the Right Product* (O'Reilly, 2014)

Pine II, B. Joseph, and James H. Gilmore. *Authenticity: What Consumers Really Want* (Harvard Business School Press, 2007)

Pine II, B. Joseph, and James H. Gilmore. *The Experience Economy* (Harvard Business School Press, 1999)

Polaine, Andy. "Blueprint+: Developing a Tool for Service Design," Service Design Network Conference (2009) *http://www.slideshare.net/apolaine/blue-print-developing-a-tool-for-service-design*

Polaine, Andy, Lavrans Løvlie, and Ben Reason. *Service Design: From Insight to Implementation* (Rosenfeld Media, 2013)

Porter, Michael. "Creating Shared Value, an HBR Interview with Michael Porter," Harvard Business IdeaCasts (Apr 2011) Part 1: *https://www.you-tube.com/watch?v=F44G4B2uVh4*; Part 2: *https://www.youtube.com/watch?v=3xwpF1Ph22U*

Porter, Michael, and Mark R. Kramer. "Creating Shared Value," *Harvard Business Review* (Jan–Feb 2011) *https://hbr.org/2011/01/the-big-idea-creating-shared-value*

Portigal, Steve. *Interviewing Users: How to Uncover Compelling Insights* (Rosen-feld Media, 2013)

Pruitt, John, and Tamara Adlin. *The Persona Lifecycle: Keeping People in Mind Throughout Product Design* (Morgan Kaufmann, 2006)

Rawson, Alex, Ewan Duncan, and Conor Jones. "The Truth About Customer Experience," *Harvard Business Review* (Sep 2013) *https://hbr.org/2013/09/the-truth-about-customer-experience/ar/1*

Reichheld, Fred. *The Ultimate Question: Driving Good Profits and True Growth* (Harvard Business School Press, 2006)

Reis, Eric. *The Lean Startup: How Today's Entrepreneurs Use Continuous Innova-tion to Create Radically Successful Business* (Crown Business, 2011)

Reynolds, Thomas, and Jonathan Gutman. "Laddering Theory, Method, Analysis, and Interpretation," *Journal of Advertising Research* (Feb–Mar 1988)

Richardson, Adam. "Touchpoints Bring the Customer Experience to Life," *Har-vard Business Review* (Dec 2010) *https://hbr.org/2010/12/touchpoints-bring-the-customer*

Richardson, Adam. "Using Customer Journey Maps to Improve Customer Expe-rience," *Harvard Business Review* (Nov 2010) *https://hbr.org/2010/11/using-customer-journey-maps-to*

Risdon, Chris. "The Anatomy of an Experience Map," Adaptive Path blog (Nov 2011) *https://articles.uie.com/experience_map*

Risdon, Chris. "Un-Sucking the Touchpoint." Adaptive Path blog (Nov 2014) *https://articles.uie.com/un-sucking-the-touchpoint*

Risdon, Chris, and Patrick Quattlebaum. *Orchestrating Experiences: Collaborative Design for Complexity* (Rosenfeld Media, 2018)

Rogers, Everett. *Diffusion of Innovations*, 5th ed. (Free House, 2003)

Royal Society of Arts. "The Great Recovery Report" (Jun 2013) *https://www.thersa.org/discover/publications-and-articles/reports/the-great-recovery*

Sauro, Jeff. "Measuring Usability with the System Usability Scale (SUS)," Mea-suring U (Feb 2011) *http://www.measuringu.com/sus.php*

Schauer, Brandon. "Exploratorium: Mapping the Experience of Experiments," Adaptive Path blog (Apr 2013)

Schrage, Michael. *The Innovator's Hypothesis: How Cheap Experiments Are Worth More Than Good Ideas* (MIT Press, 2014)

Schrage, Michael. *Who Do You Want Your Customers to Become?* (Harvard Business Review Press, 2012)

"Service Design Tools" [website]. *https://servicedesigntools.org*

Shaw, Colin. *The DNA of Customer Experience: How Emotions Drive Value* (Palgrave Macmillan, 2007)

Shaw, Colin, and John Ivens. *Building Great Customer Experiences* (Palgrave Macmillan, 2002)

Shedroff, Nathan. "Bridging Strategy with Design: How Designers Create Value for Businesses," Interaction South America [presentation] (Nov 2014) *https://www.youtube.com/watch?v=64-HpMC1tCw*

Sheth, Jagdish, Bruce Newman, and Barbara Gross. *Consumption Values and Market Choices* (South-Western Publishing, 1991)

Shostack, G. Lynn. "Designing Services That Deliver," *Harvard Business Review* (Jan 1984) *https://hbr.org/1984/01/designing-services-that-deliver*

Shostack, G. Lynn. "How to Design a Service," *European Journal of Marketing* (Jan 1982) *https://www.servicedesignmaster.com/wordpress/wp-content/uploads/2018/10/EUM0000000004799.pdf*

Sinclair, Matt, Leila Sheldrick, Mariale Moreno, and Emma Dewberry. "Consumer Intervention Mapping—A Tool for Designing Future Product Strategies Within Circular Product Service Systems," *Sustainability* (Jun 2018) *https://www.mdpi.com/2071-1050/10/6/2088*

Skjelten, Elisabeth Bjørndal. *Complexity and Other Beasts* (Oslo School of Architecture and Design, 2014)

Smith, Gene. "Experience Maps: Understanding Cross-Channel Experiences for Gamers," nForm blog (Feb 2010) *https://www.nform.com/ideas/experience-maps-understanding-cross-channel-experiences-for-gamers*

Spengler, Christoph, Werner Wirth, and Renzo Sigrist. "360° Touchpoint Management—How Important Is Twitter for Our Brand?" *Marketing Review St. Gallen* (Feb 2010) *https://documents.pub/document/2010-marketing-review-360-degree-touchpoint-management.html*

Spraragen, Susan. "Enabling Excellence in Service with Expressive Service Blueprinting," Case Study 9 in *Design for Services* by Anna Meroni and Daniela Sangiorgi (Gower, 2011)

Spraragen, Susan, and Carrie Chan. "Service Blueprinting: When Customer Satisfaction Numbers Are Not Enough," International DMI Education Conference [presentation] (Apr 2008) *https://public.webdav.hm.edu/pub/__oxP_a1e6c9eb-1d936c5f/Service%20Blueprinting/DMIServiceBlueprintingFullPaperSSpraragen.pdf*

Sterling, Bruce. "'Cloudwash,' the BERG Cloud-Connected Washing Machine," *Wired* (Feb 2014) *https://www.wired.com/2014/02/cloudwash-berg-cloud-connected-washing-machine*

Stickdorn, Marc, Markus Edgar Hormess, Adam Lawrence, and Jakob Schneider. *This is Service Design Doing* (O'Reilly, 2018)

Stickdorn, Marc, and Jakob Schneider. *This is Service Design Thinking: Basics, Tools, Cases* (Wiley, 2012)

Stillman, Daniel. *Good Talk: How to Design Conversations That Matter* (Management Impact Publishing, 2020)

"SUMI" [website]. *http://sumi.uxp.ie*

Szabo, Peter. *User Experience Mapping* (Packt, 2017)

Tate, Tyler. "Cross-Channel Blueprints: A Tool for Modern IA" (Feb 2012) *http://tylertate.com/blog/ux/2012/02/21/cross-channel-ia-blueprint.html*

Temkin, Bruce. "It's All About Your Customer's Journey," Experience Matters blog (Mar 2010) *https://www.xminstitute.com/blog/all-about-customer-journeys*

Temkin, Bruce. "Mapping the Customer Journey," Forrester Reports (Feb 2010) *http://www.iimagineservicedesign.com/wp-content/uploads/2015/09/Mapping-Customer-Journeys.pdf*

Thompson, Ed, and Esteban Kolsky. "How to Approach Customer Experience Management," Gartner Research Report (Dec 2004) *https://www.gartner.com/en/documents/466017*

Tincher, Jim, and Nicole Newton. *How Hard Is It to Be Your Customer? Using Journey Mapping to Drive Customer Focused Change* (Paramount, 2019)

Tippin, Mark, and Jim Kalbach. *The Definitive Guide to Facilitating Remote Workshops* (MURAL, 2019)

Tufte, Edward. *Envisioning Information* (Graphics Press, 1990)

Tufte, Edward. *Visual Explanations: Images and Quantities, Evidence and Narrative* (Graphics Press, 1997)

Ulwick, Anthony. "Turn Customer Input into Innovation," *Harvard Business Review* (Jan 2002) *https://hbr.org/2002/01/turn-customer-input-into-innovation/ar/1*

Ulwick, Anthony. *What Customers Want: Using Outcome-Driven Innovation to Create Breakthrough Products and Services* (McGraw Hill, 2005)

Unger, Russ, Brad Nunnally, and Dan Willis. *Designing the Conversation: Techniques for Successful Facilitation* (New Riders, 2013)

Vetan, John, Dana Vetan, Codruta Lucuta, and Jim Kalbach. *Design Sprint Facilitator's Guide V3.0* (Design Sprint Academy, 2020) *https://designsprint.academy/facilitation-guide*

Walters, Jeannie. "What IS a Customer Touchpoint?" Customer Think blog (Oct 2014) *https://customerthink.com/what-is-a-customer-touchpoint*

Wang, Tricia. "The Human Insights Missing from Big Data," TEDxCambridge talk (Sep 2016) *https://www.ted.com/talks/tricia_wang_the_human_insights_missing_from_big_data*

Wang, Tricia. "Why Big Data Needs Thick Data," *Ethnography Matters* (May 2013) *http://ethnographymatters.net/blog/2013/05/13/big-data-needs-thick-data*

Whelan, Jonathan, and Stephen Whitla. *Visualising Business Transformation: Pictures, Diagrams and the Pursuit of Shared Meaning* (Rutledge, 2020)

Williams, Luke. *Disrupt: Think the Unthinkable to Spark Transformation in Your Business*, 2nd ed. (FT Press, 2015)

Womack, James, and Daniel Jones. "Lean Consumption," *Harvard Business Review* (Mar 2005) *https://hbr.org/2005/03/lean-consumption/ar/1*

Womack, James, and Daniel Jones. *Lean Thinking: Banish Waste and Create Wealth in Your Corporation*, 2nd ed. (Simon & Schuster, 2010)

Wreiner, Thomas, Ingrid Mårtensson, Olof Arnell, Natalia Gonzalez, Stefan Holmlid, and Fabian Segelström. "Exploring Service Blueprints for Multiple Actors: A Case Study of Car Parking Services," First Nordic Conference on Service Design and Service Innovation (Nov 2009) *http://www.ep.liu.se/ecp/059/017/ecp09059017.pdf*

Young, Indi. *Mental Models: Aligning Design Strategy with Human Behavior* (Rosenfeld Media, 2008)

Young, Indi. *Practical Empathy: For Collaboration and Creativity in Your Work* (Rosenfeld Media, 2015)

Young, Indi. "Try the 'Lightning Quick' Method" (Mar 2010) *https://rosenfeldmedia.com/mental-models/the-lightening-quick-method*

Zeithaml, Valarie, Mar Jo Bitner, and Dwayne Gremler. *Services Marketing: Integrating Customer Focus Across the Firm*, 6th ed. (McGraw-Hill, 2012)

索引

N

Mapping Experiences 看得見的經驗
第二版

作　　者：James Kalbach
譯　　者：吳佳欣
企劃編輯：蔡彤孟
文字編輯：詹祐甯
設計裝幀：陶相騰
發 行 人：廖文良

發 行 所：碁峰資訊股份有限公司
地　　址：台北市南港區三重路 66 號 7 樓之 6
電　　話：(02)2788-2408
傳　　真：(02)8192-4433
網　　站：www.gotop.com.tw
書　　號：A661
版　　次：2021 年 11 月二版
建議售價：NT$780

讀者服務

● 感謝您購買碁峰圖書，如果您對本書的內容或表達上有不
　清楚的地方或其他建議，請至碁峰網站：「聯絡我們」\「圖
　書問題」留下您所購買之書籍及問題。（請註明購買書籍之
　書號及書名，以及問題頁數，以便能儘快為您處理）
　http://www.gotop.com.tw

● 售後服務僅限書籍本身內容，若是軟、硬體問題，請您直
　接與軟體廠商聯絡。

● 若於購買書籍後發現有破損、缺頁、裝訂錯誤之問題，請
　直接將書寄回更換，並註明您的姓名、連絡電話及地址，
　將有專人與您連絡補寄商品。

國家圖書館出版品預行編目資料

Mapping Experience 看得見的經驗 / James Kalbach 原著；
　吳佳欣譯. -- 二版. -- 臺北市：碁峰資訊, 2021.10
　　面；　公分
　譯自：Mapping Experiences : a guide to creation value
through journeys, blueprints, and diagrams, 2nd Edition
　ISBN 978-986-502-994-4(平裝)
　1.消費者研究　2.顧客滿意度
496.34　　　　　　　　　　　　　　　　　　110017078